실전을 연습처럼 연습을 실전처럼

'만년 2위'라는 말이 있다.
실력은 뛰어나지만 결정적인 순간에
실력을 발휘하지 못하는 사람들이다.
그러나 실전에서 자신의 능력 이상으로
실력을 발휘하는 사람들이 있다.
이 사람들은 평소에 연습을 실전처럼,
실전을 연습처럼 해온 사람들이다.

테스트북
구성과 특징

소단원, 중단원, 대단원 별 모든 테스트를 수록한
테스트북으로 지금 바로 실력 점검 GOGO!

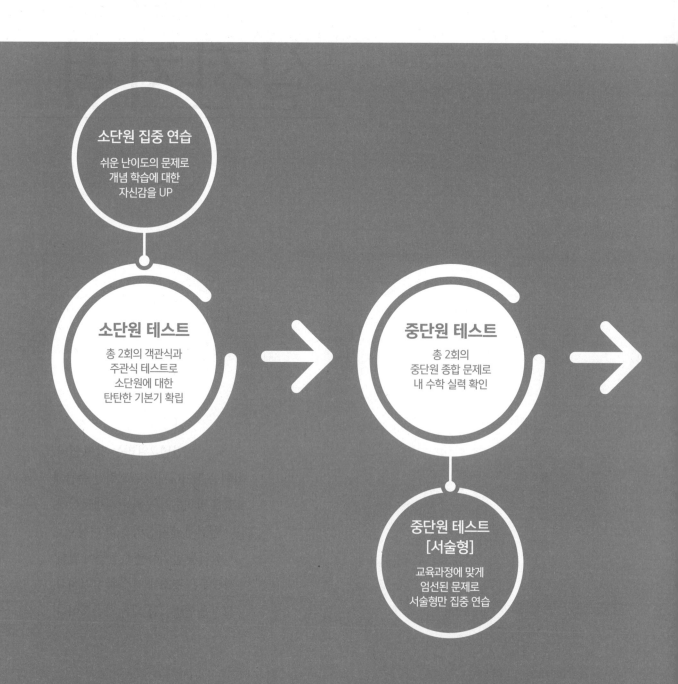

소단원 집중 연습

쉬운 난이도의 문제로
개념 학습에 대한
자신감을 UP

소단원 테스트

총 2회의 객관식과
주관식 테스트로
소단원에 대한
탄탄한 기본기 확립

중단원 테스트

총 2회의
중단원 종합 문제로
내 수학 실력 확인

**중단원 테스트
[서술형]**

교육과정에 맞게
엄선된 문제로
서술형만 집중 연습

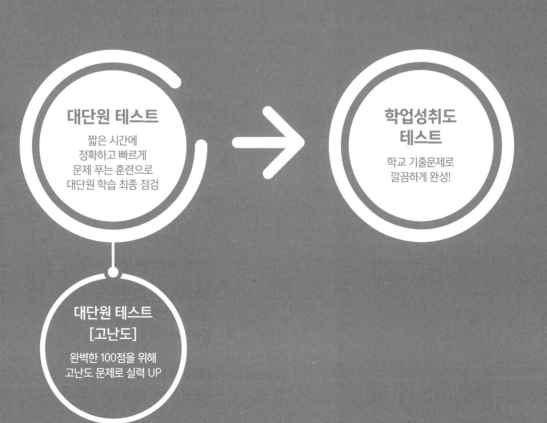

+ 테스트북 활용팁!

각 대단원의 첫 페이지에
나의 학습을 확인할 수 있는
'오늘의 테스트' 플래너가 있습니다.
학습 만족도를 다양한 표정으로 나타내 보세요.
웃는 표정이 많을수록
수학 성적이 쑥쑥 오르는 것을 확인할 수 있답니다!

대단원 테스트
짧은 시간에
정확하고 빠르게
문제 푸는 훈련으로
대단원 학습 최종 점검

→

학업성취도 테스트
학교 기출문제로
깔끔하게 완성!

대단원 테스트 [고난도]
완벽한 100점을 위해
고난도 문제로 실력 UP

테스트북
차례

I.
수와 식의 계산

II.
부등식과 방정식

III.
일차함수

I.

수와 식의 계산

오늘의 테스트

1. 유리수와 순환소수 01. 유리수와 소수 소단원 집중 연습 _____월_____일	1. 유리수와 순환소수 01. 유리수와 소수 소단원 테스트 [1회] _____월_____일	1. 유리수와 순환소수 01. 유리수와 소수 소단원 테스트 [2회] _____월_____일
1. 유리수와 순환소수 02. 유리수와 순환소수 소단원 집중 연습 _____월_____일	1. 유리수와 순환소수 02. 유리수와 순환소수 소단원 테스트 [1회] _____월_____일	1. 유리수와 순환소수 02. 유리수와 순환소수 소단원 테스트 [2회] _____월_____일
1. 유리수와 순환소수 중단원 테스트 [1회] _____월_____일	1. 유리수와 순환소수 중단원 테스트 [2회] _____월_____일	1. 유리수와 순환소수 중단원 테스트 [서술형] _____월_____일
2. 식의 계산 01. 지수법칙 소단원 집중 연습 _____월_____일	2. 식의 계산 01. 지수법칙 소단원 테스트 [1회] _____월_____일	2. 식의 계산 01. 지수법칙 소단원 테스트 [2회] _____월_____일
2. 식의 계산 02. 단항식의 곱셈과 나눗셈 소단원 집중 연습 _____월_____일	2. 식의 계산 02. 단항식의 곱셈과 나눗셈 소단원 테스트 [1회] _____월_____일	2. 식의 계산 02. 단항식의 곱셈과 나눗셈 소단원 테스트 [2회] _____월_____일
2. 식의 계산 03. 다항식의 계산 소단원 집중 연습 _____월_____일	2. 식의 계산 03. 다항식의 계산 소단원 테스트 [1회] _____월_____일	2. 식의 계산 03. 다항식의 계산 소단원 테스트 [2회] _____월_____일
2. 식의 계산 중단원 테스트 [1회] _____월_____일	2. 식의 계산 중단원 테스트 [2회] _____월_____일	2. 식의 계산 중단원 테스트 [서술형] _____월_____일
I. 수와 식의 계산 대단원 테스트 _____월_____일	I. 수와 식의 계산 대단원 테스트 [고난도] _____월_____일	

소단원 집중 연습

1. 유리수와 순환소수 | 01. 유리수와 소수

01 다음 설명 중 옳은 것에는 ○표, 옳지 않은 것에는 ×표 하시오.

(1) 모든 정수는 유리수이다. ( )

(2) 모든 자연수는 유리수이다. ( )

(3) 자연수는 분수 꼴로 나타낼 수 없다. ( )

(4) 정수는 분수 꼴로 나타낼 수 있다. ( )

(5) 분수 꼴로 나타낼 수 없는 유리수는 없다. ( )

(6) 음의 정수가 아닌 정수는 양의 정수이다. ( )

(7) 0은 양의 유리수도 아니고 음의 유리수도 아니다.
( )

(8) 음의 정수가 아닌 정수는 자연수이다. ( )

02 다음 소수가 유한소수이면 '유', 무한소수이면 '무'를 쓰시오.

(1) 3.2457 ( )

(2) 2.151515 ( )

(3) $-4.88888\cdots$ ( )

(4) $9.050505\cdots$ ( )

(5) -6.30630630 ( )

03 다음 분수를 소수로 나타내고, 유한소수이면 '유', 무한소수이면 '무'를 쓰시오.

(1) $\dfrac{11}{20}$ ⇨ _____ ( )

(2) $\dfrac{2}{3}$ ⇨ _____ ( )

(3) $\dfrac{11}{10}$ ⇨ _____ ( )

(4) $\dfrac{2}{15}$ ⇨ _____ ( )

(5) $-\dfrac{9}{29}$ ⇨ _____ ( )

04 다음 순환소수의 순환마디를 구하고, 순환마디에 점을 찍어 간단히 나타내시오.

순환소수	순환마디	순환소수의 표현
(1) $0.666\cdots$		
(2) $5.1777\cdots$		
(3) $-46.464646\cdots$		
(4) $4.3282828\cdots$		
(5) $705.705705705\cdots$		

05 다음 분수를 소수로 나타낸 후 순환마디에 점을 찍어 간단히 나타내시오.

	소수	순환소수의 표현
(1) $\dfrac{4}{9}$		
(2) $\dfrac{5}{6}$		
(3) $\dfrac{7}{11}$		
(4) $\dfrac{11}{12}$		
(5) $\dfrac{7}{24}$		

06 다음 분수를 소수로 나타낼 때, 유한소수로 나타낼 수 있는 것에는 ○표, 유한소수로 나타낼 수 없는 것에는 ×표 하시오.

(1) $\dfrac{5}{2^2 \times 7}$ (   )

(2) $\dfrac{27}{2 \times 3^2 \times 5^2}$ (   )

(3) $\dfrac{15}{2 \times 5 \times 7}$ (   )

(4) $\dfrac{12}{3^2 \times 5}$ (   )

(5) $\dfrac{5}{88}$ (   )

(6) $\dfrac{39}{120}$ (   )

07 다음 유리수를 소수로 나타내면 유한소수가 될 때, a의 값이 될 수 있는 가장 작은 자연수를 구하시오.

(1) $\dfrac{7 \times a}{5 \times 7^2}$

(2) $\dfrac{11 \times a}{90}$

(3) $\dfrac{a}{2^2 \times 3 \times 7}$

(4) $\dfrac{2}{15} \times a$

01

다음 중 유한소수로 나타낼 수 없는 것은?

① $\dfrac{3}{72}$ ② $\dfrac{3}{50}$ ③ $\dfrac{17}{40}$

④ $\dfrac{14}{35}$ ⑤ $\dfrac{9}{20}$

02

$\dfrac{3}{7}$을 소수로 나타낼 때, 소수점 아래 100번째 자리 숫자는?

① 1 ② 2 ③ 4

④ 5 ⑤ 7

03

다음은 분수 $\dfrac{3}{4}$을 유한소수로 나타내는 과정이다. 분모가 10의 거듭제곱 꼴이 되게 하려고 할 때, □ 안에 들어갈 수로 옳지 않은 것은?

$$\frac{3}{4}=\frac{3\times\boxed{①}}{4\times\boxed{②}}=\frac{\boxed{③}}{\boxed{④}}=\boxed{⑤}$$

① 25 ② 25 ③ 75

④ 10 ⑤ 0.75

04

다음 중 순환소수를 순환마디 위에 점을 찍어 나타낸 것으로 옳지 않은 것은?

① $25.43333\cdots=25.4\dot{3}$ ② $0.05656\cdots=0.0\dot{5}\dot{6}$

③ $3.21222\cdots=3.2\dot{1}\dot{2}$ ④ $0.3050505\cdots=0.3\dot{0}\dot{5}$

⑤ $0.04444\cdots=0.0\dot{4}$

05

다음 설명 중 옳은 것은?

① 유리수는 항상 유한소수로 나타낼 수 있다.

② 정수가 아닌 유리수는 모두 유한소수로 나타낼 수 있다.

③ 0은 분수로 나타낼 수 없으므로 유리수가 아니다.

④ $0.77777\cdots$은 유한소수이다.

⑤ 소수는 유한소수 또는 무한소수로 나눌 수 있다.

06

분수 $\dfrac{3}{2\times5^2\times a}$을 소수로 나타내면 유한소수가 될 때, 다음 중 a의 값이 될 수 없는 것은?

① 2 ② 3 ③ 5

④ 6 ⑤ 9

07

다음 중 순환소수의 순환마디가 옳게 짝 지어지지 않은 것은?

① $0.2333\cdots \Rightarrow 3$

② $1.4848\cdots \Rightarrow 48$

③ $3.125125\cdots \Rightarrow 125$

④ $4.92626\cdots \Rightarrow 26$

⑤ $2.0707\cdots \Rightarrow 7$

08

두 분수 $\dfrac{2}{9}$와 $\dfrac{14}{15}$ 사이에 있는 분수 중에서 분모가 45이고, 유한소수로 나타낼 수 없는 분수의 개수는?

① 26 ② 27 ③ 28

④ 29 ⑤ 30

01

$\frac{1}{9}$ 이상 $\frac{3}{5}$ 이하인 분수 중에서 분모가 45이고 유한소수로 나타낼 수 없는 분수의 개수를 구하시오.

02

$\frac{17}{14}$ 을 소수로 나타낼 때, 소수점 아래 50번째 자리 숫자를 a, 소수점 아래 90번째 자리 숫자를 b라고 하자. $a+b$의 값을 구하시오.

03

분수 $\frac{1}{18}$ 에 어떤 자연수 a를 곱하여 유한소수가 되게 하려고 할 때, 가장 작은 자연수 a를 구하시오.

04

$\frac{8}{11}$ 과 $\frac{8}{15}$ 을 소수로 나타내면 순환소수가 된다. 두 순환소수의 순환마디를 각각 a, b라 할 때, $a+b$의 값을 구하시오.

05

$\frac{15 \times a}{2^2 \times 5 \times 7}$ 가 유한소수가 되도록 하는 a의 값 중에서 가장 작은 자연수 a를 구하시오.

06

순환소수 $0.2\dot{5}\dot{4}$에서 소수점 아래 20번째 자리의 숫자를 구하시오.

07

보기에서 유한소수로 나타낼 수 없는 것을 모두 고르시오.

보기		
ㄱ. $\frac{11}{2^2 \times 5^2}$	ㄴ. $\frac{14}{2^2 \times 5 \times 7^2}$	ㄷ. $\frac{21}{49}$
ㄹ. $\frac{51}{240}$	ㅁ. $\frac{45}{2 \times 3^2 \times 5}$	

08

다음 조건을 만족시키는 가장 작은 자연수 x의 값을 구하시오.

(가) $\frac{x}{2^3 \times 3 \times 5 \times 11}$ 를 소수로 나타내면 유한소수가 된다.

(나) x는 3과 7의 공배수이다.

01 다음은 순환소수를 기약분수로 나타내는 과정이다. □ 안에 알맞은 수를 써넣으시오.

(1) $0.\dot{4}\dot{2}$

$\Rightarrow x=0.\dot{4}\dot{2}=0.424242\cdots$ 로 놓으면

$\boxed{}x=42.424242\cdots$

$-)x=0.424242\cdots$

$\boxed{}x=42$

$\therefore x=\dfrac{42}{\boxed{}}=\boxed{}$

(2) $0.3\dot{5}\dot{8}$

$\Rightarrow x=0.3\dot{5}\dot{8}=0.3585858\cdots$ 로 놓으면

$\boxed{}x=358.585858\cdots$

$-)\boxed{}x=3.585858\cdots$

$\boxed{}x=355$

$\therefore x=\dfrac{355}{\boxed{}}=\boxed{}$

(3) $0.\dot{2}1\dot{3}$

$\Rightarrow x=0.\dot{2}1\dot{3}=0.213213\cdots$ 으로 놓으면

$\boxed{}x=213.213213\cdots$

$-)x=0.213213\cdots$

$\boxed{}x=213$

$\therefore x=\dfrac{213}{\boxed{}}=\boxed{}$

02 다음 순환소수를 분수로 나타내기 위해 필요한 가장 간단한 식을 보기에서 골라 기호로 쓰시오.

보기

ㄱ. $10x-x$ ㄴ. $100x-x$

ㄷ. $100x-10x$ ㄹ. $1000x-x$

ㅁ. $1000x-10x$ ㅂ. $1000x-100x$

(1) $x=0.\dot{5}\dot{2}$ ⇨ _____

(2) $x=0.10\dot{7}$ ⇨ _____

(3) $x=2.5\dot{3}\dot{9}$ ⇨ _____

(4) $x=0.\dot{1}5\dot{3}$ ⇨ _____

(5) $x=0.\dot{5}$ ⇨ _____

(6) $x=0.1\dot{2}$ ⇨ _____

03 다음은 순환소수를 기약분수로 나타내는 과정이다. □ 안에 알맞은 수를 써넣으시오.

(1) $4.\dot{6} = \dfrac{46 - \boxed{}}{9} = \dfrac{\boxed{}}{9} = \boxed{}$

(2) $7.\dot{5}\dot{7} = \dfrac{757 - \boxed{}}{99} = \dfrac{\boxed{}}{99} = \boxed{}$

(3) $2.\dot{6}\dot{3} = \dfrac{263 - \boxed{}}{99} = \dfrac{\boxed{}}{99} = \boxed{}$

(4) $0.4\dot{5}\dot{7} = \dfrac{457 - \boxed{}}{\boxed{}} = \dfrac{\boxed{}}{990} = \boxed{}$

(5) $0.\dot{3}1\dot{7} = \dfrac{317}{\boxed{}}$

04 다음 순환소수를 기약분수로 나타내시오.

(1) $1.\dot{3}$

(2) $0.\dot{3}\dot{8}$

(3) $1.\dot{3}5\dot{1}$

(4) $0.1\dot{8}$

(5) $0.7\dot{1}\dot{5}$

05 다음 설명 중 옳은 것에는 ○표, 옳지 않은 것에는 ×표 하시오.

(1) 모든 정수는 유리수이다. (   )

(2) 모든 유한소수는 유리수이다. (   )

(3) 순환소수 중에는 유리수가 아닌 것도 있다. (   )

(4) 모든 무한소수는 유리수이다. (   )

(5) 순환소수는 무한소수이다. (   )

(6) 모든 순환소수는 분수로 나타낼 수 있다. (   )

(7) 순환하지 않는 무한소수는 분수로 나타낼 수 없다.
(   )

(8) 유한소수 중에는 유리수가 아닌 것도 있다. (   )

01

다음 중 순환소수를 분수로 나타내는 과정으로 옳지 않은 것은?

① $0.4\dot{7} = \dfrac{47-4}{90}$ ② $0.\dot{2}7\dot{3} = \dfrac{273}{999}$

③ $7.\dot{4} = \dfrac{74}{9}$ ④ $5.8\dot{7} = \dfrac{587-5}{99}$

⑤ $0.\dot{0}\dot{2} = \dfrac{2}{99}$

02

일차방정식 $0.1\dot{2}x+2=2.\dot{4}$의 해를 순환소수로 나타내면?

① $1.\dot{1}\dot{8}$ ② $2.5\dot{3}$ ③ $3.\dot{6}\dot{3}$

④ $4.0\dot{8}$ ⑤ $4.\dot{6}$

03

다음 중 옳지 않은 것은?

① $0.\dot{9}=1$ ② $0.\dot{4}=\dfrac{4}{9}$ ③ $0.2\dot{8}=\dfrac{13}{45}$

④ $0.\dot{3}<0.39$ ⑤ $0.\dot{1}\dot{3}>0.1\dot{3}$

04

다음 중 $x=0.3010101\cdots$에 대한 설명으로 옳지 않은 것은?

① 순환소수이다.

② $0.3\dot{0}\dot{1}$로 나타낼 수 있다.

③ 순환마디는 01이다.

④ 분수로 나타내면 $\dfrac{149}{495}$이다.

⑤ 분수로 나타내려고 할 때 필요한 식은
$1000x-100x$이다.

05

다음 중 순환소수를 분수로 나타낸 것으로 옳은 것은?

① $0.\dot{6}=\dfrac{3}{5}$ ② $0.1\dot{6}=\dfrac{5}{33}$

③ $0.1\dot{6}=\dfrac{8}{495}$ ④ $1.6\dot{3}=\dfrac{49}{30}$

⑤ $16.\dot{3}=\dfrac{13}{900}$

06

유리수와 소수의 관계에 대하여 보기에서 옳은 것을 모두 고른 것은?

보기

ㄱ. 순환소수는 모두 유리수이다.

ㄴ. 유한소수는 모두 유리수이다.

ㄷ. 무한소수는 유리수이거나 순환소수이다.

ㄹ. 모든 유리수는 유한소수로 나타낼 수 있다.

ㅁ. 유리수는 정수 또는 소수로 나타낼 수 있다.

① ㄱ, ㄴ   ② ㄱ, ㄴ, ㅁ   ③ ㄱ, ㄷ, ㄹ

④ ㄴ, ㄷ, ㄹ   ⑤ ㄴ, ㄹ, ㅁ

07

다음 두 순환소수 A, B에 대하여 $A-B$의 값을 순환소수로 나타내면?

$$A=2+\dfrac{3}{10^2}+\dfrac{3}{10^4}+\dfrac{3}{10^6}+\dfrac{3}{10^8}+\cdots$$

$$B=1+\dfrac{5}{10}+\dfrac{5}{10^3}+\dfrac{5}{10^5}+\dfrac{5}{10^7}+\cdots$$

① $0.\dot{4}\dot{7}$ ② $0.\dot{4}\dot{8}$ ③ $0.\dot{5}\dot{0}$

④ $0.\dot{5}\dot{2}$ ⑤ $0.\dot{5}\dot{3}$

08

다음 중 $x=0.12\dot{3}$을 분수로 나타낼 때 가장 편리한 식은?

① $10x-x$ ② $100x-10x$

③ $1000x-10x$ ④ $1000x-100x$

⑤ $10000x-10x$

01

$\dfrac{2}{3} < 0.\dot{x} < \dfrac{4}{5}$를 만족시키는 한 자리 자연수 x의 값을 구하시오.

02

$x = 0.2\dot{7}$일 때, $2 + \dfrac{10}{x}$의 값을 구하시오.

03

다음은 순환소수 $0.12\dot{7}$을 분수로 나타내는 과정이다. □ 안에 알맞은 수를 써넣으시오.

$x = 0.12\dot{7}$이라고 하면 $x = 0.12777\cdots$ $\cdots\cdots$ ㉠

$\boxed{}x = 127.777\cdots$ ← ㉠ × $\boxed{}$

$-)\ \ 100x = 12.777\cdots$ ← ㉠ × 100

$\boxed{}x = 115$ $\qquad \therefore x = \boxed{}$

04

순환소수 $0.3\dot{7}$을 기약분수로 나타내면 $\dfrac{b}{a}$일 때, $a - b$의 값을 구하시오

05

$0.2\dot{a} = \dfrac{a+7}{45}$을 만족하는 한 자리 자연수 a의 값을 구하시오.

06

보기에서 옳은 것을 모두 고르시오.

보기
ㄱ. 순환소수는 무한소수이다.
ㄴ. 무한소수는 유리수이다.
ㄷ. 순환소수 중에서 유리수가 아닌 것도 있다.
ㄹ. 분자가 자연수이고 분모가 40인 모든 기약분수는 유한소수로 나타낼 수 있다.
ㅁ. 정수가 아닌 유리수는 모두 유한소수로 나타낼 수 있다.

07

순환소수 $x = 0.43\dot{9}$를 분수로 고치려고 할 때, 이용되는 가장 편리한 계산 방법은 $Ax - Bx$이다. $A + B$의 값을 구하시오.

08

순환소수 $1.\dot{1}$에 a를 곱하면 자연수가 될 때, 가장 작은 자연수 a를 구하시오.

중단원 테스트 [1회]

테스트한 날	맞은 개수
월 일	/ 16

01
순환소수 $x=0.5\dot{2}\dot{6}$을 분수로 나타내려고 할 때, 다음 중 가장 편리한 식은?

① $10x-x$

② $100x-x$

③ $1000x-x$

④ $1000x-10x$

⑤ $1000x-100x$

02
다음 중 순환소수의 표현이 옳은 것은?

① $1.222\cdots=1.\dot{2}\dot{2}$

② $0.3444\cdots=0.\dot{3}\dot{4}$

③ $2.181818\cdots=2.\dot{1}8$

④ $0.369369\cdots=0.\dot{3}6\dot{9}$

⑤ $5.13030\cdots=5.1\dot{3}0\dot{3}$

03
순환소수 $3.2\dot{5}\dot{7}$에서 소수점 아래 100번째 자리 숫자를 구하시오.

04
분수 $\dfrac{a}{2^2\times3^2\times5}$를 소수로 나타내면 유한소수가 될 때, a의 값 중에서 가장 작은 자연수를 구하시오.

05
다음 설명 중 옳지 않은 것은?

① 모든 순환소수는 유리수이다.

② 소수점 아래 0이 아닌 숫자가 무한히 계속되는 소수는 무한소수이다.

③ 유한소수는 분모를 10의 거듭제곱 꼴로 나타낼 수 있다.

④ 분모의 소인수가 2나 5뿐인 기약분수는 유한소수로 나타낼 수 있다.

⑤ 정수가 아닌 유리수는 모두 유한소수로 나타낼 수 있다.

06
다음 분수 중 유한소수로 나타낼 수 없는 것은?

① $\dfrac{3}{4}$

② $\dfrac{4}{5}$

③ $\dfrac{9}{10}$

④ $\dfrac{3}{20}$

⑤ $\dfrac{7}{30}$

07
방정식 $x-0.\dot{5}=\dfrac{1}{3}$을 만족하는 유리수 x를 소수로 나타내면?

① $-0.\dot{8}$

② $-0.\dot{2}$

③ $0.\dot{1}$

④ $0.\dot{2}$

⑤ $0.\dot{8}$

08
분수 $\dfrac{1}{4}$을 $\dfrac{x}{10^n}$로 고쳐서 유한소수로 나타낼 때, $n+x$의 최솟값을 구하시오. (단, n, x는 자연수)

09

다음은 순환소수 $1.2\dot{6}$을 분수로 나타내는 과정이다. □ 안에 들어갈 수로 옳지 않은 것은?

순환소수 $1.2\dot{6}$을 x라 하면
$x = 1.2666\cdots$
$\boxed{①}\, x = 126.666\cdots$ ······ ㉠
$\boxed{②}\, x = 12.666\cdots$ ······ ㉡
㉠ $-$ ㉡을 하면 $\boxed{③}\, x = \boxed{④}$
$\therefore x = \boxed{⑤}$

① 100   ② 10   ③ 90

④ 114   ⑤ $\dfrac{7}{5}$

10

$\dfrac{1}{7}$과 $\dfrac{5}{8}$ 사이의 분수 중에서 분모가 28이고 유한소수로 나타낼 수 있는 수의 분자들의 합은? (단, 분자는 자연수이다.)

① 21   ② 25   ③ 28

④ 35   ⑤ 42

11

기약분수 $\dfrac{a}{11}$를 소수로 나타내면 $0.2\dot{7}$일 때, a의 값을 구하시오.

12

두 분수 $\dfrac{21}{126}$, $\dfrac{39}{165}$에 어떤 자연수 A를 곱하여 모두 유한소수가 되도록 할 때, 가장 작은 자연수 A는?

① 21   ② 27   ③ 30

④ 33   ⑤ 35

13

$0.\dot{x}$가 $\dfrac{1}{3}$보다 크고 $\dfrac{11}{12}$보다 작을 때, 이를 만족하는 한 자리 자연수 x의 개수를 구하시오.

14

순환소수 $0.3\dot{4}$에 어떤 자연수를 곱하여 유한소수를 만들려고 한다. 곱해야 할 가장 작은 자연수를 구하시오.

15

$\dfrac{1}{9} < 0.\dot{x} < \dfrac{2}{3}$를 만족하는 모든 한 자리 자연수 x의 값의 합은?

① 5   ② 9   ③ 12

④ 14   ⑤ 20

16

다음은 10의 거듭제곱을 이용하여 분수 $\dfrac{7}{20}$을 소수로 나타내는 과정이다. □ 안에 들어갈 수로 옳지 않은 것은?

$$\frac{7}{20} = \frac{7}{2^{\boxed{①}} \times 5} = \frac{7 \times \boxed{②}}{2^{\boxed{①}} \times 5 \times \boxed{②}} = \frac{\boxed{③}}{\boxed{④}} = \boxed{⑤}$$

① 2   ② 5^2 ③ 35

④ 100   ⑤ 0.35

중단원 테스트 [2회]

테스트한 날	맞은 개수
월 일	/ 16

01

두 분수 $\dfrac{x}{60}$, $\dfrac{x}{88}$ 를 모두 유한소수가 되게 하는 자연수 x의 값 중 가장 작은 값을 구하시오.

02

순환소수 $1.27373\cdots$의 순환마디를 a, $0.1\dot{2}\dot{7}$의 순환마디를 b라고 할 때, $a+b$의 값을 구하시오.

03

분수 $\dfrac{9}{x}$ 를 소수로 나타내면 유한소수가 된다고 할 때, 다음 중 x의 값이 될 수 없는 것은?

① 12   ② 15   ③ 18

④ 21   ⑤ 24

04

순환소수 $x=3.6363\cdots$에 대한 설명으로 옳은 것은?

① 순환마디는 363이다.

② 점을 찍어 간단히 나타내면 $3.\dot{6}$이다.

③ x는 $3.6\dot{3}$보다 작다.

④ 순환소수 $363.6363\cdots$은 x의 10배이다.

⑤ 분수로 나타내면 $\dfrac{40}{11}$이다.

05

$\dfrac{4}{7}$ 를 소수로 나타냈을 때, 소수점 아래 200번째 자리 숫자는?

① 1   ② 2   ③ 4

④ 7   ⑤ 8

06

분수 $\dfrac{a}{45}$ 는 유한소수로 나타낼 수 있고, 분수 $\dfrac{36}{125 \times a}$ 은 유한소수로 나타낼 수 없다. a의 값이 될 수 있는 가장 작은 자연수는?

① 9   ② 18   ③ 21

④ 27   ⑤ 63

07

$2.\dot{0}\dot{1}+\dfrac{4}{9}=\dfrac{x}{11}$ 일 때, 자연수 x의 값은?

① 21   ② 24   ③ 27

④ 30   ⑤ 33

08

다음 분수 중 유한소수로 나타낼 수 있는 것은?

① $\dfrac{5}{12}$ ② $\dfrac{10}{21}$ ③ $\dfrac{9}{35}$

④ $\dfrac{9}{60}$ ⑤ $\dfrac{5}{110}$

09

다음은 10의 거듭제곱을 이용하여 분수 $\frac{1}{80}$ 을 소수로 나타내는 과정이다. $a+b+c+d$의 값을 구하시오.

$$\frac{1}{80}=\frac{1}{2^a \times 5}=\frac{1 \times b}{2^a \times 5 \times b}=\frac{c}{10000}=d$$

10

순환소수 $x=3.26\dot{4}$를 분수로 나타내려고 할 때, 다음 중 가장 편리한 식은?

① $100x-x$ ② $100x-10x$

③ $1000x-x$ ④ $1000x-10x$

⑤ $1000x-100x$

11

$0.\dot{5}=5 \times x$, $0.\dot{4}\dot{5}=y \times 0.\dot{0}\dot{1}$일 때, xy의 값은?

① 3   ② 5   ③ 6

④ 9   ⑤ 15

12

기약분수 $\frac{x}{55}$를 소수로 나타내면 $0.58\dot{1}$일 때, 자연수 x의 값을 구하시오.

13

두 분수 $\frac{7}{15}$, $\frac{6}{11}$을 소수로 나타내었을 때, 순환마디의 숫자의 개수를 각각 a, b라고 하자. $a+b$의 값은?

① 2   ② 3   ③ 4

④ 5   ⑤ 6

14

자연수 a는 36의 약수이다. 분수 $\frac{a}{48}$를 유한소수로 나타낼 수 있게 하는 a의 개수는?

① 4   ② 5   ③ 6

④ 7   ⑤ 8

15

어떤 수 x에 $1.\dot{2}$를 곱해야 할 것을 잘못하여 1.2를 곱했더니 올바른 답보다 $0.5\dot{3}$만큼 작은 수가 되었다. 어떤 수 x의 값은?

① 15   ② 18   ③ 21

④ 24   ⑤ 27

16

분수 $\frac{33}{630} \times x$를 소수로 나타내면 유한소수가 될 때, x의 값이 될 수 있는 가장 큰 두 자리 자연수를 구하시오.

중단원 테스트 [서술형]

테스트한 날	맞은 개수
월 일	/ 8

01

두 분수 $\dfrac{1}{28}$과 $\dfrac{1}{150}$에 각각 a를 곱하면 모두 유한소수가 될 때, a의 값이 될 수 있는 수 중 가장 작은 자연수를 구하시오.

> 해결 과정

> 답

02

분수 $\dfrac{9}{2^2 \times 3^2 \times 5 \times a}$를 소수로 나타내면 유한소수가 될 때, a의 값이 될 수 없는 10 이하의 자연수를 모두 구하시오.

> 해결 과정

> 답

03

분수 $\dfrac{1}{70}, \dfrac{2}{70}, \cdots, \dfrac{68}{70}, \dfrac{69}{70}$ 중 유한소수로 나타낼 수 있는 분수의 개수를 구하시오.

> 해결 과정

> 답

04

분수 $\dfrac{a}{110}$를 소수로 나타내면 유한소수가 되고 이 분수를 기약분수로 나타내면 $\dfrac{1}{b}$이 된다고 한다. $a+b$의 값을 구하시오. (단, $20 < a < 30$)

> 해결 과정

> 답

05

부등식 $0.\dot{7}<x<\dfrac{7}{2}$을 만족하는 자연수 x의 값을 모두 구하시오.

> 해결 과정

> 답

06

두 분수 $\dfrac{4}{9}$와 $\dfrac{7}{15}$을 순환소수로 나타내면 순환마디가 각각 a, b이다. $a+b$의 값을 구하시오.

> 해결 과정

> 답

07

자연수 a에 $0.\dot{2}$를 곱해야 할 것을 잘못하여 0.2를 곱하였더니 올바른 답보다 2만큼 작았다. a의 값을 구하시오.

> 해결 과정

> 답

08

순환소수 $2.25\dot{7}$을 소수 부분이 같은 두 수를 이용하여 분수로 나타내시오.

> 해결 과정

> 답

소단원 집중 연습

2. 식의 계산 | 01. 지수법칙

01 다음 □ 안에 알맞은 수를 구하시오.

(1) $3^4 \times 3^5 = 3^{4+\square} = 3^{\square}$

(2) $a^5 \times a^4 \times a = a^{5+\square+1} = a^{\square}$

(3) $(x^5)^3 = x^{\square \times 3} = x^{\square}$

(4) $(y^2)^3 \times y^7 = y^{2 \times \square + 7} = y^{\square}$

02 다음 식을 간단히 하시오.

(1) $5^3 \times 5^5$

(2) $x^2 \times x^3 \times x^2$

(3) $(7^4)^2$

(4) $(x^4)^3 \times (x^2)^6 \times (x^5)^2$

(5) $\{(y^2)^3\}^4$

(6) $x^3 \times (x^3)^5 \times \{(x^2)^3\}^5$

03 다음 □ 안에 알맞은 수를 구하시오.

(1) $5^7 \div 5^4 = 5^{\square-4} = 5^{\square}$

(2) $a^8 \div a^8 = \square$

(3) $x^5 \div x^8 = \dfrac{1}{x^{\square-5}} = \dfrac{1}{x^{\square}}$

(4) $(y^4)^4 \div y^6 = y^{\square \times 4 - 6} = y^{\square}$

04 다음 식을 간단히 하시오.

(1) $2^9 \div 2^3$

(2) $x^4 \div x^4$

(3) $x^8 \div x^2 \div x^4$

(4) $(y^3)^3 \div (y^6)^2$

(5) $(x^2)^5 \div (x^3)^2$

(6) $(y^8)^2 \div (y^3)^3 \div (y^2)^6$

05 다음 □ 안에 알맞은 수를 구하시오.

(1) $(a^3b^5)^4 = a^{\square \times 4}b^{5 \times \square} = a^{\square}b^{\square}$

(2) $(x^2y^7)^5 = x^{2 \times \square}y^{7 \times \square} = x^{\square}y^{\square}$

(3) $\left(\dfrac{b}{a^3}\right)^2 = \dfrac{b^{\square}}{a^{3 \times \square}} = \dfrac{b^{\square}}{a^{\square}}$

(4) $\left(\dfrac{x^4}{y^8}\right)^3 = \dfrac{x^{4 \times \square}}{y^{\square \times 3}} = \dfrac{x^{\square}}{y^{\square}}$

06 다음 식을 간단히 하시오.

(1) $(-2a^3)^3$

(2) $(x^3y^5)^4$

(3) $(-xyz)^4$

(4) $(-a^2bc^3)^2$

(5) $\left(\dfrac{x^4}{3}\right)^3$

(6) $\left(-\dfrac{3a^2}{b^6}\right)^3$

07 다음 식을 간단히 하시오.

(1) $a^{12} \times a^8 \div (a^3)^6$

소단원 집중 연습

(2) $x^7 \times x^3 \div (x^2)^2$

(3) $x^6 \div x^2 \times (x^5)^2$

(4) $\{(x^3)^2\}^2 \div x^2$

(5) $(a^2)^5 \times a^3 \div a^7$

(6) $x^5 \div (x^4)^2 \times x^3$

(7) $(a^2)^3 \times a^5 \div a^{10}$

(8) $x^3 \times (x^3)^4 \div x^{15}$

01

$a=2^x$일 때, 8^x을 a에 대한 식으로 나타내면?

① $4a$　　　　② a^2　　　　③ $2a^2$

④ a^3　　　　⑤ $8a^3$

02

$(a^2)^5 \div (a^2 \times a^{\square}) = a^5$에서 $\square$ 안에 들어갈 알맞은 수는?

① 2　　　　② 3　　　　③ 4

④ 5　　　　⑤ 6

03

다음 $\square$ 안에 알맞은 수가 나머지 넷과 다른 하나는?

① $a^{\square} \times a^4 = a^7$　　　　② $a^3 \div a^6 = \dfrac{1}{a^{\square}}$

③ $\left(\dfrac{a^2}{b}\right)^3 = \dfrac{a^6}{b^{\square}}$　　　　④ $a^3 \times (-a)^4 \div a^{\square} = a^4$

⑤ $(a^{\square})^4 \div a^6 = a^2$

04

$2^x \div 2^4 = 256$일 때, x의 값은?

① 11　　　　② 12　　　　③ 13

④ 14　　　　⑤ 15

05

$(-x) \times (-x)^2 \times (-x)^3 \times (-x)^4 \times (-x)^5$을 계산하면?

① $-x^{120}$　　　　② $-x^{15}$　　　　③ 0

④ x^{15}　　　　⑤ x^{120}

06

$(a^5)^x \times (a^x)^3 = a^{40}$일 때, x의 값은?

① 3　　　　② 4　　　　③ 5

④ 6　　　　⑤ 7

07

$4^8 \times 5^{18}$이 n자리 자연수일 때, n의 값은?

① 17　　　　② 18　　　　③ 19

④ 20　　　　⑤ 21

08

보기에서 계산 결과가 큰 순서대로 나열한 것은?

보기	
ㄱ. $2^4 + 2^4 + 2^4 + 2^4$	ㄴ. $2^5 \times 2^2$
ㄷ. $2^{12} \div 2^6 \times (2^3)^3$	ㄹ. $\{(2^2)^2\}^2$

① ㄱ－ㄴ－ㄷ－ㄹ　　　　② ㄱ－ㄹ－ㄴ－ㄷ

③ ㄴ－ㄱ－ㄹ－ㄷ　　　　④ ㄷ－ㄴ－ㄹ－ㄱ

⑤ ㄷ－ㄹ－ㄴ－ㄱ

01

$a=2^x$, $b=3^x$일 때, 18^x을 a, b를 사용하여 나타내시오.

02

다음 등식을 만족하는 a, b, c, d에 대하여 $a+b+c+d$의 값을 구하시오.

$$2 \times 4 \times 6 \times 8 \times 10 \times 12 \times 14 \times 16 \times 18 \times 20$$
$$= 2^a \times 3^b \times 5^c \times 7^d$$

03

$16^3 = (2^a)^3 = 2^b$일 때, $a+b$의 값을 구하시오.

04

다음을 만족하는 a, b, c에 대하여 abc의 값을 구하시오.

$$5^3 + 5^3 + 5^3 + 5^3 + 5^3 = 5^a$$
$$6^2 \times 6^2 \times 6^2 \times 6^2 \times 6^2 = (6^b)^2$$
$$a^c \div a^4 \times a^7 = a^{10}$$

05

$\dfrac{3^6 + 3^6 + 3^6}{4^4 + 4^4 + 4^4 + 4^4} \times \dfrac{2^8 + 2^8}{9^3 + 9^3 + 9^3}$을 간단히 하시오.

06

$2^{10} \times 5^{12} \times 3$은 n자리 자연수일 때, n의 값을 구하시오.

07

$(3^2)^x \div 3 = 243$일 때, x의 값을 구하시오.

08

$A = 3^{x+1}$이라 할 때, 27^x을 A를 사용하여 나타내시오.

01 다음 식을 간단히 하시오.

(1) $4x \times 6y$

(2) $8a \times (-6b)$

(3) $(-2x) \times (-9y)$

(4) $3x \times 5y \times (-x)$

02 다음 식을 간단히 하시오.

(1) $5x^2 \times (-9x^6)$

(2) $2a^3 \times (-6a^2)$

(3) $6xy \times 3y^2$

(4) $(-15ab^3) \times 2a^2b^2$

03 다음 식을 간단히 하시오.

(1) $\frac{1}{3}a^2b \times (3ab^3)^2$

(2) $(xy)^2 \times (2x^3y)^3$

(3) $(ab)^2 \times (-a^2) \times ab^2$

(4) $(-4x^5y^6) \times 3x^2y \times 5xy^2$

04 다음 식을 간단히 하시오.

(1) $30x^5 \div 6x^2$

(2) $8x^2y^3 \div 2xy$

(3) $6x^2y \div \frac{2}{3}y$

(4) $-\frac{2}{5}x^8y^3 \div \left(-\frac{x^6}{10y^2}\right)$

05 다음 식을 간단히 하시오.

(1) $(-x^3y)^2 \div 4x$

(2) $(3xy^2)^3 \div \left(-\dfrac{9}{2}x^4y^2\right)$

(3) $4a^8b^5 \div \left(-\dfrac{1}{3}a^3\right)^2$

(4) $8x^2y^2 \div 2x^2y \div x^2$

06 다음 식을 간단히 하시오.

(1) $2x^4 \times 6x \div 2x^2$

(2) $4x^3 \div (-x) \times 4x^4$

(3) $3a^2 \div 6a \times 2a^3$

(4) $-2x^2 \div 3x^5 \times 12x$

07 다음 식을 간단히 하시오.

(1) $30a^5b^8 \times \dfrac{5}{4}a^2b^3 \div 8ab^2$

(2) $21x^3y^6 \div \left(-\dfrac{7}{3}x^5y^2\right) \times (-2x^3y)$

(3) $15x^2y^8 \times \dfrac{4}{9}x^3y \div \dfrac{1}{3}x^4y^5$

(4) $32a^8b^3 \div \dfrac{8}{3}a^7b \times 2a^2b^4$

(5) $8ab^3 \div (-2ab)^2 \times a^2b$

(6) $6ab^2 \times a^3b^8 \div (a^2b)^3$

(7) $(3a^4b^5)^2 \div (ab^2)^4 \times 5a$

(8) $9a^3b^5 \times (-2a^2b^3)^3 \div a^6b^9$

01

단항식 $4x^3y^6$에 어떤 단항식을 곱해야 할 것을 잘못하여 나누었더니 $-\frac{1}{2}xy^2$이 되었다. 바르게 계산한 식을 구하면?

① $-128x^7y^{14}$ ② $-64x^7y^{10}$ ③ $-64x^5y^{10}$

④ $-32x^7y^{10}$ ⑤ $-32x^5y^{10}$

02

$(-4x^3)^2 \div (-2x^2y)^2 \times 2xy^3$을 간단히 하면?

① $\dfrac{2x}{y^5}$ ② x^3y ③ $8x^6y$

④ $4y$ ⑤ $8x^3y$

03

$A=\dfrac{3}{7}x^7y^2 \div \dfrac{6}{49}xy^4$, $B=(3x^2y)^2 \div \left(-\dfrac{x^2}{y}\right)^3 \times \left(-\dfrac{x^3}{y^4}\right)$

일 때, AB를 간단히 하면?

① $\dfrac{63x^7}{2y}$ ② $-\dfrac{63x^7}{2y}$ ③ $63x^8y^7$

④ $-63x^8y^7$ ⑤ $-\dfrac{18x^5}{343y^2}$

04

$\left(\dfrac{3}{2}xy\right)^3 \times \boxed{} \div \left(\dfrac{5y^3}{4x} \div \dfrac{5y^3}{9x}\right) = 1$일 때, ☐ 안에 알맞은 식은?

① $\dfrac{2}{3x^3y^3}$ ② $\dfrac{2}{3x^2y^3}$ ③ $\dfrac{18}{x^3y^3}$

④ $\dfrac{2}{9x^3y^3}$ ⑤ $\dfrac{2}{9x^2y^3}$

05

다음 중 옳은 것은?

① $3a^2 \times (-4a^3) = -12a^6$

② $2ax^2 \times (-3ax^2) = -ax^2$

③ $10x^2y \times \left(-\dfrac{1}{5}xy\right) = -\dfrac{1}{2}x^3y^2$

④ $(2a^2b)^3 \times (-ab^2) = -6a^7b^5$

⑤ $4a^2 \times (-2ab)^2 = 16a^4b^2$

06

$(-12xy^2) \div 4x^2y \times \boxed{} = -6x^2y^2$에서 ☐ 안에 알맞은 식은?

① $-2x^2y$ ② $2x^2y$ ③ $-2x^3y$

④ $2x^3y^2$ ⑤ $2x^3y$

07

오른쪽 그림과 같이 밑면의 반지름의 길이가 $2a$인 원기둥의 부피가 $28\pi a^3b^3$일 때, 원기둥의 높이는?

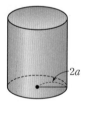

① $7ab^3$ ② $7a^2b^3$

③ $7\pi a^2b^3$ ④ $14\pi ab^3$

⑤ $14\pi a^2b^3$

08

$(-2x^3y)^3 \div \dfrac{8x^4}{3y^2} \times \dfrac{1}{(-3xy^3)^2} = \dfrac{ax^b}{y^c}$일 때, 상수 a, b, c에 대하여 abc의 값은?

① -9 ② -1 ③ 1

④ 9 ⑤ 11

01

$(-4x^3y)^2 \div 6x^5y \times 3xy^2 = ax^by^c$에서 $a+b+c$의 값을 구하시오.

02

어떤 식을 $\frac{3}{5}xy^2$으로 나누어야 할 것을 잘못하여 곱했더니 $-\frac{16}{25}x^4y^3$이 되었다. 바르게 계산한 식을 구하시오.

03

다음 두 식을 만족하는 A, B에 대하여 AB를 간단히 하시오.

$$5xy^5 \div A = 15x^2y^2, \ -2x^2y^3 \times B = 8x^3y$$

04

$x^4y^2 \times \boxed{} \div (-3x^4y^3) = xy^2$에서 □ 안에 들어갈 알맞은 식을 구하시오.

05

$(-2x^2y)^3 \div 3x^3y^4 \times \boxed{} = 16x^4y^2$일 때, □ 안에 알맞은 식을 구하시오.

06

$(2x^ay^5)^3 \div \left(\dfrac{x}{y^3}\right)^b \times 3x^2y^3 = cx^9y^{24}$일 때, 상수 a, b, c에 대하여 $a+b+c$의 값을 구하시오.

07

오른쪽 그림과 같은 삼각형의 넓이가 $35x^8y^6$일 때, 이 삼각형의 높이를 구하시오.

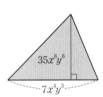

08

오른쪽 그림과 같이 밑면의 가로의 길이가 $2x$이고 세로의 길이가 y인 직육면체의 부피가 $6x^2y^2$일 때, 이 직육면체의 높이를 구하시오.

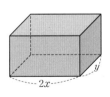

소단원 집중 연습

2. 식의 계산 | 03. 다항식의 계산

01 다음을 계산하시오.

(1) $\begin{array}{r} 3a+4b \\ +)\ \underline{a-3b} \\ \end{array}$

(2) $\begin{array}{r} -2x+3y \\ +)\ \underline{7x-2y} \\ \end{array}$

(3) $\begin{array}{r} 5a+2b \\ -)\ \underline{3a-\ b} \\ \end{array}$

(4) $\begin{array}{r} x-2y \\ -)\ \underline{3x+4y} \\ \end{array}$

02 다음을 계산하시오.

(1) $2(7x-5y)-3(3x+y)$

(2) $\dfrac{1}{4}(12a-20b)+\dfrac{1}{3}(15a+9b)$

(3) $\left(\dfrac{1}{3}x+\dfrac{2}{5}y\right)+\left(\dfrac{1}{4}x-\dfrac{1}{2}y\right)$

(4) $\dfrac{a+3b}{4}+\dfrac{5a-3b}{6}$

03 다음 다항식이 이차식인 것에는 ○표, 이차식이 아닌 것에는 ×표 하시오.

(1) x^2-3x+5 ( )

(2) $3x+y-7$ ( )

(3) $4x^2+2x-2(2x^2+1)$ ( )

(4) $x^3-5x^2-x^3+8$ ( )

04 다음을 계산하시오.

(1) $\begin{array}{r} 3x^2-2x-8 \\ +)\ \underline{x^2+4x-3} \\ \end{array}$

(2) $\begin{array}{r} a^2+2a-4 \\ +)\ \underline{2a^2-\ a} \\ \end{array}$

(3) $\begin{array}{r} 3x^2+6x-4 \\ -)\ \underline{2x^2-2x-1} \\ \end{array}$

(4) $\begin{array}{r} -a^2-\ a-2 \\ -)\ \underline{-3a^2+5a+3} \\ \end{array}$

05 다음을 계산하시오.

(1) $9x-2y-\{8x-(4x-5y)\}$

(2) $(2x^2+3x+6)+(x^2-4x-1)$

(3) $2(3x^2-6x+4)+5(x^2+2x-3)$

(4) $\dfrac{5x^2-3x+7}{8}-\dfrac{x^2+5x-1}{6}$

06 다음 식을 전개하시오.

(1) $3x(x+2y)$

(2) $(3a-b)\times4a$

(3) $(6a+5b)\times(-2b)$

(4) $\dfrac{3}{8}x(4x+10y)$

07 다음을 계산하시오.

(1) $(12x^2+8x)\div4x$

(2) $(25xy-10y^2)\div(-5y)$

(3) $(6x^2y-9xy+3x)\div3x$

(4) $(20a^2b+24ab^2)\div\dfrac{4}{3}ab$

08 다음을 계산하시오.

(1) $3a(2a+b)-2a(4a-3b)$

(2) $\dfrac{3}{4}x(12x-16y)+20y\left(\dfrac{2}{5}x-\dfrac{1}{4}y\right)$

(3) $\dfrac{9x^2y+15xy}{3x}-\dfrac{8x^2y^2-24xy^2}{4xy}$

(4) $(18ab^2-6ab)\div\left(-\dfrac{6}{5}ab\right)-(10ab+5a)\div\dfrac{5}{2}a$

01

$10x^2+2x-[3+x-\{8x^2-4x-(3+4x)\}]$
$$=Ax^2+Bx+C$$

일 때, $A-B+C$의 값은?

① 5   ② 11   ③ 17

④ 19   ⑤ 31

02

$3x^2-x+1-\boxed{}=4x^2+3$일 때, □ 안에 알맞은 식은?

① $-x^2-x-2$ ② $-x^2-x$ ③ x^2-x

④ x^2+2x-1 ⑤ x^2-x+2

03

$\dfrac{6x^2y-4xy^2}{2xy}-\dfrac{9xy+6y^2}{3y}$ 을 간단히 하면?

① $-4y$ ② 0 ③ $6x$

④ $4x-y$ ⑤ $6x-4y$

04

보기에서 계산 결과가 서로 같은 것을 모두 고른 것은?

보기
ㄱ. $x(-4x+1)$
ㄴ. $2(x^2+x)-(6x^2+x)$
ㄷ. $(4x^3-x^2)\div(-x)$
ㄹ. $(8x^4+2x^3)\div(-2x^2)$
ㅁ. $2(x^2-x+1)-(6x^2-2x+3)$

① ㄱ, ㄴ   ② ㄱ, ㄴ, ㄷ

③ ㄱ, ㄴ, ㅁ   ④ ㄱ, ㄴ, ㄷ, ㄹ

⑤ ㄱ, ㄴ, ㄷ, ㅁ

05

$3(2x^2+ax-1)-(4x^2+x-5)$를 간단히 하였더니 x^2의 계수와 x의 계수의 합이 -5가 되었다. 정수 a의 값은?

① -4 ② -2 ③ -1

④ 6 ⑤ 7

06

다음 등식의 □ 안에 알맞은 식은?

$$(16x^2+36xy)\div(-4x)-(27y^2+\boxed{})\div9y$$
$$=-3x-12y$$

① $-9xy$ ② $-18y^2$ ③ $9y$

④ $9xy$ ⑤ $18y^2$

07

어떤 식에 $2x^2-3x+2$를 더해야 할 것을 잘못하여 뺐더니 답이 $5x^2-3x-2$가 되었다. 바르게 계산한 식은?

① $7x^2-7x+2$ ② $7x^2-9x+2$

③ $8x^2-8x+2$ ④ $8x^2-9x+2$

⑤ $9x^2-9x+2$

08

오른쪽 그림과 같이 가로와 세로의 길이가 각각 $6a+1$과 $3a$인 직사각형에서 가로와 세로의 길이가 각각 $2a$와 a인 직사각형을 제외한 부분의 넓이는?

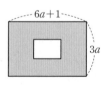

① $19a$ ② $7a^2+a$ ③ $18a^2+a$

④ $16a^2+3a$ ⑤ $18a^2+3a$

01

$x^2 + \{-2(1-x) + x(4+x)\} - 3x + 1 = ax^2 + bx + c$일 때, 상수 a, b, c에 대하여 $a+b+c$의 값을 구하시오.

02

어떤 직사각형의 넓이가 $8x^3y^2 - 6xy^4$이고, 세로의 길이가 $\frac{2}{5}xy$일 때, 가로의 길이를 구하시오.

03

어떤 식 A에 $-x^2 + 3x + 2$를 더해야 할 것을 잘못하여 빼었더니 $4x^2 - 4x$가 되었다. 바르게 계산한 식을 구하시오.

04

$2x^2 - \{6y^2 - (2x^2 - \boxed{})\} + 5y = 3y$일 때, $\square$ 안에 알맞은 식을 구하시오.

05

$(15x^2 - 6xy) \div 3x - (20xy - 35y^2) \times \dfrac{1}{5y}$을 간단히 하였을 때, x의 계수와 y의 계수의 합을 구하시오.

06

어떤 이차식 A에 $2x^2 - 3x - 2$를 더해야 할 것을 잘못하여 빼었더니 그 결과가 $x^2 - 1$이 되었다. 바르게 계산한 식을 B라 할 때, $-A + B$를 구하시오.

07

$x = -2$, $y = 2$일 때, 다음 식의 값을 구하시오.

$$\frac{4x^2y - 12xy^2 + 8xy}{-4xy} - \frac{2x^2y^2 - 4x^3y}{2x^2y}$$

08

오른쪽 그림과 같은 직사각형에서 색칠한 삼각형의 넓이를 구하시오.

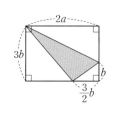

중단원 테스트 [1회]

테스트한 날	맞은 개수
월 일	/ 32

01

다음 중 옳지 않은 것은?

① $6a \times (-2b) = -12ab$

② $(3a)^2 \times 4a^3 = 36a^5$

③ $3a^2b \times (2ab)^2 = 12a^3b^2$

④ $12x^3 \div 6x^5 = \dfrac{2}{x^2}$

⑤ $(-18x^5y^7) \div 6x^3y^4 = -3x^2y^3$

02

$\dfrac{-6a^2b - 3ab}{3b} - \dfrac{20a^2b - 25ab^2}{5b}$ 을 계산하면?

① $-6a^2 - a + 5ab$ ② $-6a^2 - a - 5ab$

③ $-6a^2 + a - 5ab$ ④ $-5a^2 - a - 6ab$

⑤ $-5a^2 + a - 6ab$

03

$\left(\dfrac{3x^b}{y}\right)^2 = \dfrac{ax^8}{y^c}$ 일 때, $a - b - c$의 값은?

① 1   ② 2   ③ 3

④ 4   ⑤ 5

04

$4a^2 + a - 2 - (a^2 - 3a + 4)$를 간단히 하였을 때, a^2의 계수와 상수항의 합은?

① -4 ② -3 ③ 3

④ 4   ⑤ 7

05

$(-6a^4) \times \boxed{} \div 8a^6 = 3a^2$일 때, □ 안에 들어갈 알맞은 식은?

① $-4a^2$ ② $-4a^3$ ③ $-4a^4$

④ $-4a^8$ ⑤ $-\dfrac{1}{4a}$

06

$x^2 - 2x - 5$에 어떤 식을 더해야 할 것을 잘못하여 빼었더니 $4x^2 - x + 6$이 되었다. 바르게 계산한 식은?

① $5x^2 - 3x + 1$ ② $3x^2 + x + 11$

③ $-5x^2 - 4x - 27$ ④ $-3x^2 - x - 11$

⑤ $-2x^2 - 3x - 16$

07

다음 등식의 □ 안에 알맞은 식을 구하시오.

$$-5b(-a + 2b) \div \boxed{} + 2(3a - b) = 5a \ (\text{단}, \ a \neq 2b)$$

08

가로의 길이가 $2a + 5b - 3$, 세로의 길이가 $7a - 4b + 2$인 직사각형의 둘레의 길이를 구하시오.

09

$3x^2-[-x^2-\{3x-(-x^2+2x-5)\}]$를 계산하면
ax^2+bx+c가 될 때, $a+b-c$의 값은?

① 1　　　　② 2　　　　③ 3

④ 4　　　　⑤ 5

10

다음 중 옳지 않은 것은?

① $a^4 \times a^3 = a^7$　　　　② $(a^2)^4 = a^8$

③ $a^{20} \div a^5 = a^{15}$　　　　④ $a^3 \div a^9 = \dfrac{1}{a^3}$

⑤ $(ab^3)^4 = a^4 b^{12}$

11

$(x^3)^\square \times x^2 = x^{20}$일 때, $\square$ 안에 들어갈 알맞은 수는?

① 4　　　　② 6　　　　③ 8

④ 9　　　　⑤ 10

12

어떤 식 A에 $-4x^2y^5$을 곱하였더니 $24x^3y^4$이 되었다. 어떤 식 A를 구하면?

① $-\dfrac{6y}{x}$　　　② $-\dfrac{6x}{y}$　　　③ $-6xy$

④ $-96xy$　　　⑤ $-96x^5y^9$

13

$a=2^{x-2}$, $b=3^{x+1}$일 때, 12^x을 a, b를 사용하여 나타내면?

① $16a^2b$　　　② $\dfrac{16}{3}a^2b$　　　③ $3a^2b$

④ $\dfrac{a^2b}{3}$　　　⑤ $\dfrac{3}{16}a^2b$

14

$4x^3 \times (-2x^6) = Ax^B$일 때, $A+B$의 값은?

① -2　　　② -1　　　③ 0

④ 1　　　　⑤ 2

15

$(8^5+8^5+8^5+8^5) \times 5^{15}$이 n자리 자연수일 때, n의 값은?

① 15　　　② 16　　　③ 17

④ 18　　　⑤ 20

16

오른쪽 그림과 같은 직육면체의 밑면의 가로의 길이, 세로의 길이가 각각 $4a$, $3b$이고, 부피가 $60a^2b^4$일 때, 이 직육면체의 높이를 구하시오.

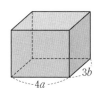

17

$3^x \times 27 = 81^4$을 만족하는 x의 값은?

① 5   ② 6   ③ 8

④ 10   ⑤ 13

18

$3(2x-5y+2)+(x-4y-7)$을 계산했을 때, x의 계수와 상수항의 합은?

① -2 ② 0   ③ 2

④ 4   ⑤ 6

19

$\left(-\dfrac{3x^b}{y}\right)^3 = \dfrac{ax^6}{y^c}$일 때, $\dfrac{a}{c}+b$의 값은?

① -7 ② -5 ③ -3

④ -1 ⑤ 1

20

$\boxed{} \div 27x^3y^4 = \dfrac{3x^5y^6}{\boxed{}}$에서 $\boxed{}$ 안에 공통으로 들어갈 알맞은 식을 Ax^By^C이라고 할 때, 상수 A, B, C에 대하여 $A+B+C$의 값은? (단, $A>0$)

① 14   ② 15   ③ 16

④ 17   ⑤ 18

21

$(3x^{\square}y)^{\square} \div (xy^2)^3 = \dfrac{81x^9}{y^{\square}}$일 때, $\square$ 안에 알맞은 값을 순서대로 구하면?

① 3, 2, 4   ② 3, 3, 2   ③ 3, 4, 2

④ 4, 3, 2   ⑤ 4, 2, 3

22

정육면체의 겉넓이가 $96x^6y^8$일 때, 한 모서리의 길이는?

① $4x^2y^2$ ② $4x^2y^3$ ③ $4x^3y^4$

④ $6x^3y^2$ ⑤ $6x^3y^4$

23

$3^{18} \div 3^{2x} \div 3^3 = 3^9$을 만족하는 x의 값은?

① 1   ② 2   ③ 3

④ 4   ⑤ 5

24

$A=2^2$, $B=5^2$이라고 할 때, 80^4을 A, B를 사용하여 나타내면?

① A^6B ② A^2B^8 ③ A^6B^2

④ A^8B^2 ⑤ A^8B^4

25

$2^{x+3}=\square \times 2^x$일 때, $\square$ 안에 들어갈 알맞은 수는?

① 2   ② 4   ③ 6

④ 8   ⑤ 16

26

다음 식을 만족하는 자연수 a, b, c에 대하여 $a+b-c$의 값을 구하시오.

> (가) $(x^3)^a \div x^{11} = \dfrac{1}{x^2}$ (나) $(3x^b)^c = 27x^{12}$

27

$\dfrac{(4^2+4^2+4^2) \times (3^3+3^3+3^3)}{9^2+9^2} \times \dfrac{3^6+3^6}{3 \times (2^8+2^8+2^8)}$ 을 간단히 하면?

① $\dfrac{3^5}{2^2}$ ② $\dfrac{3^{12}}{2^2}$ ③ $\dfrac{3^4}{2^4}$

④ $\dfrac{3^5}{2^4}$ ⑤ $\dfrac{3^{12}}{2^{12}}$

28

$(-3x^2y^3)^3 \times (2xy^2)^2 \div 18x^5y^8 = ax^by^c$일 때, $a+b+c$의 값을 구하시오. (단, a, b, c는 상수)

29

$A = 3x^2+4x-2+2A$, $B \div \dfrac{x}{y} = 6xy-5y-\dfrac{7y}{x}$일 때, $A-[-B-\{2A-2(B-C)\}] = x^2-5x+3$을 만족하는 다항식 C는?

① $8x^2+x-5$ ② $8x^2-x+5$

③ $16x^2-2x+10$ ④ $16x^2+x-10$

⑤ $16x^2-2x-10$

30

$(-16a^4) \div \left(-\dfrac{1}{2}a^2\right)^3 \times \boxed{} = 32a^5$일 때, $\square$ 안에 알맞은 식은?

① $\dfrac{a^3}{6}$ ② $\dfrac{a^3}{4}$ ③ $\dfrac{a^7}{6}$

④ $\dfrac{a^7}{4}$ ⑤ $\dfrac{a^7}{3}$

31

x^2+x-2에서 어떤 식을 빼어야 할 것을 잘못하여 더했더니 $-2x^2+4x-5$가 되었다. 바르게 계산한 식의 x의 계수는?

① -4 ② -2 ③ 0

④ 2 ⑤ 4

32

오른쪽 그림과 같은 삼각기둥의 부피가 $60a^3b^5$일 때, 이 삼각기둥의 높이를 구하시오.

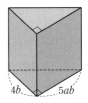

중단원 테스트 [2회]

테스트한 날	맞은 개수
월 일	/ 32

01

다음 조건을 만족하는 a, b에 대하여 ab의 값은?

(단, a, b는 자연수)

(가) $\dfrac{2^{41} \times 45^{20}}{18^{20}}$은 a자리 자연수이다.

(나) $27^{2b-3} = 3^{15} \div \left(\dfrac{1}{3}\right)^6$

① 100   ② 105   ③ 110

④ 120   ⑤ 145

02

밑면의 반지름의 길이가 $2a^2b$이고, 높이가 $3a+2b$인 원기둥의 부피를 구하시오.

03

$x = -\dfrac{6}{5}$, $y = -\dfrac{4}{3}$일 때, $5x(x+y) - 3y(2x+y)$의 값은?

① $-\dfrac{1}{15}$ ② $\dfrac{4}{15}$ ③ $\dfrac{1}{3}$

④ $\dfrac{3}{5}$ ⑤ $\dfrac{4}{5}$

04

보기에서 옳은 것을 모두 고른 것은?

보기

ㄱ. $a = 3^2$일 때, $9^3 = a^3$이다.

ㄴ. $\left(\dfrac{x^3}{5}\right)^a = \dfrac{x^9}{125}$일 때, $a = 2$이다.

ㄷ. $2^x \times 8 \div 2^4 = 2$일 때, $x = 3$이다.

ㄹ. 3^{15}, 7^{14}, 9^{20} 중에서 일의 자리 숫자가 가장 큰 수는 7^{14}이다.

① ㄱ, ㄴ   ② ㄱ, ㄷ   ③ ㄱ, ㄹ

④ ㄴ, ㄷ   ⑤ ㄷ, ㄹ

05

다음 □ 안에 들어갈 수 중 가장 큰 것은?

① $(x^\square)^4 = x^{12}$ ② $x^3 \times x^\square = x^7$

③ $x^\square \div x^5 = x$ ④ $x^6 \div x^{10} = \dfrac{1}{x^\square}$

⑤ $(x^3 y^\square)^4 = x^{12} y^{20}$

06

다음 중 $a^4 \div a^3 \div a^2$과 계산 결과가 같은 것은?

① $a^4 \div (a^3 \div a^2)$ ② $a^4 \times a^2 \div a^3$

③ $a^4 \div (a^2 \times a^3)$ ④ $a^4 \times (a^3 \div a^2)$

⑤ $a^4 \div a^2 \times a^3$

07

$\left(\dfrac{2x^a}{y^4}\right)^3 = \dfrac{bx^6}{y^c}$일 때, 상수 a, b, c에 대하여 $a+b-c$의 값을 구하시오.

08

$A = (-2x^3 y)^2 \times 3xy^3$, $B = (-2x^2 y^2)^3 \div \left(-\dfrac{1}{2}x^3 y\right)$일 때, $A \div B$를 간단히 하시오.

09

$x+y=2$이고 $a=5^{2x}$, $b=5^{2y}$일 때, ab의 값은?

① 2   ② 5   ③ 25

④ 625   ⑤ 3125

10

반지름의 길이가 $3a^2b^3$인 구의 겉넓이와 밑면의 반지름의 길이가 $4a^3b^2$인 원기둥의 옆넓이가 서로 같다고 한다. 이 원기둥의 부피를 구하시오.

11

$A=2^{x-1}$일 때, 16^x을 A를 사용하여 간단히 나타내시오.

12

$2^{11} \times 5^9$이 n자리 자연수일 때, n의 값은?

① 9   ② 10   ③ 11

④ 12   ⑤ 13

13

어떤 식 A에 $-\dfrac{6}{5}a^2b^3$을 곱해야 할 것을 잘못하여 나누었더니 $15ab$가 되었다. 바르게 계산한 식은?

① $-3a^3b^4$ ② $-18a^3b^4$ ③ $\dfrac{108a^5b^7}{5}$

④ $\dfrac{5}{108a^5b^7}$ ⑤ $-\dfrac{1}{18a^3b^4}$

14

$x(4x-5y)+ay(-x+2y)$를 간단히 한 식에서 xy의 계수가 -1일 때, x^2의 계수와 y^2의 계수의 합을 구하시오.

15

다음 중 식을 전개하였을 때, x^2의 계수가 가장 큰 것은?

① $2x(5-3x)$ ② $-\dfrac{2}{3}x(6x-5)$

③ $2x(x^2-5x+6)$ ④ $(x+3y-4) \times (-6x)$

⑤ $-3x^2y\left(\dfrac{5}{x}-\dfrac{6}{y}\right)$

16

$(x+ay)+(2x-7y)=bx-5y$일 때, 상수 a, b에 대하여 $a+b$의 값은?

① 3   ② 4   ③ 5

④ 6   ⑤ 7

17

$(-2xy)^3 \div \boxed{} \times 6x^2y = \dfrac{3x}{2y}$일 때, □ 안에 알맞은 식은?

① $-72x^6y^5$ ② $-32x^4y^5$ ③ $-32y^3$

④ $-\dfrac{9}{8}x^4y^5$ ⑤ $-\dfrac{9}{8}y^3$

18

어떤 식에 $-2x^2+11x-13$을 더해야 할 것을 잘못하여 빼었더니 $3x^2-7x+8$이 되었다. 바르게 계산한 식은?

① x^2+4x-5 ② $5x^2-18x+21$

③ $7x^2-29x+33$ ④ $-x^2+15x-18$

⑤ $-2x^2+11x-3$

19

$x+\dfrac{x+2y}{3}-\dfrac{3x-y}{4}$ 를 간단히 하시오.

20

$5x-[2x-y+\{3x-4y-2(x-y)\}]$를 간단히 하면?

① $x+y$ ② $2x+y$ ③ $2x+3y$

④ $3x+2y$ ⑤ $5x-3y$

21

$x=6$, $y=-2$일 때, $(-x^3y)^2 \div \left(-\dfrac{1}{2}x^4y^3\right)$의 값을 구하시오.

22

$(-2x^6y^3) \div \dfrac{2}{7}x^3y \div 21xy^2$을 간단히 하시오.

23

$(-9xy^2) \div A \times 4x^2y^3 = -6xy$를 만족하는 식 A는?

① $-6x^2y^4$ ② $-\dfrac{1}{6x^2y^4}$ ③ $\dfrac{1}{6x^2y^4}$

④ $6x^2y^4$ ⑤ $\dfrac{8}{3}x^2y^2$

24

$(-2xy^a)^3 \times (x^2y)^b = cx^7y^{11}$일 때, 상수 a, b, c에 대하여 $a+b-c$의 값은?

① 12   ② 13   ③ 14

④ 15   ⑤ 16

25

$(-2x^a)^b=16x^{12}$일 때,

$3a-[2b-\{3a-5(a+3b)\}-16a]$의 값은?

(단, a, b는 자연수)

① -23 ② -21 ③ -17

④ -14 ⑤ -13

26

$\dfrac{6^5+6^5}{8^2+8^2+8^2}$ 을 계산하시오.

27

겉넓이가 $150x^{12}y^4$인 정육면체의 한 모서리의 길이를 구하시오.

28

$(x^2)^3 \times x \div (x^\square)^2 = \dfrac{1}{x^3}$일 때, $\square$ 안에 알맞은 수는?

① 3   ② 4   ③ 5

④ 6   ⑤ 7

29

삼각형의 세 변의 길이가 각각

$2x+3y+1,\ 3x-2y+5,\ -x+y-3$

일 때, 이 삼각형의 둘레의 길이는?

① $-4x+2y-3$ ② $2x-4y+5$

③ $2x+3y+6$ ④ $4x+2y+3$

⑤ $6x+7y-2$

30

다음 식을 간단히 하면?

$$2x(3x-4)-\left\{(x^3y-3x^2y)\div\left(-\frac{1}{2}xy\right)-7x\right\}$$

① $4x^2-7x$ ② $4x^2-9x$ ③ $5x^2-9x$

④ $8x^2-7x$ ⑤ $8x^2-9x$

31

$ax(2x-5y-7)=bx^2+15xy+cx$일 때, 상수 a, b, c에 대하여 $a+b+c$의 값은?

① 10   ② 12   ③ 15

④ 17   ⑤ 20

32

다음 그림과 같이 밑면의 반지름의 길이가 r이고 높이가 $2h$인 원기둥 A와 밑면의 반지름의 길이가 $2r$인 원뿔 B가 있다. 두 입체도형의 부피가 같을 때, 원뿔 B의 높이는?

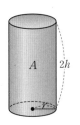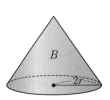

① $\dfrac{1}{2}h$ ② h ③ $\dfrac{3}{2}h$

④ $2h$ ⑤ $\dfrac{5}{2}h$

중단원 테스트 [서술형]

01

$A = 2^5 \times 5^8$일 때, 다음 물음에 답하시오.

(1) 자연수 a, n에 대하여 A를 $a \times 10^n$ 꼴로 나타낼 때, a의 최솟값과 그때의 n의 값을 각각 구하시오.

(2) A는 몇 자리 자연수인지 구하시오.

❯ 해결 과정

❯ 답

02

$8^a \times 32 = 2^{14}$, $81^b \div 9^3 = 3^{10}$일 때, $a+b$의 값을 구하시오.

❯ 해결 과정

❯ 답

03

$\left(\dfrac{x^3 y^a}{2z^4} \right)^b = \dfrac{x^9 y^6}{cz^{12}}$일 때, 자연수 a, b, c에 대하여 $25^a \times 5^b \div 5^c$의 값을 구하시오.

❯ 해결 과정

❯ 답

04

어떤 식 A를 $6a^2b$로 나누어야 할 것을 잘못하여 곱하였더니 $-12a^5b$가 되었다. 바르게 계산한 식을 B라 할 때, AB를 간단히 하시오.

❯ 해결 과정

❯ 답

05

밑면의 반지름의 길이가 a, 높이가 $2b$인 원기둥 A와 밑면의 반지름의 길이가 $2a$, 높이가 b인 원기둥 B가 있다. 원기둥 B의 부피는 원기둥 A의 부피의 몇 배인지 구하시오.

> 해결 과정

> 답

06

다음 그림과 같이 정육면체 A와 직육면체 B가 있다. 두 입체도형의 부피가 같을 때, 직육면체 B의 높이를 구하시오.

 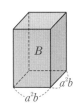

> 해결 과정

> 답

07

$\dfrac{ax^3 + bx^2 - 8x}{-4x} = -3x^2 + x + c$일 때, $a + b + c$의 값을 구하시오. (단, a, b, c는 상수)

> 해결 과정

> 답

08

어떤 식에 $2x^2 + x - 5$를 더해야 할 것을 잘못하여 뺐더니 $3x^2 - x + 4$가 되었다. 바르게 계산한 식을 구하시오.

> 해결 과정

> 답

대단원 테스트

01

다음 설명 중 옳은 것은? (정답 2개)

① 유한소수는 모두 분수로 나타낼 수 있다.

② 유리수를 소수로 나타내면 모두 유한소수이다.

③ 순환소수는 모두 유리수이다.

④ 무한소수는 모두 순환소수이다.

⑤ 무한소수는 모두 유리수이다.

02

$4^7 \times 27^6 = 2^a \times 3^b$일 때, $a+b$의 값은?

① 13　　　　② 20　　　　③ 26

④ 32　　　　⑤ 42

03

다음 □ 안에 알맞은 식을 구하시오.

$$(-18a^2b^4) \div 3ab^3 \times \boxed{} = 12a^2b^5$$

04

다음 중 분수를 소수로 고쳐 순환소수로 바르게 나타낸 것은?

① $\dfrac{6}{11} = 0.5\dot{4}\dot{5}$　　　　② $\dfrac{11}{3} = 3.6\dot{6}\dot{6}$

③ $\dfrac{4}{27} = 0.\dot{1}4\dot{8}$　　　　④ $\dfrac{5}{6} = 0.8\dot{3}$

⑤ $\dfrac{40}{27} = 1.4\dot{8}\dot{1}$

05

$\dfrac{7}{11} = 0.\dot{2}\dot{1} \times a$일 때, 자연수 a의 값을 구하시오.

06

$5x - 2y - (x + A - 3y) = 3x + 4y$일 때, 다항식 A는?

① $-x+3y$　　　② $x-3y$　　　③ $x+3y$

④ $2x-5y$　　　⑤ $2x+5y$

07

기약분수 $\dfrac{x}{6}$를 소수로 나타내면 $0.8333\cdots$일 때, 자연수 x의 값을 구하시오.

08

$9^4 + 9^4 + 9^4 = 3^x$일 때, x의 값은?

① 8　　　　② 9　　　　③ 10

④ 11　　　　⑤ 12

09
다음 분수 중 유한소수로 나타낼 수 있는 것은? (정답 2개)

① $\dfrac{14}{9}$ ② $\dfrac{5}{24}$ ③ $\dfrac{13}{208}$

④ $\dfrac{19}{1024}$ ⑤ $\dfrac{14}{1536}$

10
$32^3 \div 4^5 = 2^a$일 때, a의 값은?

① 2 ② 3 ③ 4

④ 5 ⑤ 6

11
오른쪽 그림과 같이 밑면의 반지름의 길이가 $3a^2$인 원기둥의 부피가 $18\pi a^5 b^2$일 때, 이 원기둥의 높이를 구하시오.

12
$0.\dot{4} \times a = 0.\dot{7}$, $a \times 0.1\dot{6} = b$일 때, $a \times b$의 값을 구하시오.

13
두 분수 $\dfrac{n}{35}$과 $\dfrac{n}{36}$을 소수로 나타내면 모두 유한소수가 된다고 할 때, 두 자리 자연수 n의 값을 구하시오.

14
다음 설명 중 옳은 것은? (정답 2개)

① 모든 무한소수는 유리수이다.
② 모든 유한소수는 유리수이다.
③ 모든 무한소수는 분수로 나타낼 수 있다.
④ 순환하지 않는 무한소수는 유리수이다.
⑤ 유한소수로 나타낼 수 없는 분수는 순환소수로 나타낼 수 있다.

15
다음 중 두 수의 대소 관계가 옳은 것은?

① $0.\dot{3}\dot{1} > 0.\dot{3}$ ② $0.4\dot{2}5 < 0.4\dot{2}\dot{5}$

③ $0.7\dot{8} < 0.\dot{7}\dot{8}$ ④ $0.\dot{1}\dot{2} < 0.1\dot{2}$

⑤ $1.\dot{2} > 1.1\dot{9}$

16
다음 식을 만족하는 상수 x, y에 대하여 $x+y$의 값을 구하시오.

$$\left(\dfrac{a}{b^3}\right)^4 = \dfrac{a^4}{b^x}, \ \left(\dfrac{b}{a^x}\right)^3 = \dfrac{b^3}{a^y}$$

17

$0.2\dot{1}\dot{3} = 213 \times \boxed{}$일 때, □ 안에 알맞은 수는?

① $0.\dot{0}0\dot{1}$ ② $0.0\dot{0}\dot{1}$ ③ $0.00\dot{1}$

④ $0.\dot{0}\dot{1}$ ⑤ $0.\dot{1}$

18

$\dfrac{(x^2y)^5}{(xy^3)^2}$ 을 간단히 하면?

① x^5 ② x^8 ③ $\dfrac{x^8}{y}$

④ $\dfrac{x^5}{y}$ ⑤ $\dfrac{x}{y}$

19

$(-3x^ay) \times (-2x^2y)^3 = bx^8y^4$일 때, 두 자연수 a, b에 대하여 $a-b$의 값은?

① -26 ② -22 ③ -4

④ 8 ⑤ 26

20

분수 $\dfrac{9}{a}$를 소수로 나타내면 유한소수가 된다. $10 \le a < 20$일 때, 다음 중 a가 될 수 있는 수는?

① 11 ② 13 ③ 14

④ 18 ⑤ 19

21

분수 $\dfrac{3 \times 7}{2^2 \times x}$을 소수로 나타내면 유한소수가 된다고 할 때, 다음 중 x의 값이 될 수 없는 것은?

① 2 ② 5 ③ 6

④ 14 ⑤ 18

22

다음은 분수 $\dfrac{7}{2 \times 5^2}$을 유한소수로 나타내는 과정이다. $bc-a$의 값은?

$$\dfrac{7}{2 \times 5^2} = \dfrac{7 \times a}{2 \times 5^2 \times a} = \dfrac{14}{b} = c$$

① 8 ② 9 ③ 10

④ 11 ⑤ 12

23

순환소수 $0.3\dot{8}$에 a를 곱하면 자연수가 될 때, 다음 중 a의 값이 될 수 있는 것은? (정답 2개)

① 18 ② 33 ③ 36

④ 93 ⑤ 99

24

$2^4 = A$라 할 때, 다음 중 $4^5 \div 4^9$의 값과 같은 것은?

① $\dfrac{1}{A^2}$ ② $\dfrac{1}{A}$ ③ A

④ A^2 ⑤ A^3

25

다음 중 순환소수를 분수로 나타낸 것으로 옳은 것은?

① $0.\dot{2}\dot{4}=\dfrac{22}{99}$ ② $0.0\dot{4}=\dfrac{4}{99}$

③ $0.3\dot{6}=\dfrac{11}{31}$ ④ $0.\dot{1}0\dot{5}=\dfrac{7}{60}$

⑤ $1.2\dot{1}\dot{5}=\dfrac{401}{330}$

26

$(x^5)^2 \div (x^a)^3 \times x^7 = x^2$일 때, a의 값은?

① 2   ② 3   ③ 4

④ 5   ⑤ 6

27

$(-3xy^2)^2 \times A = (-2x^2y^3)^2 \div \dfrac{xy^2}{18}$일 때, 단항식 A는?

① $2x$ ② $8x$ ③ $8x^2y^2$

④ $2x^3y^4$ ⑤ $8x^3y^4$

28

순환소수 $1.2\dot{3}$을 분수로 나타내면 $\dfrac{a}{90}$이고, 이 분수를 기약분수로 나타내면 $\dfrac{37}{b}$일 때, $\dfrac{a}{b}$의 값은?

① 3.7 ② $3.\dot{7}$ ③ $3.\dot{7}\dot{8}$

④ 3.8 ⑤ $3.\dot{8}$

29

$(-2x^Ay^3)^2 \times (-x^4y^2)^B = Cx^{18}y^{12}$일 때, $A+B+C$의 값은? (단, A, B, C는 상수)

① -2 ② -1 ③ 0

④ 1   ⑤ 2

30

다음 분수 중 유한소수로 나타낼 수 없는 것은?

① $\dfrac{3}{8}$ ② $\dfrac{21}{2^2 \times 7}$ ③ $\dfrac{11}{42}$

④ $\dfrac{14}{56}$ ⑤ $\dfrac{3}{2^4 \times 3 \times 5}$

31

$4.\dot{9} < x < \dfrac{43}{6}$을 만족하는 모든 정수 x의 값의 합은?

① 10   ② 11   ③ 12

④ 13   ⑤ 14

32

$\dfrac{1}{8}x^2y^3 \div \{4(-xy)^2\} \times (-4x^3y^2)^3$을 간단히 하면?

① $-\dfrac{1}{4}xy^6$ ② $-2x^9y^7$ ③ xy^6

④ $\dfrac{1}{8}x^9y^2$ ⑤ $2x^2y$

33

어떤 수 x에 $0.\dot{2}$를 곱한 것은 $2.\dot{3}$보다 $1.\dot{6}$만큼 작다고 할 때, x의 값은?

① 1   ② 2   ③ 3

④ 4   ⑤ 5

34

$\left(\dfrac{5x^a}{y^{4b}}\right)^3 = \dfrac{125x^{12}}{y^{36}}$일 때, $a+b$의 값은?

① 6   ② 7   ③ 8

④ 9   ⑤ 10

35

$(3xy^2 \div x^3)^a = \dfrac{by^c}{x^6}$일 때, $a+b+c$의 값은?

① 35   ② 36   ③ 37

④ 38   ⑤ 39

36

순환소수 $0.0\dot{2}\dot{4}$에 자연수 a를 곱하여 유한소수가 되게 하려고 할 때, a의 값 중 가장 작은 세 자리 자연수를 구하시오.

37

$200^4 = 2^a \times 5^b$일 때, $a+b$의 값은?

① 12   ② 14   ③ 16

④ 18   ⑤ 20

38

a가 30 이하의 자연수이고, 분수 $\dfrac{a}{2^2 \times 5 \times 7}$가 유한소수로 나타내어질 때, a의 값이 될 수 있는 것은 모두 몇 개인지 구하시오.

39

다음 중 옳은 것은?

① $a^{13} \div a^7 \div a^3 = a$ ② $(-3ab)^2 = 9a^2b^2$

③ $\left(\dfrac{2b^3}{a^4}\right)^2 = \dfrac{2b^6}{a^8}$ ④ $a^3 \times a^5 = a^{15}$

⑤ $(a^3)^4 = a^7$

40

$(-x^2+5x-5)+(4x^2-7x-6) = Ax^2+Bx+C$일 때, $A-B+C$의 값은? (단, A, B, C는 상수)

① -10 ② -8 ③ -6

④ -4 ⑤ -3

41

$\dfrac{1}{5}$보다 크고 $\dfrac{4}{7}$보다 작은 분수 중에서 분모가 35이고 유한소수로 나타낼 수 없는 분수의 개수를 구하시오.

42

$(x^3y^2)^2 \times (-2xy^2)^2 \div \dfrac{x^3y}{2} = ax^b y^c$일 때, abc의 값은?

① 70 ② 140 ③ 210
④ 280 ⑤ 350

43

어떤 식 A에 $\dfrac{1}{4}ab^2$을 곱해야 할 것을 잘못하여 나누었더니 $2a^2b$가 되었다. 바르게 계산한 식을 구하시오.

44

서로소인 두 자연수 m, n에 대하여 $0.1\dot{5} \times \dfrac{n}{m} = 0.0\dot{6}$일 때, mn의 값을 구하시오.

45

$4x^3y^2 \times (-9x^2y^4) \div (-12xy^2)$을 간단히 하면?

① $-3x^3y^4$ ② $-3x^4y^4$ ③ $3x^3y^4$
④ $3x^4y^3$ ⑤ $3x^4y^4$

46

분수 $\dfrac{x}{140}$를 소수로 나타내면 유한소수가 될 때, 다음 중 x의 값이 될 수 있는 것은?

① 12 ② 20 ③ 24
④ 28 ⑤ 36

47

$(xy)^4 \times (xy^2)^2 \times (x^2y)^3$을 간단히 하면?

① x^8y^8 ② x^8y^9 ③ $x^{10}y^{11}$
④ $x^{11}y^{11}$ ⑤ $x^{12}y^{11}$

48

$x - [7y - 2x - \{2x - (x - 3y)\}] = ax + by$일 때, 상수 a, b에 대하여 $a + b$의 값은?

① -4 ② -2 ③ 0
④ 2 ⑤ -4

49

$0.1\dot{3}\dot{6}$에 자연수 a를 곱하면 유한소수가 된다고 할 때, a의 값이 될 수 있는 가장 작은 자연수를 구하시오.

50

$4^3 \times 27^4 = 2^a \times 3^b$일 때, $a+b$의 값은?

① 6   ② 10   ③ 14

④ 18   ⑤ 22

51

$5a+3b-[-2b-\{a+b-(4a-5b)\}]$를 계산하면?

① $2a-11b$ ② $2a+11b$ ③ $8a-b$

④ $8a+b$ ⑤ $10a-3b$

52

다음 분수 중 유한소수로 나타낼 수 있는 것은 모두 몇 개인가?

$$\frac{13}{7}, \ \frac{18}{5}, \ \frac{21}{450}, \ \frac{45}{2^3 \times 3^2 \times 5^2}, \ \frac{27}{2 \times 3^2 \times 5^2}$$

① 1개   ② 2개   ③ 3개

④ 4개   ⑤ 5개

53

$(2x^3 y)^2 \div 3xy^2 \div \dfrac{3}{2}xy$를 계산하면?

① $\dfrac{8x^4}{9y}$ ② $\dfrac{4x^4}{3y}$ ③ $\dfrac{4}{3}x^6 y$

④ $\dfrac{2x^4}{y}$ ⑤ $8x^6 y$

54

다음 중 순환소수와 순환마디가 바르게 연결된 것은?

① $3.282828\cdots \ \Rightarrow \ 82$

② $0.3757575\cdots \ \Rightarrow \ 375$

③ $1.212121\cdots \ \Rightarrow \ 212$

④ $34.34434343\cdots \ \Rightarrow \ 43$

⑤ $0.070707\cdots \ \Rightarrow \ 7$

55

다음 □ 안에 알맞은 식은?

$$16x^2 y^3 \times (2xy)^3 \div \boxed{} = 4x^4 y^2$$

① $8xy^4$ ② $16x^2 y^4$ ③ $16x^3 y^4$

④ $32x^2 y^4$ ⑤ $32xy^4$

56

$(6x^2 - 12xy) \div 3x - (8xy - 16y^2) \div (-4y)$를 간단히 하면?

① $4x$ ② $2x-4y$ ③ $4x-4y$

④ $4x-8y$ ⑤ $-8y$

57

다음은 순환소수 $0.\dot{1}\dot{3}$을 분수로 나타내는 과정이다. □ 안에 들어갈 모든 수들의 합은?

$0.\dot{1}\dot{3}$을 x라고 하면
$x=0.131313\cdots$ ...... ㉠
$\boxed{}x=13.131313\cdots$ ...... ㉡
㉡－㉠을 하면 $\boxed{}x=\boxed{}$
따라서 $x=\dfrac{13}{\boxed{}}$이다.

① 310   ② 311   ③ 312
④ 313   ⑤ 314

58

가로의 길이가 $3b$인 직사각형의 넓이가 $18a^2b+12ab^2$일 때, 이 직사각형의 세로의 길이를 구하시오.

59

$3x-2-[x^2+4x-\{2x^2-x-(x^2+5)\}]=ax^2+bx+c$ 일 때, 상수 a, b, c에 대하여 $a+b-c$의 값은?

① 1   ② 2   ③ 3
④ 4   ⑤ 5

60

$\dfrac{14}{84} \times A$를 소수로 나타내면 유한소수가 된다고 할 때, 다음 중 A의 값이 될 수 있는 것은?

① 2   ② 3   ③ 5
④ 7   ⑤ 11

61

$(3x^4y^2)^3 \div (xy^4)^3 = \dfrac{ax^b}{y^c}$일 때, 세 자연수 a, b, c에 대하여 $a-b-c$의 값은?

① 9   ② 12   ③ 15
④ 18   ⑤ 21

62

다음 중 순환소수를 간단히 나타낸 것으로 옳은 것은?

① $1.45333\cdots=1.\dot{4}5\dot{3}$ ② $0.123123\cdots=1.\dot{1}2\dot{3}$
③ $0.027027\cdots=0.\dot{0}2\dot{7}$ ④ $0.101010\cdots=0.\dot{1}0\dot{1}$
⑤ $1.302121\cdots=1.3\dot{0}2\dot{1}$

63

$(6x-3y+5)-(-2x-y+1)$을 간단히 하였을 때, x의 계수와 상수항의 차는?

① 4   ② 5   ③ 6
④ 7   ⑤ 8

64

$x=1$, $y=2$일 때, $3y-[2x-\{5(x-y)+4y\}]$의 값을 구하시오.

65

$a=2^{x-1}$일 때, 8^x을 a에 대한 식으로 나타내면?

① $8a^3$ ② $8a$ ③ a^3

④ $3a$ ⑤ 8^{a-1}

66

$(-6xy^2)^2 \div 6xy^2 \times \boxed{} = 8x^2y^3$이 성립할 때, □ 안에 알맞은 식은?

① $\dfrac{4}{3}xy$ ② $4xy$ ③ $8xy$

④ $\dfrac{4}{3}x^3y^5$ ⑤ $8x^3y^5$

67

어떤 식에서 $-x^2+5x+3$을 빼어야 할 것을 잘못하여 더했더니 $6x^2+4x-2$가 되었다. 바르게 계산한 식을 구하시오.

68

다음 중 $x=2.612612612\cdots$에 대한 설명으로 옳은 것은?

① 순환하지 않는 소수이다.

② 순환마디는 261이다.

③ $x=2.\dot{6}\dot{1}$로 나타낸다.

④ $\dfrac{8}{3}$보다 큰 수이다.

⑤ 소수점 아래 60번째 자리 숫자는 2이다.

69

$\dfrac{x-4y}{3} - \dfrac{3x-2y}{5} = ax+by$일 때, $a-b$의 값은?

(단, a, b는 상수)

① $-\dfrac{6}{5}$ ② $-\dfrac{2}{3}$ ③ 0

④ $\dfrac{2}{3}$ ⑤ $\dfrac{6}{5}$

70

순환소수 $1.3\dot{5}7\dot{9}$에서 소수점 아래 54번째 자리 숫자는?

① 1 ② 3 ③ 5

④ 7 ⑤ 9

71

$(6x^2-2xy-4y^2) \times \left(-\dfrac{3}{2}x\right)$를 전개하였을 때, xy^2의 계수는?

① -6 ② -4 ③ 3

④ 3 ⑤ 6

72

$x=\dfrac{1}{3}$, $y=\dfrac{1}{2}$일 때,

$(12x^2-16xy) \div 4x + (10y^2-15xy) \div 5y$의 값은?

① -5 ② -4 ③ -3

④ -2 ⑤ -1

73

밑면의 가로의 길이가 a^2, 세로의 길이가 a^5, 높이가 a^3인 직육면체의 부피는?

① a^{10} ② a^{11} ③ a^{12}

④ a^{13} ⑤ a^{14}

74

오른쪽 그림과 같이 가로의 길이가 $4a^3b$, 세로의 길이가 $6ab^2$인 직육면체의 부피가 $72a^5b^7$일 때, 이 직육면체의 높이는?

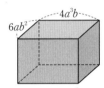

① $2a^4b$ ② $2ab^4$ ③ $3a^4b$

④ $3ab^4$ ⑤ $4ab^4$

75

분수 $\dfrac{A}{180}$ 를 소수로 나타내면 유한소수가 된다고 할 때, 다음 중 A가 될 수 있는 것은?

① 12   ② 27   ③ 33

④ 48   ⑤ 60

76

$\dfrac{1}{5} < 0.\dot{a} \leq \dfrac{1}{2}$ 을 만족하는 자연수 a의 값을 모두 구하시오.

77

$(2x^2+4x-3)-(5x^2-8x+2)$를 계산하였을 때, x^2의 계수를 a, 상수항을 b라고 하자. ab의 값은?

① -35 ② -15 ③ 3

④ 15   ⑤ 35

78

순환소수 $1.5\dot{3}\dot{7}$을 분수로 나타내려고 한다. $x=1.5\dot{3}\dot{7}$이라고 할 때, 다음 중 가장 편리한 식은?

① $10x-x$ ② $100x-x$ ③ $1000x-x$

④ $100x-10x$ ⑤ $1000x-10x$

79

다음 중 옳지 않은 것은?

① $(6a^2-3ab)\div(-3a)=-2a+b$

② $(18xy^2-12xy)\div(-6xy)=-3y+2$

③ $(-4x^2y+2y^3)\div\dfrac{1}{2}y=-2x^2+y^2$

④ $\dfrac{-8a^2b+12ab^2}{-2ab}=4a-6b$

⑤ $\dfrac{-12a^3b+8a^2b^2-4ab^3}{4a}=-3a^2b+2ab^2-b^3$

80

어떤 다항식에 $-\dfrac{3}{2}xy$를 곱해야 할 것을 잘못하여 나누었더니 $-12y^2+4x^2y$가 되었다. 바르게 계산한 식을 구하시오.

대단원 테스트 [고난도]

01

분수 $\dfrac{x}{150}$ 를 소수로 나타내면 유한소수가 되고, 기약분수로 나타내면 $\dfrac{7}{y}$ 이 된다. $20<x<30$일 때, $x+y$의 값을 구하시오.

02

두 분수 $\dfrac{9}{216}$, $\dfrac{3}{70}$ 에 자연수 a를 각각 곱하면 모두 유한소수로 나타내어진다고 할 때, a의 값이 될 수 있는 가장 작은 자연수를 구하시오.

03

분수 $\dfrac{A}{1750}$ 가 다음 조건을 만족할 때, A의 값으로 알맞은 것은?

(가) A는 9의 배수이고, 두 자리 자연수이다.

(나) 분수 $\dfrac{A}{1750}$ 를 소수로 나타내면 유한소수가 된다.

① 36　　　② 45　　　③ 54
④ 63　　　⑤ 72

04

x가 두 자리 홀수일 때, $\dfrac{21}{1000x}$ 이 유한소수가 되게 하는 x의 값 중 가장 큰 값은?

① 35　　　② 55　　　③ 65
④ 75　　　⑤ 95

05

분수 $\dfrac{x}{2\times3\times5^2\times7}$ 가 다음 조건을 모두 만족시킬 때, x의 값이 될 수 있는 가장 작은 자연수를 구하시오.

(가) 소수로 나타내면 유한소수가 된다.
(나) x는 13의 배수이다.

06

분수 $\dfrac{3}{7}$ 을 소수로 나타내었을 때, 소수점 아래 101번째 자리 숫자를 a, $2.16\dot{7}\dot{2}$의 소수점 아래 47번째 자리 숫자를 b라 할 때, $a+b$의 값을 구하시오.

07

$0.58\dot{3}$과 $\dfrac{41}{42}$ 사이의 분수인 $\dfrac{a}{84}$를 소수로 나타내면 유한소수가 되도록 하는 자연수 a의 개수는?

① 1   ② 2   ③ 3

④ 4   ⑤ 5

08

순환소수 $0.4\dot{3}$에 어떤 자연수 n을 곱하면 유한소수가 된다고 할 때, 가장 큰 한 자리 자연수 n의 값을 구하시오.

09

한 자리 자연수 a, b, c에 대하여
$[a, b, c] = 0.\dot{a} + 0.0\dot{b} + 0.00\dot{c}$라 할 때, 다음을 만족하는 자연수 n의 값을 구하시오.

$$[1, 3, 5] + [2, 4, 6] + [7, 8, 9] = \dfrac{n}{10}$$

10

$x = 0.\dot{a}$이면 $1 - \dfrac{1}{1 + \dfrac{1}{x}} = 0.\dot{8}\dot{1}$일 때, 한 자리 자연수 a의 값을 구하시오.

11

$5^{x+1} = a$라 할 때, 25^x을 a를 사용하여 나타내면?

① a^2 ② $\dfrac{a}{5}$ ③ $\dfrac{a^2}{5}$

④ $\dfrac{a^2}{25}$ ⑤ $5a^2$

12

$\left(\dfrac{1}{8}\right)^a \times 2^{2a+4} = 2^a$을 만족하는 자연수 a의 값을 구하시오.

13

$(-8)^3 \div 4^m = -2^{n-5}$일 때, $2m+n$의 값은?

① 10   ② 11   ③ 12

④ 13   ⑤ 14

14

다음 식의 □ 안에 알맞은 식을 구하시오.

$$(ab^3)^3 \div \left\{ \boxed{} \div (3a^2b)^2 \right\} \times \frac{1}{4}ab = \frac{1}{4}a^3b^3$$

15

오른쪽 그림의 전개도를 이용하여 밑면이 정사각형인 뚜껑이 없는 직육면체 모양의 용기를 만들었다. 밑면의 한 변의 길이는 $3x$이고 옆면인 한 직사각형의 넓이가 $6x^2y$일 때, 이 용기의 부피를 구하시오.

16

다음을 만족하는 식 A, B에 대하여 AB를 구하시오.

> (가) $(x^2y)^3 \div 4x^3 \div A = x^3y$
> (나) $-4x^2 \div 2xy \times B = -2x^2y^2$

17

$20^8 \times 25$가 n자리 자연수일 때, 자연수 n의 값을 구하시오.

18

$(a^2b^3)^2$에 어떤 단항식을 곱해야 할 것을 잘못하여 나누었더니 $\dfrac{a^2b^2}{7}$이 되었다. 바르게 계산한 답을 구하시오.

19

겉넓이가 $54a^6b^4$인 정육면체의 부피를 구하시오.

(단, $a>0$, $b>0$)

20

어떤 식에 $7x^2-2x+4$를 더해야 할 것을 잘못하여 뺐더니 $4x^2+6x-2$가 되었다. 바르게 계산한 식을 구하시오.

21

다음 표에서 가로, 세로, 대각선의 세 다항식의 합이 모두 $9a^2+12a-12$일 때, A에 알맞은 식을 구하시오.

$4a^2+5a-7$	A	
	B	
$2a-1$	C	$2a^2+3a-1$

22

다음 ☐ 안에 알맞은 식을 구하시오.

$$x-\{5x-3y-(4x+y+\boxed{})\}=x+2y$$

23

오른쪽 그림과 같이 밑면의 반지름의 길이가 $2x$인 원뿔의 부피가 $8\pi x^3-4\pi x^2y^2$일 때, 이 원뿔의 높이를 구하시오.

24

어떤 다항식을 $-\dfrac{1}{4}ab$로 나누어야 할 것을 잘못하여 곱하였더니 $4a^3b^4-a^2b^5+\dfrac{3}{2}a^2b^2$이 되었다. 바르게 계산한 식을 구하시오.

II.
부등식과 방정식

오늘의 테스트

1. 일차부등식 01. 부등식과 그 해 소단원 집중 연습 _____월_____일	1. 일차부등식 01. 부등식과 그 해 소단원 테스트 [1회] _____월_____일	1. 일차부등식 01. 부등식과 그 해 소단원 테스트 [2회] _____월_____일
1. 일차부등식 02. 일차부등식 소단원 집중 연습 _____월_____일	1. 일차부등식 02. 일차부등식 소단원 테스트 [1회] _____월_____일	1. 일차부등식 02. 일차부등식 소단원 테스트 [2회] _____월_____일
1. 일차부등식 중단원 테스트 [1회] _____월_____일	1. 일차부등식 중단원 테스트 [2회] _____월_____일	1. 일차부등식 중단원 테스트 [서술형] _____월_____일
2. 연립일차방정식 01. 연립일차방정식 소단원 집중 연습 _____월_____일	2. 연립일차방정식 01. 연립일차방정식 소단원 테스트 [1회] _____월_____일	2. 연립일차방정식 01. 연립일차방정식 소단원 테스트 [2회] _____월_____일
2. 연립일차방정식 02. 연립일차방정식의 활용 소단원 집중 연습 _____월_____일	2. 연립일차방정식 02. 연립일차방정식의 활용 소단원 테스트 [1회] _____월_____일	2. 연립일차방정식 02. 연립일차방정식의 활용 소단원 테스트 [2회] _____월_____일
2. 연립일차방정식 중단원 테스트 [1회] _____월_____일	2. 연립일차방정식 중단원 테스트 [2회] _____월_____일	2. 연립일차방정식 중단원 테스트 [서술형] _____월_____일
Ⅱ. 부등식과 방정식 대단원 테스트 _____월_____일	Ⅱ. 부등식과 방정식 대단원 테스트 [고난도] _____월_____일	

소단원 집중 연습

01 다음 중 부등식인 것에는 ○표, 부등식이 아닌 것에는 ×표 하시오.

(1) $x+2>10$ (   )

(2) $x-2=2-x$ (   )

(3) $4x-4(x+3)>0$ (   )

(4) $3-9<0$ (   )

(5) $2-x$ (   )

(6) $3x-2(x+1)\geq3-x$ (   )

02 다음은 문장을 부등식으로 나타낸 것이다. ○ 안에 알맞은 부등호를 써넣으시오.

(1) x는 11보다 작지 않다.   ⇨ $x \bigcirc 11$

(2) x는 8 미만이다.   ⇨ $x \bigcirc 8$

(3) x는 20보다 크지 않다.   ⇨ $x \bigcirc 20$

(4) x는 9 이상이다.   ⇨ $x \bigcirc 9$

03 다음 부등식 중 $x=-2$일 때 참인 것에는 ○표, 거짓인 것에는 ×표 하시오.

(1) $3x+6<1$ (   )

(2) $5x-3<3x+3$ (   )

(3) $4x>2x-4$ (   )

(4) $6x-2\geq3x+1$ (   )

04 다음 부등식 중 [ ] 안의 수가 해인 것에는 ○표, 해가 아닌 것에는 ×표 하시오.

(1) $5x-1<3$ [0]   (   )

(2) $-x+4\geq2x+1$ [-3]   (   )

(3) $4x+2>-5$ [1]   (   )

(4) $2x+3\geq-3(x+2)$ [-2]   (   )

05 $a>b$일 때, 다음 □ 안에 알맞은 수를 써넣고, ○ 안에 알맞은 부등호를 써넣으시오.

(1) $a>b$ $\xrightarrow[\text{양변에 □를 더한다.}]{}$ $a+9 \bigcirc b+9$

(2) $a>b$ $\xrightarrow[\text{양변에서 □를 뺀다.}]{}$ $a-2 \bigcirc b-2$

(3) $a>b$ $\xrightarrow[\text{양변에 □를 곱한다.}]{}$ $4a \bigcirc 4b$

(4) $a>b$ $\xrightarrow[\text{양변을 □로 나눈다.}]{}$ $-\dfrac{a}{5} \bigcirc -\dfrac{b}{5}$

06 $a>b$일 때, 다음 ○ 안에 알맞은 부등호를 써넣으시오.

(1) $\dfrac{1}{2}a+6 \bigcirc \dfrac{1}{2}b+6$

(2) $-4a+10 \bigcirc -4b+10$

(3) $-6+3a \bigcirc -6+3b$

(4) $-\dfrac{a}{8}-\dfrac{1}{7} \bigcirc -\dfrac{b}{8}-\dfrac{1}{7}$

07 다음 ○ 안에 알맞은 부등호를 써넣으시오.

(1) $5a-\dfrac{4}{7}>5b-\dfrac{4}{7}$이면 $a \bigcirc b$이다.

(2) $3-8a>3-8b$이면 $a \bigcirc b$이다.

(3) $6a-\dfrac{1}{3}<6b-\dfrac{1}{3}$이면 $a \bigcirc b$이다.

(4) $\dfrac{a}{10}+7<\dfrac{b}{10}+7$이면 $a \bigcirc b$이다.

08 다음 부등식의 해를 수직선 위에 나타내시오.

(1) $x<3$

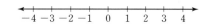

(2) $x\geq-1$

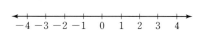

(3) $x\leq-2$

(4) $x>4$

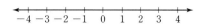

01

다음 중 부등식은? (정답 2개)

① $4x \geq 0$　　　　② $3 = 7 - 4$

③ $2x - 11$　　　　④ $y = 4x + 5$

⑤ $2x - 1 > 3x$

02

다음 중 옳지 않은 것은? (정답 2개)

① $\dfrac{a}{c} < \dfrac{b}{c}$ 이면 $a < b$

② $a < 0 < b$ 이면 $ab < a^2$

③ $a < b$ 이면 $-\dfrac{a}{5} < -\dfrac{b}{5}$

④ $-3a - c < -3b - c$ 이면 $a > b$ 이다.

⑤ $a < b$ 이면 $a - (-5) < b - (-5)$

03

다음 중 문장을 부등식으로 나타낸 것으로 옳지 않은 것은?

① x를 2배하여 4를 더하면 9보다 크다.

　　⇨ $2x + 4 > 9$

② 한 권에 x원인 공책 6권의 값은 3000원 이하이다.

　　⇨ $6x < 3000$

③ 어떤 수 a의 2배는 10보다 작다. ⇨ $2a < 10$

④ 한 개에 x원 하는 펜 10개의 가격은 10000원 이상이다. ⇨ $10x \geq 10000$

⑤ y에 5를 더한 것은 y를 2배하여 1을 뺀 것보다 크다.

　　⇨ $y + 5 > 2y - 1$

04

다음 중 $x = 1$을 해로 갖는 부등식은?

① $x + 1 > 3$　② $2x - 3 < 3$　③ $-x + 2 > 5$

④ $-2x - 5 \geq 0$　⑤ $x > -x + 6$

05

다음 중 [　] 안의 수가 주어진 부등식의 해인 것은?

① $x + 1 \leq 5$　[6]　　② $4x - 3 < 9$　[2]

③ $-3x \geq 15$　[0]　　④ $-x + 6 < 2x$　[2]

⑤ $5 - x \geq \dfrac{3}{2}$　[4]

06

$-14 < -3x - 2 \leq 1$일 때, x의 값의 범위는?

① $-2 \leq x < 3$　　　　② $-1 \leq x < 4$

③ $-2 < x \leq 3$　　　　④ $2 \leq x < 4$

⑤ $1 < x \leq 4$

07

$1 < x < 3$일 때, $2x + 1$의 값의 범위는 $a < 2x + 1 < b$이다. $b - a$의 값은?

① 4　　　　② 5　　　　③ 6

④ 7　　　　⑤ 8

08

$a \geq b$일 때, 다음 중 옳은 것은?

① $3a \geq -2b$

② $-a + 0.5 \geq -b + 0.5$

③ $c > 0$이면 $\dfrac{2a}{c} \leq \dfrac{2b}{c}$

④ $c < 0$이면 $ac - 3 \leq bc - 3$

⑤ $c < 0$이면 $\dfrac{ac}{-5} + 3.\dot{4} \leq \dfrac{bc}{-5} + 3.\dot{4}$

01

$-2 \leq x < 3$일 때, $1-3x$의 값의 범위를 구하시오.

02

보기에서 $x=-2$를 해로 갖는 부등식의 개수를 구하시오.

보기
> ㄱ. $x-2<-5$ ㄴ. $x+1>4$ ㄷ. $-x-3<0$
>
> ㄹ. $2x<-6$ ㅁ. $-\dfrac{1}{3}x<1$

03

x가 -1, 0, 1, 2일 때, 부등식 $2x-1<3$이 참이 되도록 하는 모든 x의 값을 구하시오.

04

보기에서 옳은 것의 개수를 구하시오.

보기
> ㄱ. $a>b$, $b>c$이면 $a>c$
>
> ㄴ. $a>b$이면 $-3+\dfrac{a}{2}<-3+\dfrac{b}{2}$
>
> ㄷ. $5-a<5-b$이면 $a>b$
>
> ㄹ. $a<b$이면 $\dfrac{1}{a}<\dfrac{1}{b}$
>
> ㅁ. $a<b$이면 $a^2<b^2$

05

$a<0$일 때, $-\dfrac{x}{a}>1$의 해를 구하시오.

06

x는 0, 1, 2, 3, 4, 5일 때, 부등식 $2x-5<x+2$를 만족하는 가장 큰 x의 값을 구하시오.

07

$-3<x\leq2$일 때, $3x+5$의 값의 범위에 속하는 정수의 개수를 구하시오.

08

$a>b$일 때, 보기에서 옳은 것의 개수를 구하시오.

(단, $ab \neq 0$)

보기
> ㄱ. $\dfrac{1}{a}>\dfrac{1}{b}$ ㄴ. $a^2>b^2$
>
> ㄷ. $a+c>b-c$ ㄹ. $ac>bc$
>
> ㅁ. $5a>5b$

소단원 집중 연습

01 다음 부등식의 모든 항을 좌변으로 이항하여 간단히 하고, 일차부등식인 것에는 ○표, 일차부등식이 아닌 것에는 ×표 하시오.

(1) $x+6>-2$ ⇨ _____, (　　　)

(2) $x(3-x)\leq4x$ ⇨ _____, (　　　)

(3) $5x+6\geq5x+4$ ⇨ _____, (　　　)

(4) $4x-3>3x+5$ ⇨ _____, (　　　)

02 다음 일차부등식의 해를 구하시오.

(1) $-2x-2\leq4$

(2) $-2x+5\geq x-7$

(3) $2(x-1)<3x+5$

(4) $5(x+1)>3(2x+2)+1$

03 다음 일차부등식의 해를 구하시오.

(1) $\dfrac{x}{2}-\dfrac{x}{3}<1$

(2) $x-\dfrac{5x-3}{4}>-2$

(3) $\dfrac{2x+1}{3}-\dfrac{x-3}{4}<2$

(4) $\dfrac{2}{3}x-3\leq2-\dfrac{x-3}{6}$

04 다음 일차부등식의 해를 구하고, 그 해를 수직선 위에 나타내시오.

(1) $\dfrac{x}{4}>0$

(2) $4x-3\leq-9$

(3) $-x+1\leq-3x-5$

(4) $x-9>-x-3$

05 한 자루에 1000원인 볼펜을 1500원짜리 상자에 포장하는데 총 금액이 8500원 이하가 되게 하려고 한다. 볼펜을 최대 몇 자루까지 살 수 있는지 구하려고 할 때, 물음에 답하시오.

(1) 볼펜을 x자루 산다고 할 때, 볼펜 x자루의 가격을 x를 사용하여 나타내시오.

⇨ _____

(2) 빈칸에 알맞은 것을 써넣고, 부등식을 세우시오.
⇨ (볼펜 x자루의 가격)+([ ]의 가격) ◯ 8500

⇨ _____

(3) 일차부등식을 푸시오.

(4) 볼펜을 최대 몇 자루까지 살 수 있는지 구하시오.

06 동네 슈퍼에서 1000원에 판매하는 과자를 할인마트에서는 800원에 판매하고 있다. 할인마트에 다녀오려면 왕복 2300원의 교통비가 든다고 할 때, 과자를 몇 개 이상 사는 경우 할인마트에서 사는 것이 유리한지 구하려고 한다. 물음에 답하시오.

(1) 과자를 x개 산다고 할 때, 다음 표를 완성하시오.

	슈퍼	할인마트
개수(개)	x	x
비용(원)	$1000x$	$800x+$[ ]

(2) ◯ 안에 알맞은 부등호를 써넣고, 부등식을 세우시오.
⇨ (슈퍼에서 드는 비용) ◯ (할인마트에서 드는 비용)

⇨ _____

(3) 일차부등식을 푸시오.

(4) 과자를 몇 개 이상 사는 경우 할인마트에서 사는 것이 유리한지 구하시오.

07 A지점에서 20 km 떨어진 B지점까지 가는데 처음에는 시속 3 km로 걷다가 도중에 시속 4 km로 뛰어서 6시간 이내에 도착하려고 한다. 걸어간 거리는 최대 몇 km인지 구하려고 할 때, 물음에 답하시오.

(1) 두 지점 A, B 사이의 거리를 x km라 할 때, 다음 표를 완성하시오.

	걸어갈 때	뛸 때
거리(km)	x	$20-x$
속력(km/시)		
시간(시간)		

(2) ◯ 안에 알맞은 부등호를 써넣고, 부등식을 세우시오.
⇨ (걸어갈 때 걸린 시간)+(뛰어갈 때 걸린 시간) ◯ 6

⇨ _____

(3) 일차부등식을 푸시오.

(4) 걸어간 거리는 최대 몇 km인지 구하시오.

08 10 %의 소금물 200 g에 4 %의 소금물을 섞어서 7 % 이하의 소금물을 만들려고 한다. 4 %의 소금물 몇 g 이상 섞어야 하는지 구하려고 할 때, 물음에 답하시오.

(1) 4 %의 소금물 x g을 섞는다고 할 때, 다음 표를 완성하시오.

	섞기 전		섞은 후
농도(%)	10	4	7
소금물의 양(g)	200	x	
소금의 양(g)			

(2) ◯ 안에 알맞은 부등호를 써넣고, 부등식을 세우시오.
⇨ (10 %의 소금물의 소금의 양)+(4 %의 소금물의 소금의 양) ◯ (7 %의 소금물의 소금의 양)

⇨ _____

(3) 일차부등식을 푸시오.

(4) 4 %의 소금물을 몇 g 이상 섞어야 하는지 구하시오.

01

다음 중 일차부등식은? (정답 2개)

① $\frac{1}{2}x+3<0$
② $x(x-1)>2$
③ $2x-1<3+2x$
④ $x+8\leq-x+8$
⑤ $4x-3=3(x-2)$

02

다음 중 $x+4>0$과 해가 같은 부등식은?

① $x-4<0$
② $2x+1>x+5$
③ $x+2<2x+6$
④ $-x>4$
⑤ $x+2>6$

03

x에 대한 일차부등식 $2(x-3)<7x+a$의 해가 $x>-2$일 때, 상수 a의 값은?

① -4
② -2
③ 0
④ 2
⑤ 4

04

x에 대한 일차부등식 $(a+b)x-2a+5b<0$의 해가 $x>\frac{1}{4}$일 때, 부등식 $(3a-2b)x+2a-3b\geq0$의 해는?

① $x\geq-\frac{3}{7}$
② $x\leq-\frac{3}{7}$
③ $x\leq-\frac{1}{4}$
④ $x>\frac{1}{4}$
⑤ $x\geq\frac{3}{7}$

05

삼각형의 세 변의 길이가 각각 x cm, $(x+2)$ cm, $(x+5)$ cm일 때, x의 값의 범위는?

① $x>2$
② $0<x<3$
③ $x>3$
④ $x\leq3$
⑤ $0<x\leq5$

06

일차부등식 $3x-2a<3$을 만족하는 자연수 x의 개수가 2일 때, 상수 a의 값의 범위는?

① $a>3$
② $\frac{3}{2}<a<3$
③ $\frac{3}{2}\leq a<3$
④ $\frac{3}{2}<a\leq3$
⑤ $\frac{3}{2}\leq a\leq3$

07

일차부등식 $-3(x-1)>-x+7$을 풀면?

① $x<-3$
② $x>-3$
③ $x<-2$
④ $x>-2$
⑤ $x<2$

08

$a<2$일 때, 일차부등식 $ax+6>2x+3a$를 풀면?

① $x<3$
② $x>3$
③ $x<-3$
④ $x>-3$
⑤ $x>1$

09

부등식 $4x-5 \geq 5(2x-1)$의 해를 수직선 위에 나타내면?

①

②

③

④

⑤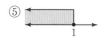

10

두 학생 A, B의 통장에 현재 각각 20000원과 5000원이 예금되어 있다. 이번 달부터 매월 일정하게 A는 2000원, B는 4000원씩 저금을 한다면 B의 저금액이 A의 저금액보다 많아지는 것은 최소 몇 개월 후인가?

① 7개월 ② 8개월 ③ 9개월

④ 10개월 ⑤ 11개월

11

일차부등식 $\dfrac{2(x-3)}{5}-1 > -0.3x+2$를 풀면?

① $x>3$ ② $x<3$ ③ $x>6$

④ $x<6$ ⑤ $x>1$

12

일차부등식 $4x-3 \geq 3x-2a$의 해가 $x \geq 1$일 때, 상수 a의 값은?

① 1 ② 2 ③ 3

④ 4 ⑤ 5

13

부등식 $1.2x-\dfrac{2}{5} \leq 0.7x$를 풀면?

① $x \leq \dfrac{2}{5}$ ② $x \leq \dfrac{20}{19}$ ③ $x \leq -\dfrac{4}{5}$

④ $x \geq -\dfrac{2}{5}$ ⑤ $x \leq \dfrac{4}{5}$

14

x에 대한 일차부등식 $a-x \leq 9$의 해 중에서 가장 작은 정수가 -1일 때, 상수 a의 값의 범위는?

① $7 \leq a < 8$ ② $7 < a \leq 8$ ③ $8 \leq a < 9$

④ $8 < a \leq 9$ ⑤ $8 \leq a \leq 9$

15

어느 공연의 관람료가 10000원이고, 30명 이상의 단체는 20 %를 할인해 준다고 한다. 몇 명 이상부터 30명의 단체 입장권을 사는 것이 유리한가?

① 24명 ② 25명 ③ 26명

④ 27명 ⑤ 28명

16

어떤 물건의 정가를 원가의 20 %의 이익을 붙여 정했다. 정가에서 1500원씩 할인하여 팔아도 원가의 5 % 이상의 이익을 얻으려고 할 때, 원가를 얼마 이상으로 정해야 하겠는가?

① 9000원 ② 10000원 ③ 11000원

④ 12000원 ⑤ 13000원

01

보기에서 일차부등식을 모두 고르시오.

> 보기
> ㄱ. $3x+2>6x-5$ ㄴ. $3-x<-x+5$
> ㄷ. $5x+2\leq12$ ㄹ. $-x+4\leq2+x$
> ㅁ. $-3\leq2$ ㅂ. $x-5>9$

02

$a<1$일 때, 일차부등식 $2a(x+3)-1\leq5+2x$의 해를 구하시오.

03

부등식 $\dfrac{2x+1}{3}-\dfrac{x}{2}<a$를 만족시키는 자연수 x가 2개일 때, 상수 a의 값의 범위를 구하시오.

04

일차부등식 $2x-(x+4)>0$을 만족하는 가장 작은 정수를 구하시오.

05

부등식 $0.5x-1\geq1.2+0.3x$를 푸시오.

06

일차부등식 $ax+5>2$의 해가 $x<1$일 때, 일차부등식 $(a+1)x<-4$의 해를 구하시오.

07

보기에서 해가 $x\leq3$인 부등식의 개수를 구하시오.

> 보기
> ㄱ. $3x\leq9$ ㄴ. $-2x\leq6$
> ㄷ. $x-3\leq1$ ㄹ. $-2x+3\geq-3$
> ㅁ. $-x+1>x-5$ ㅂ. $-3x\geq-9$

08

일차부등식 $9x-5<a-bx$의 해는 $x<1$이다. 상수 a, b에 대하여 $a-b$의 값을 구하시오.

09

일차부등식 $-x+2 \leq 5(x-2)$를 푸시오.

10

일차부등식 $2-\dfrac{3x-2}{2}<\dfrac{2-x}{3}$ 를 푸시오.

11

일차부등식 $5x-(a+2)\leq 2x$를 만족하는 자연수 x가 2개일 때, 상수 a의 값의 범위를 구하시오.

12

두 일차부등식 $5x\geq 3x+8$, $1+2x\leq 3x+a$의 해가 서로 같을 때, 상수 a의 값을 구하시오.

13

$10\,\%$의 소금물 $300\,g$에 물을 넣어 $6\,\%$ 이하의 소금물을 만들 때, 최소한 몇 g의 물을 넣어야 하는지 구하시오.

14

삼각형의 세 변의 길이가 각각 $x-5$, $x+2$, $x+6$일 때, x의 값의 범위를 구하시오.

15

등산을 하는데 올라갈 때는 시속 $2\,km$, 내려올 때는 같은 길을 시속 $3\,km$로 걸어서 총 5시간 이내에 등산을 마치려고 한다. 최대 몇 km 지점까지 올라갔다 올 수 있는지 구하시오.

16

어느 미술관의 입장료는 1인당 3000원이고, 30명 이상의 단체에 대해서는 1인당 $25\,\%$ 할인을 해준다. 30명 미만인 단체가 최소 몇 명일 때 단체 입장료를 내고 입장하는 것이 유리한지 구하시오.

중단원 테스트 [1회]

01

보기에서 부등식의 개수를 a, 일차부등식의 개수를 b라고 할 때, $a-b$의 값은?

 $x+4\geq5$ $x+1=3$ $x-1\leq3+x$

$\dfrac{5}{x}<1$ $x^2>x-1$ $2<3$

$3x+5$ $2x-1\leq3$ $5>x$

① 1   ② 2   ③ 3

④ 4   ⑤ 5

02

일차부등식 $\dfrac{x-a}{3}<\dfrac{x}{2}+a$의 해가 $x>1$일 때, 상수 a의 값은?

① -1 ② $-\dfrac{1}{2}$ ③ $-\dfrac{1}{4}$

④ $-\dfrac{1}{6}$ ⑤ $-\dfrac{1}{8}$

03

부등식 $ax-2<6$의 해가 $x>-4$일 때, 상수 a의 값은?

① 1   ② -1 ③ -2

④ -3 ⑤ -4

04

$a<b$일 때, 다음 중 옳지 않은 것은?

① $2a-1<2b-1$ ② $-3+a>-3+b$

③ $\dfrac{a}{3}<\dfrac{b}{3}$ ④ $-a>-b$

⑤ $\dfrac{3-a}{2}>\dfrac{3-b}{2}$

05

일차부등식 $3(x-2)+1\geq4$의 해를 수직선 위에 바르게 나타낸 것은?

① 3
② 3
③ 3
④ 3
⑤ -3

06

일차부등식 $\dfrac{x-3}{4}\leq\dfrac{x}{6}-\dfrac{1}{3}$을 만족시키는 모든 자연수 x의 값의 합은?

① 8   ② 9   ③ 10

④ 12   ⑤ 15

07

다음 중 부등식인 것은? (정답 2개)

① $3x<6$ ② $x-2=-4$ ③ $-2x+5$

④ $5-(3-x)$ ⑤ $4x-1\geq x$

08

일차부등식 $\dfrac{2x+1}{3}<\dfrac{x}{2}+1$의 해를 구하시오.

09

$-4 \leq a < 6$일 때, $7-2a$의 값의 범위를 구하시오.

10

$a < 0$일 때, x에 대한 일차부등식 $ax-a > -3a$의 해를 구하시오.

11

일차부등식 $\dfrac{3x+2}{4}-x < -\dfrac{x}{2}+1$의 해가 $3x+1 < 2x+a$의 해와 같을 때, 상수 a의 값은?

① -2 ② -1 ③ 1

④ 2 ⑤ 3

12

무게가 100 g인 상자에 1개당 무게가 80 g인 과자를 넣어서 총 무게의 합이 800 g 이하가 되게 하려고 할 때, 넣을 수 있는 과자의 최대 개수는?

① 5 ② 6 ③ 7

④ 8 ⑤ 9

13

x가 자연수일 때, 부등식 $-x-a > 3$을 참이 되게 하는 x의 값은 1뿐일 때, 상수 a의 값의 범위는?

① $-5 \leq a$ ② $-4 > a$ ③ $-4 \leq a$

④ $-5 \leq a \leq -4$ ⑤ $-5 \leq a < -4$

14

$a < 2$일 때, x에 대한 일차부등식 $a(x-4) > 2(-4+x)$의 해를 구하시오.

15

다음 중 [ ] 안의 수가 주어진 부등식의 해가 아닌 것은?

① $3x-2 < 2(1+2x)$ $[2]$

② $2x-5 < 13$ $[-3]$

③ $5-x > \dfrac{1}{2}x$ $[8]$

④ $6-3x \leq 4(x+1)$ $[1]$

⑤ $2-3x > 3x-10$ $[0]$

16

x에 대한 일차부등식 $3x+5 < 2a$를 만족하는 x의 값 중 가장 큰 정수가 1일 때, a의 값의 범위는?

① $a > 4$ ② $a < \dfrac{11}{2}$ ③ $4 < a < \dfrac{11}{2}$

④ $4 \leq a < \dfrac{11}{2}$ ⑤ $4 < a \leq \dfrac{11}{2}$

17

x가 절댓값이 5 이하인 정수일 때, 부등식 $4(1-x) > -2x$의 해의 개수는?

① 5 ② 6 ③ 7
④ 8 ⑤ 9

18

$-2 \leq x < 1$일 때, $A = 6 - 3x$를 만족하는 A의 값 중 정수의 개수는?

① 5 ② 6 ③ 7
④ 8 ⑤ 9

19

다음 중 문장을 부등식으로 나타낸 것으로 옳지 않은 것은?

① 무게가 $2\,\text{kg}$인 상자에 무게가 $x\,\text{kg}$인 물건 8개를 넣으면 전체 무게는 $34\,\text{kg}$ 이하이다.
$\Rightarrow 2 + 8x \leq 34$

② x의 3배는 x에 10을 더한 수보다 작다.
$\Rightarrow 3x < x + 10$

③ x에서 3을 뺀 수의 2배는 10보다 크거나 같다.
$\Rightarrow 2(x-3) \geq 10$

④ x에서 7을 뺀 수는 4보다 작지 않다. $\Rightarrow x - 7 > 4$

⑤ 시속 $5\,\text{km}$로 x시간 동안 걸은 거리가 $16\,\text{km}$ 이상이다. $\Rightarrow 5x \geq 16$

20

일차부등식 $2(7-x) \leq 3(x-2)$를 만족하는 x에 대하여 $A = 2x - 3$일 때, A의 값 중 가장 작은 정수를 구하시오.

21

$2 - a < 2 - b$일 때, 다음 중 옳은 것은? (정답 2개)

① $a < b$ ② $3a + 1 > 3b + 1$
③ $-\dfrac{a}{3} > -\dfrac{b}{3}$ ④ $2(3-a) < 2(3-b)$
⑤ $5a - 2 < 5b - 2$

22

다음 부등식 중 해가 $x < 2$인 것은? (정답 2개)

① $\dfrac{1}{3}x - 1 < x + 1$ ② $0.2x + 1 < 2 - 0.3x$
③ $3(x-1) < 6$ ④ $\dfrac{x}{5} > 2$
⑤ $4x + 1 < 2x + 5$

23

다음 중 해를 수직선 위에 나타내었을 때, 오른쪽 그림과 같은 부등식은?

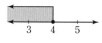

① $0.4(x+6) < 4$ ② $2(3-x) \leq x - 3$
③ $\dfrac{x}{2} - 1 < \dfrac{x}{3}$ ④ $\dfrac{1}{2}x + 1 \leq \dfrac{1}{2}\left(4 + \dfrac{1}{2}x\right)$
⑤ $0.6x + 2 \leq x - 0.4$

24

일차부등식 $3(x-2) + 2 \leq ax + 8$의 해가 $x \leq 3$일 때, 상수 a의 값은?

① -1 ② 0 ③ 1
④ 2 ⑤ 3

25

일차부등식 $\dfrac{5-2x}{3} \leq a - \dfrac{x}{2}$의 해 중 가장 작은 수가 2일 때, 상수 a의 값을 구하시오.

26

삼각형의 세 변의 길이가 각각 $4-x$, $x+2$, $2x+5$일 때, x의 값의 범위를 구하시오. (단, $x>0$)

27

한 개에 600원 하는 빵과 한 개에 800원 하는 우유를 합하여 35개를 사려고 한다. 총 금액을 25000원 이하로 하려면 우유는 최대 몇 개까지 살 수 있는가?

① 16개   ② 18개   ③ 20개
④ 22개   ⑤ 24개

28

집 앞 슈퍼에서는 생수 한 통의 가격이 1100원인데 할인 매장에서는 600원이다. 할인 매장에 갔다 오는 데 교통비가 2000원이 든다고 할 때, 생수를 몇 통 이상 사야 할인 매장에서 사는 것이 유리한가?

① 3통   ② 4통   ③ 5통
④ 6통   ⑤ 7통

29

매점에서 아침에 만든 빵을 원가에 60 %의 이익을 붙여 정가로 판매하다가 저녁 때 정가의 20 %를 할인하여 판매하였더니 이익이 아침보다 1000원 이상 줄어들었다. 이 빵의 원가의 최솟값을 구하시오.

30

버스가 역을 출발하기 전까지 1시간의 여유가 있어서 이 시간 동안 가까운 상점에 가서 물건을 사오려고 한다. 물건을 사는데 5분이 걸리고, 시속 6 km로 걸을 때, 역에서 몇 km 이내에 있는 상점을 이용할 수 있는가?

① $\dfrac{4}{7}$ km   ② 2 km   ③ $\dfrac{9}{4}$ km

④ $\dfrac{5}{2}$ km   ⑤ $\dfrac{11}{4}$ km

31

1개에 700원인 껌과 1개에 1000원인 초콜릿을 합하여 10개를 사려고 한다. 가지고 있는 돈이 9000원일 때, 최대로 살 수 있는 초콜릿의 개수는?

① 5   ② 6   ③ 7
④ 8   ⑤ 9

32

어느 박물관의 입장료는 한 사람당 800원이고, 40명 이상의 단체인 경우에는 한 사람당 200원을 할인해준다고 한다. 몇 명 이상이면 단체 입장권을 사는 것이 유리한지 구하시오.

중단원 테스트 [2회]

테스트한 날	맞은 개수
월 일	/ 32

01

일차부등식 $5(x-1) \leq -2(x+6)$을 풀면?

① $x \geq 1$ ② $x \geq -1$ ③ $x \leq -1$

④ $x \geq -2$ ⑤ $x \leq -2$

02

일차부등식 $\dfrac{x-2}{4} - \dfrac{2x-3}{5} < 1$을 풀면?

① $x < -6$ ② $x > -6$ ③ $x < -1$

④ $x < 6$ ⑤ $x > 6$

03

다음 일차부등식 중 해가 $x \geq -2$인 것은?

① $x + 9 \leq 7$ ② $x + 1 \leq -1$

③ $5x - 2 \leq -12$ ④ $2 - 3x \leq 8$

⑤ $2x + 4 \leq 3x + 2$

04

다음 중 옳은 것은?

① $a < b$이면 $ac < bc$

② $\dfrac{1}{a} \leq \dfrac{1}{b}$이면 $a \geq b$

③ $a + c > b + c$이면 $a > b$

④ $ac < bc$이고 $c < 0$이면 $\dfrac{a}{c} > \dfrac{b}{c}$

⑤ $\dfrac{a}{c} > \dfrac{b}{c}$이고 $c > 0$이면 $a < b$

05

$-5 < 1 - 3x < 4$일 때, x의 값의 범위에 속하는 정수의 개수는?

① 2   ② 3   ③ 4

④ 5   ⑤ 6

06

부등식 $ax - 13 > 7 - x$가 일차부등식일 때, 다음 중 상수 a의 값이 될 수 없는 것은?

① -2 ② -1 ③ 0

④ 1   ⑤ 2

07

일차부등식 $-4(2x-3) + 2x \geq 5 - 3x$를 만족시키는 자연수 x의 값의 합을 구하시오.

08

$a < 0$일 때, x에 대한 일차부등식 $1 - ax < 3$을 풀면?

① $x < -\dfrac{2}{a}$ ② $x > -\dfrac{2}{a}$ ③ $x > \dfrac{1}{a}$

④ $x < \dfrac{2}{a}$ ⑤ $x > \dfrac{2}{a}$

09

차가 9인 두 정수의 합이 30보다 작다고 한다. 이와 같은 두 정수 중에서 작은 수의 최댓값은?

① 8   ② 9   ③ 10

④ 11   ⑤ 12

10

부등식 $ax^2+bx>x^2-10x-8$이 일차부등식이 되기 위한 상수 a, b의 조건을 구하시오.

11

부등식 $ax+1>bx+2$에 대한 다음 설명 중 옳지 않은 것은? (단, a, b는 상수)

① $a>b$이면 $x>\dfrac{1}{a-b}$

② $a<b$이면 $x<\dfrac{1}{a-b}$

③ $a=b$이면 해가 없다.

④ $a=0$, $b<0$이면 $x>\dfrac{1}{b}$

⑤ $a<0$, $b=0$이면 $x<\dfrac{1}{a}$

12

$0<a<b$일 때, 보기에서 옳은 것을 모두 고르시오.

보기
ㄱ. $2a-1<2b-1$ ㄴ. $-a+7<-b+7$

ㄷ. $\dfrac{a}{3}-1>\dfrac{b}{3}-1$ ㄹ. $\dfrac{1}{a}<\dfrac{1}{b}$

ㅁ. $ab<b^2$ ㅂ. $a^2<ab$

13

일차방정식 $4x-2=a$의 해가 3보다 클 때, 상수 a의 값의 범위는?

① $a>10$ ② $a>11$ ③ $a>12$

④ $a>13$ ⑤ $a>14$

14

다음 중 일차부등식이 아닌 것은?

① $x<-9$ ② $\dfrac{1}{x}-1>1$

③ $2x+4>x-1$ ④ $2x+9<3x+9$

⑤ $x^2-2x>x^2+x$

15

'x의 5배에서 3을 뺀 수는 x에 8을 더한 수보다 작지 않다.'를 부등식으로 나타내면?

① $5x-3>x+8$ ② $5x-3\geq x+8$

③ $5x-3<x+8$ ④ $5x-3\leq x+8$

⑤ $5x-3=x+8$

16

일차부등식 $\dfrac{2}{5}x-\dfrac{x-1}{2}\geq\dfrac{a}{2}$의 해 중에서 가장 큰 정수가 2일 때, 상수 a의 값의 범위를 구하시오.

17

일차부등식 $0.5x+3 \geq \dfrac{6x+2}{5}$ 를 만족하는 자연수 x의 개수는?

① 0 ② 1 ③ 2

④ 3 ⑤ 4

18

$2 < x \leq 5$일 때, $3x-2$의 값의 범위는?

① $0 < 3x-2 \leq 9$ ② $0 \leq 3x-2 < 9$

③ $4 < 3x-2 \leq 13$ ④ $4 \leq 3x-2 < 13$

⑤ $8 < 3x-2 \leq 17$

19

일차부등식 $0.2(5x+2) \leq 0.3(3x+3)$을 만족하는 모든 자연수 x의 값의 합을 구하시오.

20

일차부등식 $\dfrac{-1-3x}{5}+2 > 0.5(-x+1)$을 만족하는 x의 값 중 가장 큰 자연수는?

① 5 ② 8 ③ 12

④ 13 ⑤ 15

21

다음 중 부등식이 아닌 것은? (정답 2개)

① $4x \geq 0$ ② $3 < 7-4$

③ $2x+y-11$ ④ $y = 4x+5$

⑤ $2x-1 > 3y$

22

두 일차부등식 $2x-3a < -4-x$와 $5x < 2x-1$의 해가 서로 같을 때, 상수 a의 값은?

① -6 ② -3 ③ $-\dfrac{3}{2}$

④ $\dfrac{3}{5}$ ⑤ 1

23

일차부등식 $x+a \leq -5x+8$의 해를 수직선 위에 나타내면 오른쪽 그림과 같을 때, 상수 a의 값을 구하시오.

24

$a < 0$일 때, x에 대한 일차부등식 $ax-a \leq 0$의 해는?

① $x \geq a$ ② $x \geq -1$ ③ $x \leq -1$

④ $x \geq 1$ ⑤ $x \leq 1$

25

일차부등식 $5(-0.6x-0.5)>0.\dot{3}x$의 해를 구하시오.

26

다음 부등식 중 방정식 $5-2x=-1$을 만족시키는 x의 값을 해로 갖는 것은?

① $x<2x-2$ 　　② $3(x+1)<10$

③ $4(2-x)\geq3$ 　　④ $2x+3<8$

⑤ $\dfrac{x}{3}<2(x-3)$

27

영미는 세 번의 수학 시험에서 평균 80점을 얻었다. 네 번째까지의 평균 점수가 82점 이상이 되려면 네 번째 시험에서 몇 점 이상을 받아야 하는가?

① 85점 　　② 86점 　　③ 87점

④ 88점 　　⑤ 89점

28

어느 공원의 자전거 대여료는 기본 1시간에 5000원이고, 1시간을 초과하면 1분에 100원의 추가 요금을 내야한다고 한다. 자전거 대여료가 15000원 이하가 되도록 하려면 자전거를 탈 수 있는 시간은 최대 몇 시간 몇 분인지 구하시오.

29

길이가 x cm, $(x+6)$ cm, $(x+8)$ cm인 세 선분으로 삼각형을 만들 때, 다음 중 x의 값으로 옳지 않은 것은?

① 2 　　② 3 　　③ 4

④ 5 　　⑤ 6

30

지수가 등산을 하는데 올라갈 때는 시속 2 km로, 내려올 때는 같은 길을 시속 4 km로 걸어서 전체 걸리는 시간을 6시간 이내로 하려고 한다. 지수는 최대 몇 km까지 올라갔다 내려올 수 있는가?

① 4 km 　　② 6 km 　　③ 8 km

④ 10 km 　　⑤ 12 km

31

2000원짜리 바구니에 한 개에 1500원 하는 사과를 넣어서 전체 가격이 30000원 이하가 되게 하려고 할 때, 사과는 최대 몇 개까지 넣을 수 있는가?

① 14개 　　② 16개 　　③ 18개

④ 20개 　　⑤ 22개

32

남자 한 명이 7일간, 여자 한 명이 9일간 걸려서 할 수 있는 일을 남녀 8명이 하루에 끝내려고 한다. 남자는 최소한 몇 명이 필요한가?

① 2명 　　② 3명 　　③ 4명

④ 5명 　　⑤ 6명

중단원 테스트 [서술형]

테스트한 날	맞은 개수
월 일	/ 8

01

$a < 3$일 때, 부등식 $(a-3)x < -2$를 푸시오.

❯ 해결 과정

❯ 답

02

부등식 $0.3x + 1.5 > 0.6x - 0.6$을 만족하는 가장 큰 정수를 a, 부등식 $\dfrac{x+1}{3} - \dfrac{2x-5}{2} > 1$을 만족하는 가장 큰 정수를 b라 할 때, $a - b$의 값을 구하시오.

❯ 해결 과정

❯ 답

03

일차부등식 $\dfrac{x}{3} - 4 < \dfrac{ax-1}{4}$의 해가 $x > -9$일 때, 상수 a의 값을 구하시오.

❯ 해결 과정

❯ 답

04

두 일차부등식 $2x + 10 < 3x + 6$, $-3x + 2(x-1) < a$의 해가 서로 같을 때, 상수 a의 값을 구하시오.

❯ 해결 과정

❯ 답

05

일차부등식 $6x-3<3(x+a)$를 만족시키는 자연수 x는 2개라고 할 때, 상수 a의 값의 범위를 구하시오.

> 해결 과정

> 답

06

어느 식물원의 1인당 입장료가 어른은 2000원, 어린이는 800원이라고 한다. 어른과 어린이를 합하여 30명이 32000원 이하로 관람하려면 어른은 최대 몇 명까지 입장할 수 있는지 구하시오.

> 해결 과정

> 답

07

민서가 집에서 11 km 떨어진 공원에 가는데 처음에는 시속 5 km로 걷다가 도중에 시속 3 km로 걸어서 3시간 이내에 공원에 도착하였다. 시속 3 km로 걸은 거리는 몇 km이하인지 구하시오.

> 해결 과정

> 답

08

예림이는 한 개에 200원인 사탕 15개와 한 개에 600원인 초콜릿 몇 개를 사서 2000원을 들여 포장하려고 한다. 전체 금액을 10000원 이하로 할 때, 초콜릿은 최대 몇 개까지 살 수 있는지 구하여라.

> 해결 과정

> 답

소단원 집중 연습

01 다음 주어진 순서쌍이 각 일차방정식의 해인 것에는 ○표, 해가 아닌 것에는 ×표 하시오.

(1) $3x-y=7 \Rightarrow (2, -1)$ ( )

(2) $2x-y=x-1 \Rightarrow (3, 2)$ ( )

(3) $5x=6y-1 \Rightarrow (1, 1)$ ( )

(4) $8x+2y-10=0 \Rightarrow (1, -1)$ ( )

02 다음 주어진 순서쌍이 각 일차방정식의 해일 때, 상수 k의 값을 구하시오.

(1) $4x+5y=k \Rightarrow (2, -1)$

(2) $x-ky=7 \Rightarrow (1, 5)$

(3) $kx-6y=-10 \Rightarrow (-1, 4)$

(4) $3x+6y-12=0 \Rightarrow (2, k)$

03 다음은 문장을 미지수가 2개인 연립일차방정식으로 나타낸 것이다. □ 안에 알맞을 것을 써넣으시오.

(1) x세인 A의 나이와 y세인 B의 나이의 합은 24세이고, A는 B보다 4세가 더 많다.

→ $\begin{cases} x+\square=\square \\ \square=\square+4 \end{cases}$

(2) 둘레의 길이가 54 cm인 직사각형에서 가로의 길이 x cm는 세로의 길이 y cm의 3배이다.

→ $\begin{cases} 2\square+2y=\square \\ \square=3\square \end{cases}$

04 x, y의 값이 자연수일 때, 다음 연립방정식의 해를 구하시오.

(1) $\begin{cases} x+3y=13 \\ 2x+y=6 \end{cases}$

(2) $\begin{cases} x+y=7 \\ 2x+y=10 \end{cases}$

05 다음 주어진 순서쌍이 각 연립방정식의 해일 때, 상수 a, b의 값을 각각 구하시오.

(1) $\begin{cases} x+ay=7 \\ bx+y=5 \end{cases} \Rightarrow (2, 3)$

(2) $\begin{cases} 2x+y=4 \\ x+by=7 \end{cases} \Rightarrow (a, 2)$

06 다음 연립방정식을 가감법을 이용하여 푸시오.

(1) $\begin{cases} 2x - y = 4 \\ -3x + y = -5 \end{cases}$

(2) $\begin{cases} x + 2y = 10 \\ 2x - 3y = -1 \end{cases}$

(3) $\begin{cases} 7x + y = 15 \\ 3x + y = 11 \end{cases}$

07 다음 연립방정식을 대입법을 이용하여 푸시오.

(1) $\begin{cases} 2x + y = -6 \\ y = 3x - 1 \end{cases}$

(2) $\begin{cases} x = 3y + 1 \\ -x + 2y = 5 \end{cases}$

(3) $\begin{cases} y = x - 4 \\ y = -3x + 8 \end{cases}$

08 다음 연립방정식을 푸시오.

(1) $\begin{cases} 2x - 3(x - y) = 10 \\ 5x + 2y = 1 \end{cases}$

(2) $\begin{cases} \dfrac{x}{2} - y = -1 \\ \dfrac{x}{4} + y = 4 \end{cases}$

(3) $\begin{cases} 5(3 - x) = -y \\ \dfrac{x}{2} - 0.2y = \dfrac{3 - y}{4} \end{cases}$

09 다음 연립방정식을 푸시오.

(1) $x + 3y = 7x + 6y = 5$

(2) $3x - 2y = x - 4y = 5$

(3) $\dfrac{2x - 1}{2} = \dfrac{1 - 2y}{3} = \dfrac{-2x - y}{4}$

01

다음 중 미지수가 2개인 일차방정식은?

① $3x-7y$ ② $x+2y=7$

③ $2x-1=0$ ④ x^2-2y+3

⑤ $x-y+7=x+y-1$

02

다음 일차방정식 중 $x=2,\ y=1$이 해가 되는 것은?

① $2x+3y=8$ ② $3x+y=8$

③ $5x-3y=8$ ④ $4x-y=8$

⑤ $3x+2y=8$

03

$x,\ y$가 자연수일 때, 일차방정식 $2x+3y=21$의 해가 될 수 있는 것은?

① $x=1,\ y=3$ ② $x=3,\ y=5$

③ $x=2,\ y=6$ ④ $x=4,\ y=4$

⑤ $x=5,\ y=7$

04

다음 연립방정식 중 해가 $x=1,\ y=-2$인 것은? (정답 2개)

① $\begin{cases} x+y=-1 \\ x-y=2 \end{cases}$ ② $\begin{cases} 2x+y=0 \\ x-y=3 \end{cases}$

③ $\begin{cases} x+y=1 \\ -3x+4y=11 \end{cases}$ ④ $\begin{cases} x=y+3 \\ x=2y \end{cases}$

⑤ $\begin{cases} y=x-3 \\ y=-2x \end{cases}$

05

다음 두 연립방정식의 해가 같을 때, 상수 $a,\ b$의 곱 ab의 값은?

$$\begin{cases} 2x-3y=8 \\ ax+by=-4 \end{cases} \qquad \begin{cases} 2ax-by=-2 \\ 3x-y=5 \end{cases}$$

① -2 ② -1 ③ 1

④ 2 ⑤ 3

06

연립방정식 $\begin{cases} 2x+y=a-3 \\ x=2(y+1) \end{cases}$ 에서 x의 값이 y의 값보다 3만큼 크다고 할 때, 상수 a의 값은?

① 4 ② 6 ③ 7

④ 9 ⑤ 12

07

다음 연립방정식의 해를 $(a,\ b)$라 할 때, $a+b$의 값은?

$$0.8x+0.2y-1=\frac{1}{2}x-\frac{1}{3}(y+1)=x-2$$

① 1 ② 3 ③ 5

④ 7 ⑤ 9

08

연립방정식 $\begin{cases} ax-by=-17 \\ bx-ay=-18 \end{cases}$ 에서 a와 b를 바꾸어 놓고 풀었더니 해가 $x=-4,\ y=3$이었다. 처음 연립방정식의 해는?

① $x=3,\ y=4$ ② $x=-3,\ y=-4$

③ $x=-3,\ y=4$ ④ $x=3,\ y=-4$

⑤ $x=-3,\ y=2$

09

연립방정식 $2x+y=4x-3y=5$를 풀면?

① $x=3, y=1$ ② $x=-3, y=1$

③ $x=-3, y=-1$ ④ $x=-2, y=-1$

⑤ $x=2, y=1$

10

연립방정식 $\begin{cases} 3(x-2y)+7y=-3 \\ 6y-4(x+y)=10 \end{cases}$ 을 풀면?

① $x=-2, y=-7$ ② $x=\dfrac{1}{3}, y=0$

③ $x=0, y=-3$ ④ $x=1, y=-1$

⑤ $x=-\dfrac{8}{5}, y=\dfrac{9}{5}$

11

연립방정식 $\begin{cases} 0.4x+0.3y=3 \\ \dfrac{x}{3}+\dfrac{y-8}{6}=1 \end{cases}$ 의 해가 일차방정식

$2x-ay+6=0$의 해일 때, 상수 a의 값은?

① -12 ② -8 ③ 5

④ 9 ⑤ 18

12

연립방정식 $\begin{cases} ax-y=1 \\ 6x-3y=3 \end{cases}$ 의 해가 무수히 많을 때, 상수 a

의 값은?

① -2 ② -1 ③ 1

④ 2 ⑤ 3

13

연립방정식 $\begin{cases} -3x-4y=-3 \\ ax-12y=2 \end{cases}$ 의 해가 없을 때, 상수 a의

값은?

① -9 ② -4 ③ -3

④ 3 ⑤ 9

14

연립방정식 $\begin{cases} y=2x-1 \\ 3x-2y=-3 \end{cases}$ 의 해를 $x=a, y=b$라 할 때,

$a-b$의 값은?

① -1 ② -2 ③ -3

④ -4 ⑤ -5

15

x, y에 대한 연립방정식 $\begin{cases} 2x-5y=10 \\ 3x-ay=32 \end{cases}$ 의 해를 $x=p, y=q$

라 하면 $p:q=5:1$이 성립한다. 이때 상수 a의 값은?

① -2 ② -1 ③ 0

④ 1 ⑤ 2

16

연립방정식 $\begin{cases} 2x+y=9 \\ 2x-2y=-3a \end{cases}$ 를 만족하는 x의 값이 5일

때, 상수 a의 값은?

① $\dfrac{28}{3}$ ② 4 ③ $\dfrac{8}{3}$

④ $-\dfrac{8}{3}$ ⑤ -4

01

보기에서 미지수가 2개인 일차방정식을 모두 고르시오.

보기
ㄱ. $3x+y=0$
ㄴ. $xy=5$
ㄷ. $x^2-y=7$
ㄹ. $x+2y=2+2x$
ㅁ. $2(2x+5y)=8+4x+y$

02

연립방정식 $2x-y=-x+3y=5$의 해가 (a, b)일 때, $a-b$의 값을 구하시오.

03

보기에서 $x=-1$, $y=3$을 해로 갖는 일차방정식을 모두 고르시오.

보기
ㄱ. $2x+2y=4$
ㄴ. $x+2y=8$
ㄷ. $-3x-y=-6$
ㄹ. $3x-3y=0$
ㅁ. $x-3y=-10$

04

미지수가 2개인 일차방정식 $x+ay=5$의 한 해가 $x=-1$, $y=3$일 때, 상수 a의 값을 구하시오.

05

연립방정식 $\begin{cases} ax+by=2 \\ bx+ay=-10 \end{cases}$ 에서 a, b를 바꾸어 놓고 풀었더니 해가 $x=-4$, $y=2$이었다. $a+b$의 값을 구하시오.

06

연립방정식 $\begin{cases} 2x+y=10 \\ x+3y=a+11 \end{cases}$ 을 만족하는 y의 값이 x의 값의 2배일 때, 상수 a의 값을 구하시오.

07

다음 두 연립방정식의 해가 같을 때, $a-b$의 값을 구하시오.

$\begin{cases} x-2y=9 \\ ax+by=2 \end{cases}$ $\begin{cases} ax-by=4 \\ 3x-y=-3 \end{cases}$

08

연립방정식 $\begin{cases} ax-2y=3 \\ -3x+by=-4 \end{cases}$ 의 해가 무수히 많을 때, $4a-3b$의 값을 구하시오.

09

연립방정식 $\begin{cases} -\dfrac{x-2}{4}=2+y \\ 3(-x+1)=a(x+y)+3 \end{cases}$ 의 해를 $x=p$, $y=q$라 할 때 $p+q=-3$이다. a의 값을 구하시오.

10

연립방정식 $\begin{cases} x+y=4 \\ 2x+ay=5 \end{cases}$ 를 만족하는 x의 값이 1일 때, 상수 a의 값을 구하시오.

11

연립방정식 $\begin{cases} 3x+y=3 \\ 3x-2y=12 \end{cases}$ 의 해가 $x=a$, $y=b$일 때, $a-b$의 값을 구하시오.

12

연립방정식 $\begin{cases} \dfrac{3}{4}x+\dfrac{3}{2}y=1 \\ x+ay=-3 \end{cases}$ 의 해가 없을 때, 상수 a의 값을 구하시오.

13

연립방정식 $\begin{cases} x-3y=-2 \\ 2x-5y=1 \end{cases}$ 의 해가 일차방정식 $x-ay+7=0$을 만족할 때, 상수 a의 값을 구하시오.

14

연립방정식 $2x+y+7=3x-4y=4x+4y+6$의 해를 $x=a$, $y=b$라 할 때, $a-b$의 값을 구하시오.

15

연립방정식 $\begin{cases} 4x+by=6 \\ ax+y=5 \end{cases}$ 의 해가 $x=1$, $y=2$일 때, $a+b$의 값을 구하시오.

16

연립방정식 $\begin{cases} 3x-4(x+2y)=5 \\ 2(x-y)=3-5y \end{cases}$ 를 푸시오.

01 한 개에 800원 하는 복숭아와 한 개에 600원 하는 자두를 합하여 20개를 14400원에 샀다. 복숭아를 몇 개 샀는지 구하려고 할 때, 다음 물음에 답하시오.

(1) 복숭아를 x개, 자두를 y개 샀다고 할 때, 다음 표를 완성하시오.

	복숭아	자두	전체
개수(개)	x	y	20
가격(원)			

(2) (1)의 표를 이용하여 연립방정식을 세우시오.

$\begin{cases} \text{(개수에 대한 식)} \\ \text{(가격에 대한 식)} \end{cases} \Rightarrow$ _____

(3) 연립방정식을 푸시오.

(4) 복숭아는 몇 개 샀는지 구하시오.

02 합이 64이고 차가 38인 두 자연수를 구하려고 할 때, 다음 물음에 답하시오.

(1) 두 자연수 중 큰 수를 x, 작은 수를 y라 할 때, 조건에 따른 연립방정식을 세우시오.

$\begin{cases} \text{(합에 대한 식)} \\ \text{(차에 대한 식)} \end{cases} \Rightarrow$ _____

(2) 연립방정식을 푸시오.

(3) 두 자연수를 구하시오.

03 현재 형과 동생의 나이의 합은 30살이고, 3년 후에 형의 나이는 동생의 나이의 2배가 된다고 한다. 현재 동생의 나이를 구하려고 할 때, 다음 물음에 답하시오.

(1) 형의 나이를 x살, 동생의 나이를 y살이라 할 때, 다음 표를 완성하시오.

	형	동생
현재 나이(살)	x	y
3년 후 나이(살)		

(2) (1)의 표를 이용하여 연립방정식을 세우시오.

$\begin{cases} \text{(현재 나이에 대한 식)} \\ \text{(3년 후 나이에 대한 식)} \end{cases} \Rightarrow$ _____

(3) 연립방정식을 푸시오.

(4) 현재 동생의 나이를 구하시오.

04 둘레의 길이가 42 cm이고, 가로의 길이가 세로의 길이의 2배보다 3 cm만큼 짧은 직사각형이 있다. 이 직사각형의 넓이를 구하려고 할 때, 다음 물음에 답하시오.

(1) 가로의 길이를 x cm, 세로의 길이를 y cm라 할 때, 조건에 따른 연립방정식을 세우시오.

$\begin{cases} \text{(둘레의 길이에 대한 식)} \\ \text{(가로와 세로의 길이에 대한 식)} \end{cases}$

$\Rightarrow \begin{cases} \rule{3cm}{0.4pt} \\ \rule{3cm}{0.4pt} \end{cases}$

(2) 연립방정식을 푸시오.

(3) 직사각형의 넓이를 구하시오.

05 영미가 왕복 $35\,\text{km}$의 등산로를 따라 등산을 하는데 올라갈 때는 시속 $4\,\text{km}$로, 내려올 때는 시속 $5\,\text{km}$로 걸어서 총 8시간이 걸렸다. 올라간 거리를 구하려고 할 때, 다음 물음에 답하시오.

(1) 올라간 거리를 $x\,\text{km}$, 내려온 거리를 $y\,\text{km}$라 할 때, 다음 표를 완성하시오.

	올라갈 때	내려올 때	전체
거리(km)	x	y	35
속력(km/시)			
시간(시간)			

(2) (1)의 표를 이용하여 연립방정식을 세우시오.

$$\begin{cases} \text{(거리에 대한 식)} \\ \text{(시간에 대한 식)} \end{cases} \Rightarrow \begin{cases} \underline{\hspace{4cm}} \\ \underline{\hspace{4cm}} \end{cases}$$

(3) 연립방정식을 푸시오.

(4) 올라간 거리를 구하시오.

06 A가 공원 입구에서 출발한 지 10분 후에 같은 장소에서 B가 출발하였다. A는 분속 $300\,\text{m}$로 걷고, B는 분속 $500\,\text{m}$로 달릴 때, B가 출발한 지 몇 분 후에 두 사람이 만나는지 구하려고 한다. 다음 물음에 답하시오.

(1) 미지수를 정하시오.

(2) 다음 표를 이용하여 연립방정식을 세우시오.

	A	B
시간(분)		
속력(m/분)		
거리(m)		

(3) 연립방정식을 푸시오.

(4) B가 출발한 지 몇 분 후에 두 사람이 만나는지 구하시오.

07 농도가 다른 두 소금물 A, B가 있다. A 소금물 $200\,\text{g}$과 B 소금물 $100\,\text{g}$을 섞으면 $8\,\%$의 소금물이 되고, A 소금물 $100\,\text{g}$과 B 소금물 $200\,\text{g}$을 섞으면 $10\,\%$의 소금물이 된다. 두 소금물 A, B의 농도를 각각 구하려고 할 때, 다음 물음에 답하시오.

(1) A 소금물의 농도를 $x\,\%$, B 소금물의 농도를 $y\,\%$라 할 때, 다음 표를 완성하시오.

㉠

	A	B	섞은 후
농도(%)	x	y	8
소금물의 양(g)	200	100	
소금의 양(g)	$\dfrac{x}{100} \times 200$		

㉡

	A	B	섞은 후
농도(%)	x	y	10
소금물의 양(g)	100	200	
소금의 양(g)	$\dfrac{x}{100} \times 100$		

(2) (1)의 표를 이용하여 연립방정식을 세우시오.

$$\begin{cases} \text{(㉠의 소금의 양에 대한 식)} \\ \text{(㉡의 소금의 양에 대한 식)} \end{cases}$$

$$\Rightarrow \begin{cases} \underline{\hspace{4cm}} \\ \underline{\hspace{4cm}} \end{cases}$$

(3) 연립방정식을 푸시오.

(4) 두 소금물 A, B의 농도를 각각 구하시오.

01

할머니 댁에서 개와 닭을 합하여 19마리를 기르고 있다. 개와 닭의 다리 수의 합이 52일 때, 할머니 댁에서 기르는 개는 모두 몇 마리인가?

① 17마리   ② 15마리   ③ 12마리

④ 7마리   ⑤ 5마리

02

현재 아버지와 아들의 나이를 합하면 64살이다. 13년 후에 아버지는 아들의 나이의 2배가 된다. 현재 아들의 나이는?

① 14살   ② 15살   ③ 16살

④ 17살   ⑤ 18살

03

농구 경기에서 2점짜리 슛과 3점짜리 슛을 합해서 모두 9골을 넣어 20점을 획득하였다. 2점짜리 슛은 몇 개 넣었는가?

① 4개   ② 5개   ③ 6개

④ 7개   ⑤ 8개

04

가로의 길이가 세로의 길이보다 5 cm만큼 더 긴 직사각형이 있다. 이 직사각형의 둘레의 길이가 30 cm일 때, 이 직사각형의 넓이는?

① 40 cm²   ② 50 cm²   ③ 60 cm²

④ 70 cm²   ⑤ 80 cm²

05

지수는 러닝 머신에서 1시간 동안 운동을 하였다. 처음에는 시속 4 km로 걷다가 속력을 높여 시속 8 km로 달렸다. 걷고 달린 거리가 모두 5 km일 때, 시속 8 km로 달린 시간은?

① 15분   ② 20분   ③ 25분

④ 30분   ⑤ 35분

06

자장면 세 그릇과 짬뽕 두 그릇을 주문하였더니 음식값이 모두 합하여 16000원이었다. 짬뽕 한 그릇의 값이 자장면 한 그릇의 값보다 500원이 비싸다고 할 때, 짬뽕 한 그릇의 값은?

① 3500원   ② 3000원   ③ 2900원

④ 2500원   ⑤ 2000원

07

다음 표는 A식품과 B식품의 100 g당 열량과 단백질의 양을 나타낸 것이다.

식품 \ 구분	열량(kcal)	단백질(g)
A식품	120	9
B식품	80	10

A식품과 B식품을 합하여 열량 240 kcal와 단백질 24 g을 섭취하려고 한다. 먹어야 하는 A식품의 양은?

① 100 g   ② 130 g   ③ 150 g

④ 170 g   ⑤ 190 g

08

두 자리 자연수의 각 자리 숫자의 합은 7이고, 십의 자리 숫자와 일의 자리 숫자를 바꾼 수가 처음 수보다 27만큼 작을 때, 처음 수는?

① 25   ② 34   ③ 43

④ 52   ⑤ 61

09

길이가 300 cm인 끈을 두 개로 나누었더니 긴 끈의 길이가 짧은 끈의 길이의 4배만큼 더 길었을 때, 긴 끈의 길이는?

① 210 cm   ② 220 cm   ③ 230 cm

④ 240 cm   ⑤ 250 cm

10

A, B가 함께하면 10일 만에 끝낼 수 있는 일을 A가 혼자서 4일 동안 하고, 일주일 후에 나머지를 B가 혼자서 11일 동안 한 뒤, 함께 하루 동안 일하여 끝냈다고 한다. 이 일을 A와 B가 각각 혼자할 때 a일, b일이 걸린다면, $a+b$의 값은?

① 21   ② 28   ③ 35

④ 42   ⑤ 49

11

어느 중학교 2학년 학생의 입학 당시 학생 수는 총 450명이었다. 남학생의 5 %가 전학을 가고, 여학생의 10 %가 전학을 와서 총 학생 수는 9명이 증가하였다고 할 때, 2학년 학생의 현재 남학생 수는?

① 210명   ② 228명   ③ 236명

④ 240명   ⑤ 252명

12

두 정수 x, y의 합은 2이고, x의 2배에 y를 더한 것이 8과 같다. xy의 값은?

① -35 ② -24 ③ -15

④ -8 ⑤ -3

13

집에서 학교까지의 거리는 9 km이다. 아침에 집에서 나와 처음에는 시속 2 km로 걷다가 중간에 남은 거리를 시속 4 km로 걸어 총 3시간이 걸렸다. 시속 2 km로 걸은 거리를 a km라 하고, 시속 4 km로 걸은 거리를 b km라 할 때, a^2+b^2의 값은?

① 42   ② 43   ③ 44

④ 45   ⑤ 46

14

A와 B는 가위바위보를 하여 이긴 사람은 계단을 3개씩 올라가고, 진 사람은 계단을 2개씩 내려가는 게임을 하였다. 게임을 시작하여 한참 후에 A는 18개의 계단, B는 23개의 계단을 올라가 있었다. A가 이긴 횟수는? (단, 서로 비기는 경우는 없다고 한다.)

① 19회   ② 20회   ③ 21회

④ 22회   ⑤ 23회

15

폭이 500 m인 강을 분속 60 m로 자유형을 하다가 분속 40 m로 평영을 하여 건너는데 10분이 걸렸다. 자유형으로 수영한 거리는 몇 m인가?

① 100 m   ② 200 m   ③ 300 m

④ 400 m   ⑤ 500 m

16

5 %의 소금물과 8 %의 소금물을 섞어서 7 %의 소금물 600 g을 만들려고 한다. 5 %의 소금물을 몇 g 섞으면 되는가?

① 100 g   ② 120 g   ③ 160 g

④ 200 g   ⑤ 220 g

01

3 %의 소금물과 8 %의 소금물을 섞어 5 %의 소금물 1000 g을 만들려고 한다. 섞어야 하는 3 %의 소금물의 양을 구하시오.

02

두 자리 자연수가 있다. 이 수의 각 자리 숫자의 합은 13이고, 십의 자리 숫자와 일의 자리 숫자를 바꾼 수는 처음 수보다 27이 크다고 한다. 처음 수를 구하시오.

03

가로의 길이가 세로의 길이보다 5 cm 더 긴 직사각형이 있다. 이 직사각형의 둘레의 길이가 58 cm일 때, 직사각형의 넓이를 구하시오.

04

합이 15이고, 차가 3인 두 자연수가 있다. 이 두 자연수를 구하시오.

05

속력이 일정한 배로 거리가 35 km인 강을 거슬러 올라가는 데 1시간 45분, 다시 같은 거리만큼 강을 따라 내려오는 데 1시간 15분이 걸렸다. 정지한 강물에서의 배의 속력을 구하시오. (단, 강물의 속력은 일정하다.)

06

한 자루에 100원 하는 연필과 250원 하는 볼펜을 합하여 총 8자루를 1400원에 샀다. 100원짜리 연필은 몇 자루 샀는지 구하시오.

07

A, B 두 사람이 함께 일하면 8일 걸리는 일을 A가 4일 동안 일하고 B가 10일 동안 일해서 끝냈다. 같은 일을 B 혼자서 하면 며칠이 걸리는지 구하시오.

08

공장에서 지난해에 두 제품 A, B를 합하여 2000개를 생산하였다. 올해 이 공장의 생산량은 지난해에 비해 A제품은 6 % 증가하고, B제품은 7 % 감소하여 전체적으로 3개가 증가하였다고 한다. 올해 B제품의 생산량을 구하시오.

09

일정한 속력으로 달리는 기차가 250 m 길이의 터널을 지나는데 10초가 걸리고, 1300 m 길이의 다리를 건너는데 45초가 걸린다. 기차의 길이를 구하시오.

10

현재 삼촌의 나이는 준희의 나이의 2배이고, 8년 전에는 삼촌의 나이가 준희의 나이의 6배였다고 한다. 현재 삼촌과 준희의 나이의 합을 구하시오.

11

10 %의 소금물과 30 %의 소금물을 섞어 15 %의 소금물 200 g을 만들려고 한다. 각각 몇 g씩 섞어야 하는지 구하시오.

12

다음 표는 두 식품 A, B를 각각 100 g씩 섭취하였을 때, 얻을 수 있는 열량과 탄수화물의 양을 나타낸 것이다.

식품(100 g)	열량(kcal)	탄수화물(g)
A	300	10
B	500	16

A, B만을 섭취하여 정확하게 1000 kcal의 열량과 33 g의 탄수화물을 얻으려할 때, 섭취해야 할 A식품의 양을 구하시오.

13

합이 116인 두 자연수 a, b가 있다. a를 b로 나누면 몫이 7이고, 나머지가 4일 때, $a-b$의 값을 구하시오.

14

A, B 두 사람이 가위바위보를 하여 이긴 사람은 2계단을 올라가고, 진 사람은 1계단을 올라가기로 하였다. 얼마 후 A는 처음 위치보다 19계단을, B는 처음 위치보다 17계단을 올라가 있었다. A가 이긴 횟수를 구하시오. (단, 비기는 경우는 생각하지 않는다.)

15

거리가 25 km인 두 지점 사이를 처음에는 시속 6 km로 걷다가 도중에 시속 8 km로 뛰어갔더니 4시간이 걸렸다. 뛰어간 거리를 구하시오.

16

영미는 등산을 하는데 올라갈 때는 시속 3 km로 걷고, 내려올 때는 올라갈 때와 다른 길을 택하여 시속 4 km로 걸어서 총 4시간이 걸렸다. 등산을 하는데 걸은 거리가 총 14 km일 때, 올라갈 때 걸은 거리를 구하시오.

중단원 테스트 [1회]

01

연립방정식 $\begin{cases} x+2y=9 \\ x-y=6 \end{cases}$ 의 해가 $x=a,\ y=b$일 때, $a+b$ 의 값은?

① -8　　　　② -4　　　　③ 4

④ 8　　　　⑤ 16

02

연립방정식 $x+2y=ax-4y=5$를 만족하는 x의 값이 -3일 때, 상수 a의 값은?

① -7　　　　② -5　　　　③ -2

④ 5　　　　⑤ 7

03

$x,\ y$가 자연수일 때, 일차방정식 $4x+y=13$의 해의 개수 는?

① 1　　　　② 2　　　　③ 3

④ 4　　　　⑤ 5

04

연립방정식 $\begin{cases} x-y=7 \\ ax+y=3 \end{cases}$ 의 해가 $x+y=3$을 만족할 때, 상수 a의 값은?

① 1　　　　② 2　　　　③ 3

④ 4　　　　⑤ 5

05

연립방정식 $\begin{cases} x-4y=8 & \cdots\cdots ㉠ \\ 2x-y=23 & \cdots\cdots ㉡ \end{cases}$ 에 대한 설명 중 옳은 것 은?

① 해는 2개이다.

② ㉠$-$㉡$\times 2$를 하면 x가 소거된다.

③ ㉠$-$㉡$\times 4$를 하면 y가 소거된다.

④ 대입법을 이용하면 해를 구할 수 없다.

⑤ 해를 순서쌍으로 나타내면 $(12,\ -1)$이다.

06

연립방정식 $\begin{cases} y-x=4(x+y) \\ 2x:(1-y)=3:2 \end{cases}$ 를 푸시오.

07

다음 중 미지수가 2개인 일차방정식은? (정답 2개)

① $x-3y+5=0$　　　　② $x+y$

③ $5x=20$　　　　④ $x^2=y$

⑤ $7x-2y=3$

08

두 순서쌍 $(-2,\ 3)$, $(3,\ b)$가 일차방정식 $2x+ay=11$의 해일 때, $a+b$의 값은?

① 6　　　　② 7　　　　③ 8

④ 9　　　　⑤ 10

09

연립방정식 $\begin{cases} ax+by=5 \\ cx-2y=1 \end{cases}$ 을 푸는데 갑은 옳게 풀어서 해가 $x=3$, $y=-2$가 나왔고, 을은 c를 잘못 보고 풀어서 $x=2$, $y=-1$이 나왔다. $ab+c$의 값은?

① -49　　　　② -24　　　　③ -1

④ 24　　　　⑤ 49

10

연립방정식 $\begin{cases} x+ay=5 \\ 2x-y=b \end{cases}$ 의 해가 $(1, -2)$일 때, 상수 a, b에 대하여 $a+b$의 값은?

① -4　　　　② -2　　　　③ 0

④ 2　　　　⑤ 4

11

일차방정식 $x-3y+4=0$의 한 해가 $(k, 2)$일 때, k의 값은?

① -2　　　　② -1　　　　③ 2

④ 3　　　　⑤ 4

12

연립방정식 $\begin{cases} x-3y=2 & \cdots\cdots\ \text{㉠} \\ 2x+y=11 & \cdots\cdots\ \text{㉡} \end{cases}$ 을 y항을 소거하여 풀려고 할 때, 다음 중 필요한 식은?

① ㉠ $\times 2-$ ㉡　　　　② ㉠ $\times 3+$ ㉡

③ ㉠ $-$ ㉡ $\times 2$　　　　④ ㉠ $+$ ㉡ $\times 3$

⑤ ㉠ $-$ ㉡ $\times 3$

13

다음 중 일차방정식 $x+2y=9$의 해가 아닌 것은?

① $(-3, -6)$　　② $(-1, 5)$　　③ $(1, 4)$

④ $(3, 3)$　　　　⑤ $(5, 2)$

14

두 연립방정식 $\begin{cases} 3x-y=7 \\ 2x+ay=6 \end{cases}$, $\begin{cases} -6x+5y=-17 \\ bx+10y=-8 \end{cases}$ 의 해가 서로 같을 때, 상수 a, b의 값은?

① $a=-2$, $b=1$　　　　② $a=-2$, $b=-1$

③ $a=1$, $b=-2$　　　　④ $a=2$, $b=-1$

⑤ $a=2$, $b=1$

15

연립방정식 $\begin{cases} y=2x-3 \\ x+ay=-2 \end{cases}$ 를 만족하는 x, y의 값을 각각 2배하면 연립방정식 $\begin{cases} bx+y=4 \\ 4x-y=10 \end{cases}$ 의 해가 된다고 한다. $a+b$의 값은? (단, a, b는 상수)

① -4　　　　② -2　　　　③ 0

④ 4　　　　⑤ 6

16

연립방정식 $\begin{cases} 2x-y=4 \\ x-3y=-3 \end{cases}$ 의 해가 방정식 $x+y+k=0$을 만족할 때, 상수 k의 값은?

① -5　　　　② -3　　　　③ -1

④ 1　　　　⑤ 3

17

연립방정식 $\begin{cases} 2x-3y=a \\ -6x+by=3 \end{cases}$ 의 해가 없기 위한 상수 a, b의 조건은?

① $a=-1$, $b=-9$ 　　② $a=-1$, $b=9$

③ $a\neq-1$, $b=-9$ 　　④ $a\neq-1$, $b=9$

⑤ $a\neq1$, $b=9$

18

연립방정식 $\begin{cases} x+y=5 \\ x+ay=8 \end{cases}$ 의 해가 $(2, b)$일 때, 상수 a의 값은?

① -2 　　② -1 　　③ 1

④ 2 　　⑤ 3

19

연립방정식 $\begin{cases} (a+1)x-2y=3 \\ 3x+by=6 \end{cases}$ 의 해가 무수히 많을 때, 상수 a, b에 대하여 ab의 값을 구하시오.

20

연립방정식 $\begin{cases} x-2y=2 \\ 2x-3y=a \end{cases}$ 를 만족하는 x의 값이 y의 값보다 3만큼 작을 때, 상수 a의 값은?

① -2 　　② -1 　　③ 0

④ 1 　　⑤ 2

21

다음 두 연립방정식의 해가 서로 같을 때, $\dfrac{a}{b}$의 값은?

$$\begin{cases} 0.7x-0.3y=1.1 \\ \dfrac{x}{7}-\dfrac{y}{5}=a \end{cases} \qquad \begin{cases} 0.1x+0.2y=b \\ \dfrac{x}{4}+\dfrac{y}{3}=\dfrac{5}{6} \end{cases}$$

① $\dfrac{1}{14}$ 　　② $\dfrac{3}{14}$ 　　③ $\dfrac{5}{14}$

④ $\dfrac{9}{14}$ 　　⑤ $\dfrac{11}{14}$

22

일차방정식 $2x-ay=-4$의 해가 $(a, 6)$, $(-4, b)$일 때, ab의 값은?

① -8 　　② -4 　　③ -1

④ 4 　　⑤ 8

23

연립방정식 $\begin{cases} ax-2y=-2 \\ 4x+3y=1 \end{cases}$ 을 만족하는 x의 값이 4일 때, 상수 a의 값은?

① -3 　　② -2 　　③ -1

④ 2 　　⑤ 3

24

연립방정식 $x+2y=-(x+y)+13=-2x+3y+3$을 만족하는 x, y에 대하여 $y-x$의 값은?

① 1 　　② 2 　　③ 3

④ 4 　　⑤ 5

25

x, y에 대한 일차방정식 $ax+4y=-6$의 한 해가 $(-2, 1)$ 이다. $y=6$일 때, x의 값은?

① -12 ② -6 ③ -3

④ 2 ⑤ 5

26

$4\,\%$의 소금물과 $8\,\%$의 소금물을 섞어 $5\,\%$의 소금물 $1000\,g$을 만들려고 한다. 섞어야 하는 $4\,\%$의 소금물의 양은?

① $250\,g$ ② $500\,g$ ③ $750\,g$

④ $1000\,g$ ⑤ $1250\,g$

27

지수는 주말에 둘레길을 산책했다. 처음에는 시속 $4\,km$로 걷다가 중간에 시속 $3\,km$로 걸었더니 모두 4시간이 걸렸다. 지수가 걸은 거리가 총 $15\,km$라고 할 때, 시속 $4\,km$로 걸은 거리는?

① $3\,km$ ② $5\,km$ ③ $8\,km$

④ $10\,km$ ⑤ $12\,km$

28

영미의 저금통에 100원짜리와 500원짜리 동전을 합하여 30개가 들어 있고, 그 금액은 4600원이다. 100원짜리 동전의 개수는?

① 4 ② 14 ③ 18

④ 22 ⑤ 26

29

A열차는 길이가 $500\,m$인 다리를 완전히 통과하는 데 16초가 걸렸고, 이 열차보다 길이가 $40\,m$ 짧은 B열차는 A열차의 속력보다 초속 $10\,m$ 빠른 속력으로 이 다리를 완전히 지나가는데 12초가 걸렸다. A열차의 길이는 몇 m인가?

(단, A, B열차의 속력은 일정하다.)

① $125\,m$ ② $140\,m$ ③ $155\,m$

④ $170\,m$ ⑤ $185\,m$

30

둘레의 길이가 $40\,cm$인 직사각형의 가로의 길이는 $2\,cm$ 더 늘리고, 세로의 길이는 2배가 되도록 하였더니 둘레의 길이는 처음 직사각형의 둘레의 길이의 $\frac{3}{2}$배가 되었다. 처음 직사각형의 가로의 길이는?

① $8\,cm$ ② $10\,cm$ ③ $12\,cm$

④ $14\,cm$ ⑤ $16\,cm$

31

주차장에 두발자전거와 자동차가 모두 합하여 24대가 주차되어 있다. 바퀴 수의 합이 80일 때, 자동차가 자전거보다 몇 대 더 많은가?

① 4대   ② 6대   ③ 8대

④ 10대   ⑤ 12대

32

원가가 1000원인 A제품과 원가가 500원인 B제품을 합하여 400개를 구입하고, A제품은 $15\,\%$, B제품은 $20\,\%$의 이익을 붙여서 정가를 정하였다. 두 제품을 모두 판매하면 55000원의 이익이 생길 때, 구입한 A제품의 개수를 구하시오.

중단원 테스트 [2회]

01

연립방정식 $\begin{cases} -x+2y=1 \\ 3x-2y=a \end{cases}$ 의 해가 $2x-5y=-5$를 만족할 때, 상수 a의 값은?

① 3　　　　② 5　　　　③ 7

④ 9　　　　⑤ 11

02

연립방정식 $\begin{cases} ax+by=3 \\ bx+ay=-7 \end{cases}$ 에서 a와 b를 서로 바꾸어 놓고 풀었더니 해가 $x=1$, $y=3$이었다. 처음 연립방정식의 해는?

① $x=-3$, $y=-1$　　② $x=-3$, $y=2$

③ $x=1$, $y=3$　　　④ $x=2$, $y=-3$

⑤ $x=3$, $y=1$

03

다음 연립방정식 중 해가 없는 것은?

① $\begin{cases} 2x-3y=5 \\ 4x-6y=10 \end{cases}$　　② $\begin{cases} 3x+y=6 \\ -3x-y=-6 \end{cases}$

③ $\begin{cases} 2x+y=1 \\ x-2y=3 \end{cases}$　　④ $\begin{cases} -x+3y=1 \\ 2x-6y=3 \end{cases}$

⑤ $\begin{cases} x-4y=3 \\ 3x-4y=-7 \end{cases}$

04

연립방정식 $ax-y=2x+y=12$의 해가 $(b, 6)$일 때, $a+b$의 값은?

① 7　　　　② 8　　　　③ 9

④ 10　　　⑤ 11

05

연립방정식 $\begin{cases} ax-by=-16 \\ bx+ay=-11 \end{cases}$ 의 해가 $x=-3$, $y=2$일 때, 상수 a, b에 대하여 $a-b$의 값은?

① -5　　　② -3　　　③ 1

④ 3　　　　⑤ 5

06

연립방정식 $\begin{cases} x=-2y+8 \\ \dfrac{1}{4}x-0.3y=-2 \end{cases}$ 의 해가 (a, b)일 때, $a+b$의 값은?

① -7　　　② -4　　　③ -3

④ 3　　　　⑤ 7

07

x, y가 소수일 때, 방정식 $x+3y=22$의 해의 개수는?

① 1　　　　② 2　　　　③ 3

④ 4　　　　⑤ 5

08

다음 두 연립방정식의 해가 서로 같을 때, 상수 a, b의 합 $a+b$의 값을 구하시오.

$\begin{cases} 2ax-3y=-10 \\ x-\dfrac{1}{2}y=b \end{cases}$　　$\begin{cases} 2x=-3y+4 \\ 2x=5y-12 \end{cases}$

09

재희는 4점짜리와 5점짜리 문제로 100점 만점인 수학 시험을 보았다. 4점짜리 x문제, 5점짜리 y문제를 맞추어 73점을 받았고, 4점짜리 문제를 5점짜리 문제보다 7개 더 많이 맞았다고 한다. 이를 x, y에 대한 연립방정식으로 나타내면 $\begin{cases} 4x+ay=b \\ x-y=c \end{cases}$ 일 때, 상수 a, b, c에 대하여 $a+b+c$의 값은?

① 71   ② 73   ③ 78
④ 84   ⑤ 85

10

연립방정식 $\begin{cases} 4(x-y)-3(2x-y)=-11 \\ \dfrac{1}{4}x-\dfrac{2}{3}y=-a+6 \end{cases}$ 을 만족하는 x의 값이 y의 값의 3배보다 5만큼 작을 때, 상수 a의 값은?

① -1 ② 1   ③ 3
④ 5   ⑤ 7

11

연립방정식 $\begin{cases} 3x-2y=5 \\ 2(x-y)-8x+6y=a \end{cases}$ 의 해가 무수히 많을 때, 상수 a의 값은?

① -15 ② -10 ③ -5
④ 10   ⑤ 15

12

연립방정식 $\begin{cases} 3(x-2y)=4x+12 \\ 5x:2y=3:1 \end{cases}$ 을 만족하는 y의 값은?

① $-\dfrac{12}{5}$ ② $-\dfrac{5}{3}$ ③ $-\dfrac{5}{6}$
④ $-\dfrac{3}{5}$ ⑤ $-\dfrac{5}{12}$

13

차가 17인 두 자연수가 있다. 큰 수의 2배를 작은 수로 나누면 몫이 5, 나머지가 1일 때 큰 수는?

① 22   ② 23   ③ 25
④ 28   ⑤ 30

14

연립방정식 $\begin{cases} 0.1x+0.2y=0.2 & \cdots\cdots ㉠ \\ \dfrac{5}{2}x-\dfrac{1}{3}y=1 & \cdots\cdots ㉡ \end{cases}$ 에 대하여 다음 중 옳지 않은 것은?

① $㉠\times10+㉡\times6$을 하여 y를 소거한다.
② $㉠$을 $x=-2y+2$로 변형하여 $㉡$에 대입하여 푼다.
③ $㉡$을 $y=\dfrac{15}{2}x-3$으로 변형하여 $㉠$에 대입하여 푼다.
④ x의 값은 $\dfrac{1}{2}$이다.
⑤ y의 값은 $\dfrac{3}{2}$이다.

15

연립방정식 $\begin{cases} ax+2y=14 \\ 2(5-y)-(x-3)=3 \end{cases}$ 의 해가 일차방정식 $3(x-y)-2(x+y)+11=0$을 만족시킬 때, 상수 a의 값은?

① -3 ② 2   ③ 3
④ 4   ⑤ 5

16

연립방정식 $\begin{cases} 2x+3y=6 \\ x+2y=5 \end{cases}$ 에서 $2x+3y=6$의 6을 잘못 보고 풀어서 $y=2$를 얻었다. 6을 무엇으로 잘못 보고 풀었는가?

① 1   ② 4   ③ 5
④ 8   ⑤ 9

17

연립방정식 $\begin{cases} 2x+my=4 \\ -5x+y=-n \end{cases}$ 의 해가 $x=-1$, $y=2$일 때, $m-n$의 값을 구하시오. (단, m, n은 상수)

18

연립방정식 $\begin{cases} x+2y=1 \\ 3x+ay=2 \end{cases}$ 의 해가 없을 때, 상수 a의 값은?

① 3   ② 6   ③ 9

④ 12   ⑤ 15

19

연립방정식 $x+ay=2x+3y+2=-14$를 만족하는 x와 y의 값의 비가 $1:2$일 때, 상수 a의 값은?

① -2 ② -1 ③ 1

④ 2   ⑤ 3

20

연립방정식 $\begin{cases} 2x+y=7 \\ ax-3y=3 \end{cases}$ 의 해를 $x=p$, $y=q$라 하면 $p+q=5$일 때, 상수 a의 값은?

① 2   ② 4   ③ 6

④ 8   ⑤ 10

21

연립방정식 $\begin{cases} 2x+3y=17 \\ ax+y=15 \end{cases}$ 의 해가 $(b, b-1)$일 때, 상수 a, b에 대하여 ab의 값을 구하시오.

22

연립방정식 $\begin{cases} x+2y=a+12 \\ 3x+y=18 \end{cases}$ 을 만족시키는 y의 값이 x의 값의 3배일 때, 상수 a의 값을 구하시오.

23

다음 두 연립방정식의 해가 서로 같을 때, 상수 a, b에 대하여 $a+b$의 값은?

$$\begin{cases} 3x-y=4 \\ ax+y=7 \end{cases} \qquad \begin{cases} 3x-by=1 \\ 2x-3y=5 \end{cases}$$

① -10 ② -6 ③ -2

④ 6   ⑤ 10

24

일차방정식 $2x-y+6=a$의 한 해가 $(a, 3a)$일 때, 상수 a의 값을 구하시오.

25

4 %의 소금물과 9 %의 소금물을 섞어서 5 %의 소금물 300 g을 만들었다. 섞어야 하는 4 %의 소금물과 9 %의 소금물의 양의 차를 구하시오.

26

일정한 속력으로 달리는 열차가 400 m 길이의 다리를 완전히 지나가는 데 22초가 걸렸고, 600 m 길이의 터널을 통과할 때는 18초 동안 열차가 터널에 완전히 가려져 보이지 않았다. 이 열차의 길이와 속력을 각각 구하시오.

27

어느 학교에서 올해는 작년에 비하여 남학생은 6 % 감소하고, 여학생은 2 % 증가하여 전체적으로 20명이 감소하였다고 한다. 올해 이 학교의 학생 수가 780명일 때, 올해의 여학생 수를 구하시오.

28

등산을 하는데 올라갈 때는 시속 4 km로 걷고, 내려올 때는 3 km가 더 짧은 길을 시속 5 km로 걸어서 총 3시간이 걸렸다. 올라갈 때와 내려올 때 걸은 거리를 각각 구하시오.

29

어느 퀴즈대회에서 20문제가 출제되는데 문제를 맞히면 5점을 얻고, 틀리면 3점을 잃는다고 한다. 영미가 모든 문제를 풀고 60점을 얻었을 때, 영미가 맞힌 문제의 개수를 구하시오.

30

두 자연수의 합은 250이고 큰 수에서 작은 수를 빼면 70일 때, 두 자연수 중 큰 수는?

① 90   ② 110   ③ 140

④ 150   ⑤ 160

31

5 km 떨어진 두 지점에서 동시에 출발하여 A는 시속 6 km, B는 시속 4 km로 마주보고 걷다가 도중에 만났다. A는 B보다 몇 km를 더 걸었는지 구하시오.

32

지금부터 5년 전에 어머니의 나이는 아들의 나이의 4배였고, 10년 후에 어머니의 나이는 아들의 나이의 2배보다 5살이 많을 때, 현재 어머니의 나이는?

① 38살   ② 40살   ③ 42살

④ 45살   ⑤ 50살

중단원 테스트 [서술형]

테스트한 날	맞은 개수
월 일	/ 8

01

x, y가 자연수일 때, 다음 방정식을 모두 만족하는 순서쌍을 구하시오.

$$2x+y=9,\ 3x+y=13$$

> 해결 과정

> 답

02

두 연립방정식 $\begin{cases} -x+y=4 \\ 3x+ay=b \end{cases}$, $\begin{cases} 2x+y=-5 \\ x+3y=b+4 \end{cases}$ 의 해가 서로 같을 때, 상수 a, b의 값을 각각 구하시오.

> 해결 과정

> 답

03

연립방정식 $\begin{cases} ax-by=5 \\ ax+by=-1 \end{cases}$ 의 해가 $(3,\ -2)$일 때, ab의 값을 구하시오. (단, a, b는 상수)

> 해결 과정

> 답

04

연립방정식 $\begin{cases} y=2x-5 \\ 4x+y=a \end{cases}$ 를 만족하는 y의 값이 3일 때, 상수 a의 값을 구하시오.

> 해결 과정

> 답

05

연립방정식 $\begin{cases} 7x-y=-9 & \cdots\cdots \text{㉠} \\ -9x+ay=8 & \cdots\cdots \text{㉡} \end{cases}$ 을 만족하는 y의 값이 x의 값의 3배보다 1만큼 크다고 할 때, 상수 a의 값을 구하시오.

❯ 해결 과정

❯ 답

06

어느 중학교 신입생 389명을 12개 반으로 나누면 정원이 32명인 반과 정원이 33명인 반으로 나눌 수 있다고 한다. 정원이 32명인 반과 정원이 33명인 반은 각각 몇 개인지 구하시오.

❯ 해결 과정

❯ 답

07

A도시에서 24 km만큼 떨어진 B도시까지 가는데 어느 지점까지는 시속 40 km로 이동하는 버스를 타고, 나머지는 시속 8 km로 뛰어서 모두 1시간이 걸렸다. 버스로 간 거리를 구하시오.

❯ 해결 과정

❯ 답

08

A와 B가 가위바위보를 하여 이긴 사람은 3계단을 올라가고, 진 사람은 1계단을 내려가기로 하였다. 얼마 후 A는 처음 위치보다 5계단을, B는 처음 위치보다 17계단을 올라가 있었다. B가 이긴 횟수를 구하시오. (단, 비기는 경우는 생각하지 않는다.)

❯ 해결 과정

❯ 답

대단원 테스트

01

x가 5 이하의 자연수일 때, 부등식 $-x \geq 8-5x$의 해의 개수는?

① 0   ② 1   ③ 2
④ 3   ⑤ 4

02

x, y가 자연수일 때, 일차방정식 $5x+2y=38$을 만족하는 순서쌍 (x, y)의 개수는?

① 3   ② 4   ③ 5
④ 6   ⑤ 7

03

순서쌍 $(2, -3)$, $(1, 2)$가 일차방정식 $ax+by=7$의 해일 때, $a-2b$의 값을 구하시오. (단, a, b는 상수)

04

등산을 하는데 올라갈 때는 3 km, 내려올 때는 올라갈 때와 같은 길을 시속 4 km로 걷는다고 한다. 전체 등산 시간을 6시간 이상 7시간 이하로 할 때, 최대 몇 km까지 올라갔다가 내려오면 되는가?

① 8 km   ② 9 km   ③ 10 km
④ 11 km   ⑤ 12 km

05

연립방정식 $\begin{cases} 2x-y=8 \\ 0.5x-\dfrac{1}{6}y=1 \end{cases}$ 의 해가 $x=a$, $y=b$일 때, ab의 값은?

① 4   ② 10   ③ 12
④ 14   ⑤ 24

06

다음 중 미지수가 2개인 일차방정식인 것은?

① $y=\dfrac{1}{x}+3$ ② $x+2xy=6$

③ $x+y=3$ ④ $x-2=5$

⑤ $3x+y=3(x+y-1)$

07

비례식 $(x-1):(y-1)=2:3$을 만족시키는 x, y에 대하여 $4y-4=3x-9$일 때, $x-y$의 값은?

① -1 ② $\dfrac{1}{2}$ ③ 1

④ $\dfrac{3}{2}$ ⑤ 2

08

$a<0$일 때, $-\dfrac{x}{a}>1$을 풀면?

① $x<-a$ ② $x>-a$ ③ $x<a$

④ $x>a$ ⑤ $x<-\dfrac{1}{a}$

09

x의 값이 -2, -1, 0, 1일 때, 부등식 $2x+7 \leq 5$를 참이 되게 하는 모든 x의 값의 합은?

① -3　　　② -2　　　③ -1

④ 0　　　⑤ 1

10

연립방정식 $\begin{cases} 2x+ay=-7 \\ 3x+2y=9 \end{cases}$ 를 만족하는 y의 값이 x의 값의 3배일 때, 상수 a의 값을 구하시오.

11

다음 연립방정식 중 해가 무수히 많은 것은?

① $\begin{cases} x+3y=6 \\ 2x+6y=9 \end{cases}$　　② $\begin{cases} -x+2y=-1 \\ 4x-8y=2 \end{cases}$

③ $\begin{cases} 3x-5y=8 \\ 3x+5y=-2 \end{cases}$　　④ $\begin{cases} 2x-4y=-6 \\ -x+2y=3 \end{cases}$

⑤ $\begin{cases} x-4y=5 \\ 3x-12y=-10 \end{cases}$

12

어떤 자연수에 2를 더한 수의 3배는 30보다 크고 36보다 작다고 할 때, 어떤 자연수는?

① 7　　　② 8　　　③ 9

④ 10　　　⑤ 11

13

연립방정식 $\begin{cases} ax+2by=6 \\ ax-by=18 \end{cases}$ 의 해가 $(2, -2)$일 때, 상수 a, b에 대하여 ab의 값을 구하시오.

14

연립방정식 $\begin{cases} 2x-y=-13 \\ x-2y=k \end{cases}$ 를 만족하는 y의 값이 -5일 때, 상수 k의 값을 구하시오.

15

연립방정식 $\begin{cases} 0.3x-0.2(y-2)=1 \\ \dfrac{x}{2}-\dfrac{y+1}{4}=0 \end{cases}$ 의 해가 일차방정식 $2x+ky=1$을 만족시킬 때, 상수 k의 값을 구하시오.

16

다음 중 일차방정식 $3(x+4)-5x=10$을 만족하는 x의 값을 해로 갖는 부등식은?

① $1-2x \geq x-1$　　② $3(x+4) < 2(x-3)$

③ $3x+4 < 5x-3$　　④ $6(x+4)-5x < 10$

⑤ $2x-x \leq 5$

17

$-2 \leq a < 3$일 때, $3a+1$의 값의 범위는?

① $-1 \leq 3a+1 < 4$

② $-1 < 3a+1 \leq 4$

③ $-5 \leq 3a+1 < 10$

④ $-5 < 3a+1 \leq 10$

⑤ $-6 < 3a+1 \leq 9$

18

연립방정식 $\begin{cases} 4x+y=5 \\ x-ay=11 \end{cases}$ 을 만족하는 x의 값이 2일 때, 상수 a의 값은?

① -3　　② -1　　③ 0

④ 1　　⑤ 3

19

보기의 일차방정식에서 한 쌍을 골라 연립하여 풀었을 때, 해가 없도록 짝지어진 것은? (정답 2개)

보기 ㄱ. $6x+3y=12$　　ㄴ. $y=-2x+4$
ㄷ. $3x+2y=6$　　ㄹ. $2x+y=-4$

① ㄱ, ㄴ　　② ㄱ, ㄹ　　③ ㄴ, ㄷ

④ ㄴ, ㄹ　　⑤ ㄷ, ㄹ

20

직사각형 모양의 꽃밭의 둘레에 울타리를 설치하려고 한다. 세로의 길이가 가로의 길이보다 2 m 더 길고, 울타리의 둘레의 길이가 16 m를 넘지 않게 하려면 가로의 길이는 몇 m 이하이어야 하는지 구하시오.

21

어느 국립공원의 입장료는 성인이 2200원, 청소년이 1500원이다. 민서네 가족 7명의 국립공원 입장료의 합계가 13300원이었을 때, 민서네 가족 중 청소년은 몇 명인가?

① 1명　　② 2명　　③ 3명

④ 4명　　⑤ 5명

22

연립방정식 $\begin{cases} 2x+8y=6-m \\ x-5y=18+m \end{cases}$ 의 해가 $x=a$, $y=b$일 때, $a+b$의 값은? (단, m은 상수)

① 2　　② 4　　③ 6

④ 8　　⑤ 10

23

연립방정식 $\begin{cases} ax+2y=6 \\ -4x+y=-1 \end{cases}$ 의 해가 없을 때, 상수 a의 값은?

① -8　　② -6　　③ -2

④ 4　　⑤ 8

24

일차부등식 $-4x+5 \geq -3x+2$를 만족하는 자연수 x의 개수는?

① 1　　② 2　　③ 3

④ 4　　⑤ 5

25

일차부등식 $6x-11<2x+a$의 해가 $x<6$일 때, 상수 a의 값을 구하시오.

26

연립방정식 $\begin{cases} 3x-2y=14 \\ ax-y=-3 \end{cases}$ 의 해가 $3x+7y=5$를 만족할 때, 상수 a의 값은?

① −1 ② 1 ③ 2

④ 5 ⑤ 7

27

연립방정식 $\begin{cases} 0.4x-0.7y=2.6 \\ \dfrac{2}{3}x-\dfrac{3}{2}y=5 \end{cases}$ 의 해가 $x=a,\ y=b$일 때, $a+b$의 값은?

① −2 ② −1 ③ 0

④ 1 ⑤ 2

28

집에서 TV를 시청하다가 야구 경기가 시작하기 전까지 30분의 여유가 있어서 음료수와 과일을 사오려고 한다. 물건을 사는 데 10분이 걸리고 시속 3 km로 걷는다면 집에서 몇 km 이내에 있는 상점을 이용하면 되는가?

① 0.3 km ② 0.5 km ③ 0.8 km

④ 1 km ⑤ 1.2 km

29

현재 누나와 동생의 나이의 합은 34살이고, 5년 후에는 누나의 나이가 동생의 나이의 2배보다 7살이 적어진다고 한다. 5년 후의 누나의 나이는?

① 17살 ② 20살 ③ 22살

④ 24살 ⑤ 27살

30

$-4<x\le6$일 때, 다음 중 $8-\dfrac{x}{2}$의 값이 될 수 없는 것은?

① 5 ② $\dfrac{15}{2}$ ③ 8

④ 9.7 ⑤ 10

31

두 자리 자연수의 십의 자리 숫자는 일의 자리 숫자보다 3만큼 크고, 이 자연수는 각 자리 숫자의 합의 6배보다 8만큼 크다고 한다. 이러한 두 자리 자연수는?

① 37 ② 47 ③ 48

④ 73 ⑤ 74

32

$a>b>0,\ c<0$일 때, 다음 중 옳은 것은?

① $2a-1<2b-1$ ② $a^2<ab$

③ $5-3a>5-3b$ ④ $\dfrac{a}{b}>1$

⑤ $\dfrac{a-c}{c}>\dfrac{b-c}{c}$

33

일차부등식 $0.19x - \dfrac{1}{5} \leq \dfrac{7}{100}x + 0.4$를 푸시오.

34

연립방정식 $\begin{cases} 3(2x-y)=3 \\ -2(x-2y)=5(x-1) \end{cases}$ 의 해가 $x=a$, $y=b$일 때, $a-b$의 값은?

① -8　　　② -4　　　③ 2

④ 4　　　⑤ 6

35

연립방정식 $\begin{cases} 3x+y=1 \\ kx-y=6 \end{cases}$ 의 해가 $(-1, a)$일 때, 상수 k의 값은?

① -20　　　② -10　　　③ -5

④ 5　　　⑤ 15

36

거리가 $100\,\mathrm{km}$인 두 지점 A, B 사이를 자동차로 이동하려고 한다. A지점에서 C 지점까지는 시속 $80\,\mathrm{km}$로 달리고, C 지점에서 B지점까지는 시속 $60\,\mathrm{km}$로 달려서 1시간 30분만에 도착하였다. A지점에서 C지점까지의 거리를 구하시오.

37

학생 수가 38명인 어느 반은 남학생 수가 여학생 수보다 많아 남학생과 여학생이 1명씩 짝지어 앉으면 3쌍은 남학생끼리 앉는다고 한다. 이 반의 남학생과 여학생은 각각 몇 명인지 구하시오.

38

다음 중 부등식의 해를 수직선 위에 나타내었을 때, 오른쪽 그림과 같은 것은?

① $3x < -21$　　　② $x+4 < -3$

③ $4x-14 \geq 2x$　　　④ $6x+2 \geq 10x+30$

⑤ $9x-6 \geq 7x-20$

39

한 개에 700원 하는 볼펜과 한 개에 1500원 하는 공책을 합하여 12개를 사고 14000원을 냈을 때, 구입한 볼펜의 개수는?

① 3　　　② 4　　　③ 5

④ 6　　　⑤ 8

40

부등식 $\dfrac{x-2}{4} - \dfrac{2x+1}{5} < 0$을 만족하는 x의 값 중에서 가장 작은 정수는?

① -5　　　② -4　　　③ -3

④ -2　　　⑤ -1

41

$a<b$일 때, 다음 중 옳은 것은?

① $a-5>b-5$ ② $-3a<-3b$

③ $-a-3<-b-3$ ④ $-2a+1>-2b+1$

⑤ $5a-3>5b-3$

42

연립방정식 $\begin{cases} \dfrac{2x-3y}{4}=\dfrac{7}{2} \\ -0.3x-0.7y=0.2 \end{cases}$ 를 풀면?

① $x=-5,\ y=-8$ ② $x=-3,\ y=1$

③ $x=1,\ y=-3$ ④ $x=3,\ y=-2$

⑤ $x=4,\ y=-2$

43

연립방정식 $\begin{cases} 5x-y=2 \\ ax+y=1 \end{cases}$ 의 해가 $(1,\ b)$일 때, 상수 $a,\ b$에 대하여 ab의 값을 구하시오.

44

학교 앞 분식집에서 점심시간에 판매된 떡볶이와 순대의 매출을 계산해 보았더니 판매 금액은 89000원이고, 사용된 접시는 39개였다. 떡볶이와 순대 한 접시의 가격이 각각 2000원, 2500원일 때, 떡볶이는 모두 몇 접시가 팔렸을까?

① 17접시   ② 18접시   ③ 19접시

④ 20접시   ⑤ 21접시

45

두 자리 자연수가 있다. 각 자리 숫자의 합은 7이고, 십의 자리 숫자와 일의 자리 숫자를 서로 바꾼 수는 처음 수보다 9만큼 작다고 할 때, 처음 수는?

① 34   ② 37   ③ 40

④ 43   ⑤ 46

46

다음 중 옳지 않은 것은?

① $a<b$이고 $c>0$이면 $ac<bc$

② $a>b$이면 $a-3>b-3$

③ $a<b$이고 $c<0$이면 $a+c<b+c$

④ $ac<bc$이고 $c<0$이면 $a>b$

⑤ $a<0<b$이면 $a^2<ab$

47

현재 아버지와 아들의 나이의 차는 30살이다. 지금부터 16년 후에는 아버지의 나이는 아들의 나이의 2배가 된다고 한다. 현재 아들의 나이를 구하시오.

48

원가가 4500원 하는 물건을 10 % 할인해서 팔았을 때, 원가의 25 % 이상의 이익을 얻으려고 한다. 정가를 얼마 이상으로 정해야 하는가?

① 5000원   ② 5200원   ③ 5850원

④ 6100원   ⑤ 6250원

49

일차부등식 $a(x-3)+5>3x-5$의 해가 $x<4$일 때, 상수 a의 값을 구하시오.

50

연립방정식 $5x-y+2=3x+y-2=4$를 푸시오.

51

연립방정식 $\begin{cases} \dfrac{x}{6}-\dfrac{y}{10}=\dfrac{2}{5} \\ -\dfrac{2}{5}x+ay=\dfrac{4}{5} \end{cases}$ 의 해가 $x=3$, $y=b$일 때, 상수 a, b에 대하여 $a-b$의 값은?

① 1   ② 2   ③ 4
④ 6   ⑤ 7

52

어떤 두 수의 차는 14이고, 작은 수의 3배에서 큰 수를 빼면 8이다. 이 두 수의 합은?

① 28   ② 30   ③ 32
④ 34   ⑤ 36

53

유림이는 가족과 함께 등산을 하였다. 올라갈 때는 시속 3 km로 걷고, 내려올 때는 올라갈 때보다 1 km 더 짧은 길을 시속 5 km로 걸어서 모두 1시간 24분이 걸렸다. 올라갈 때와 내려올 때 걸은 거리를 각각 구하시오.

54

자연수 중에서 연속한 세 홀수의 평균이 16 이하인 세 홀수는 모두 몇 쌍인지 구하시오.

55

$-3<x\leq2$일 때, $3x+5$의 값의 범위에 속하는 정수의 개수는?

① 13   ② 14   ③ 15
④ 16   ⑤ 17

56

2 %의 소금물과 6 %의 소금물을 섞어서 5 %의 소금물 500 g을 만들려고 한다. 2 %의 소금물 몇 g을 섞으면 되는지 구하시오.

57

준희의 통장에 23000원이 들어 있다. 매달 같은 금액을 1년 동안 예금하여 예금액이 50000원 이상이 되게 하려고 한다. 매달 예금해야 하는 최소 금액은?

① 1800원   ② 1950원   ③ 2100원

④ 2250원   ⑤ 2400원

58

연립방정식 $\begin{cases} y=-2x+4 \\ y=3x-6 \end{cases}$ 의 해가 $x=a$, $y=b$일 때, $a+b$의 값은?

① -2 ② -1 ③ 0

④ 1 ⑤ 2

59

연립방정식 $3x-y=2(x-y)=x+ay+7$의 해가 $x=1$, $y=b$일 때, 상수 a, b에 대하여 $a+b$의 값은?

① 1 ② 2 ③ 3

④ 4 ⑤ 5

60

어느 제과점에서 빵 3개와 쿠키 4개의 가격은 3400원이고, 빵 6개와 쿠키 3개의 가격은 4800원이라고 한다. 빵 한 개와 쿠키 한 개의 가격의 합은?

① 800원   ② 1000원   ③ 1200원

④ 1400원   ⑤ 1600원

61

다음 일차부등식 중 해가 나머지 넷과 다른 하나는?

① $-2x-8 \leq 14$

② $4x+15 \geq x-18$

③ $12(x+4) \leq 3(x-17)$

④ $\dfrac{x+5}{8} \geq -\dfrac{3}{4}$

⑤ $1.2x+0.8 \leq 1.6x+5.2$

62

x가 자연수일 때, 부등식 $2x+1 \leq a$를 참이 되게 하는 x의 값은 1, 2, 3이라고 한다. 상수 a의 값의 범위는?

① $a<7$ ② $a \leq 7$ ③ $7<a<9$

④ $7<a \leq 9$ ⑤ $7 \leq a<9$

63

$-3a+3b<0$일 때, 다음 중 옳은 것은?

① $a+3<b+3$ ② $-2a>-2b$

③ $a-b>0$ ④ $-\dfrac{a}{3}>-\dfrac{b}{3}$

⑤ $a-2<b-2$

64

두 일차부등식 $ax-3(x+3)>3$, $3x-5(x-1)>-4x+13$의 해가 서로 같을 때, 상수 a의 값은?

① 2 ② 3 ③ 4

④ 5 ⑤ 6

65

집 근처 가게에서 한 장에 10000원인 티셔츠가 도매 시장에서는 한 장에 9300원이라고 한다. 도매 시장에 다녀오려면 왕복 교통비가 6000원이 들 때, 몇 장 이상 살 경우 도매 시장에서 사는 것이 더 유리한지 구하시오.

66

연립방정식 $\begin{cases} 2x+3y=-3 \\ -x+2y+k=-11 \end{cases}$ 을 만족하는 y의 값이 -5일 때, 상수 k의 값은?

① 5   ② 6   ③ 7

④ 8   ⑤ 9

67

다음 두 연립방정식의 해가 같을 때, 상수 a, b에 대하여 ab의 값은?

$$\begin{cases} ax+5y=-7 \\ 4x+7(y+2)=-3 \end{cases} \quad \begin{cases} 3(x+3y)=y-10 \\ ax+by=-2 \end{cases}$$

① -45 ② -10 ③ 10

④ 20   ⑤ 35

68

$-2 < x < 3$이면 $a < -2x+5 < b$라고 할 때, $b-a$의 값은?

① 2   ② 4   ③ 6

④ 8   ⑤ 10

69

일차부등식 $-2x+9 \geq x-3$을 만족하는 자연수 x의 개수는?

① 1   ② 2   ③ 3

④ 4   ⑤ 5

70

다음 중 연립방정식 $\begin{cases} 3x+2y=1 & \cdots\cdots \text{㉠} \\ 4x-3y=7 & \cdots\cdots \text{㉡} \end{cases}$ 에서 y항을 소거하려고 할 때, 필요한 식은?

① ㉠＋㉡   ② ㉠×4－㉡×3

③ ㉠×4＋㉡×3   ④ ㉠×3－㉡×2

⑤ ㉠×3＋㉡×2

71

부등식 $\dfrac{x}{2} - \dfrac{x-4}{3} > \dfrac{1}{6}$ 을 만족하는 가장 작은 정수는?

① -8 ② -7 ③ -6

④ 7   ⑤ 8

72

차가 4인 두 정수의 합이 16 이하일 때, 두 정수 중 큰 정수의 최댓값은?

① 7   ② 8   ③ 9

④ 10   ⑤ 11

73

어느 놀이 공원의 입장료는 12000원이고, 30명 이상의 단체인 경우에는 입장료의 10 %를 할인해 준다고 한다. 몇 명 이상부터 30명의 단체 입장권을 사는 것이 유리한가?

① 20명   ② 22명   ③ 24명

④ 26명   ⑤ 28명

74

연립방정식 $\begin{cases} \dfrac{x}{2} - \dfrac{y}{4} = \dfrac{1}{2} \\ 0.4x + 0.1y = 1 \end{cases}$ 의 해가 $x=a,\ y=b$일 때, $a-b$의 값은?

① -4 ② -2 ③ 0

④ 2 ⑤ 4

75

연립방정식 $\begin{cases} -3x+y=7 \\ x+ay=3 \end{cases}$ 의 해가 일차방정식

$2x-y=-5$를 만족할 때, 상수 a의 값은?

① -5 ② -1 ③ 0

④ 1 ⑤ 5

76

$a-7 \leq b-7$일 때, 다음 중 옳은 것은?

① $a+2 \geq b+2$ ② $-a \leq -b$

③ $\dfrac{a}{3} \geq \dfrac{b}{3}$ ④ $4a-1 \leq 4b-1$

⑤ $-\dfrac{a}{8}+9 \leq -\dfrac{b}{8}+9$

77

$a<0$일 때, 일차부등식 $2+ax<5$를 풀면?

① $x>-\dfrac{3}{a}$ ② $x<-\dfrac{3}{a}$ ③ $x>\dfrac{3}{a}$

④ $x<\dfrac{3}{a}$ ⑤ $x=\dfrac{3}{a}$

78

연립방정식 $\begin{cases} y=2x-7 & \cdots\cdots ㉠ \\ 5x-4y=9 & \cdots\cdots ㉡ \end{cases}$ 을 풀기 위해 ㉠을 ㉡에

대입하여 y를 소거하였더니 $ax=-19$가 되었다. 상수 a의 값은?

① -4 ② -3 ③ 2

④ 3 ⑤ 5

79

$-2<a<1$이고, $-1<b<3$일 때, $2a-b$를 만족시키는 모든 정수의 합은?

① -22 ② -20 ③ -18

④ -16 ⑤ -14

80

준희는 15 km거리의 등산로를 걷는데 처음에는 시속 6 km로 걷다가 도중에 시속 4 km로 걸어서 3시간 이내에 도착하려고 한다. 시속 4 km로 걸어야 하는 거리는 최대 몇 km인가?

① 3 km   ② 4 km   ③ 5 km

④ 6 km   ⑤ 7 km

대단원 테스트 [고난도]

01

부등식 $ax+5>bx+3$의 해에 대한 다음 설명 중 옳지 않은 것은?

① $a=b$이면 항상 성립한다.

② $a>b$이면 $x>-\dfrac{2}{a-b}$

③ $a<b$이면 $x<-\dfrac{2}{a-b}$

④ $a=0$, $b>0$이면 $x<\dfrac{2}{b}$

⑤ $a<0$, $b=0$이면 $x>-\dfrac{2}{a}$

02

$-2\leq x\leq1$, $3\leq y\leq5$일 때, $A=3x-y$의 값의 범위는?

① $-3\leq A\leq8$ ② $-9\leq A\leq-2$

③ $-11\leq A\leq-6$ ④ $-2\leq A\leq9$

⑤ $-11\leq A\leq0$

03

일차부등식 $4-3x>\dfrac{a-x}{2}$를 만족하는 자연수 x가 1뿐일 때, 상수 a의 값의 범위를 구하시오.

04

일차부등식 $5-ax\geq-3$을 만족하는 x의 값 중 최댓값이 4일 때, 상수 a의 값은?

① 1 ② 2 ③ 3

④ 4 ⑤ 5

05

일차부등식 $x+2a>3x$를 만족하는 자연수 x의 값이 존재하지 않을 때, 상수 a의 최댓값을 구하시오.

06

$-4\leq x\leq2$이면 $a\leq-\dfrac{3}{2}x+5\leq b$일 때, 상수 a, b에 대하여 $a+b$의 값을 구하시오.

07

$3+5x<-2a+3x$를 만족하는 자연수 x가 4개가 되도록 하는 정수 a의 개수는?

① 1　　　　② 2　　　　③ 3

④ 4　　　　⑤ 5

08

$-5\leq x\leq 7$일 때, $a+bx$의 최댓값은 15, 최솟값은 -6이다. $b<0$일 때, 상수 a, b에 대하여 $a-b$의 값을 구하시오.

09

일차부등식 $\dfrac{x-1}{4}<a$를 만족하는 자연수 x가 5개일 때, 상수 a의 값의 범위를 구하시오.

10

물이 시속 2 km로 흐르는 강에서 거리가 24 km 떨어진 두 지점을 4시간 이내에 왕복하려고 한다. 배를 타고 강을 따라 내려갔다가 바로 강을 거슬러 올라온다고 할 때, 올라올 때 배 자체의 속력이 시속 12 km였다. 내려갈 때 배 자체의 속력은 시속 몇 km 이상이어야 하는지 구하시오.

11

어느 미술관의 입장료는 한 사람당 5000원이고 100명 이상의 단체인 경우에는 20 %를 할인해 준다고 한다. 이 미술관에 100명 미만의 사람이 입장하려고 할 때, 몇 명 이상이면 100명의 단체 입장료를 지불하는 것이 유리한지 구하시오.

12

어느 역에서 열차 출발 시각까지 2시간의 여유가 있어서 그 사이에 마트에 가서 물건을 사오려고 한다. 걷는 속력은 시속 3 km이고 마트에 머무는 시간은 20분이다. 마트의 위치는 역에서 몇 km 이내에 있어야 하는지 구하시오.

13

일차방정식 $5x+4y=63$을 만족하는 자연수 x, y에 대하여 xy의 값 중 가장 큰 수와 가장 작은 수의 합을 구하시오.

14

연립방정식 $\begin{cases} 2x-y=4 \\ 3x+y=a \end{cases}$ 를 만족하는 x와 y의 값의 합이 5일 때, 상수 a의 값을 구하시오.

15

연립방정식 $\begin{cases} ax-by=5 \\ bx+ay=-3 \end{cases}$ 을 푸는데 각 일차방정식에서 x, y의 계수를 서로 바꾸어 놓고 풀었더니 해가 $x=2$, $y=-1$이었다. 처음 연립방정식의 해를 구하시오. (단, a, b는 상수)

16

연립방정식 $\begin{cases} 2x-2y=4a \\ -4x+y=-a-10 \end{cases}$ 을 만족하는 x의 값과 y의 값의 비가 $1:2$일 때, 상수 a의 값을 구하시오.

17

연립방정식 $\begin{cases} 2x+y=a \\ bx+2y=x-10 \end{cases}$ 의 해가 무수히 많을 때, 상수 a, b에 대하여 $a-b$의 값을 구하시오.

18

다음 두 연립방정식의 해가 같을 때, 상수 m, n에 대하여 $m+n$의 값을 구하시오.

$$\begin{cases} \dfrac{x}{2}+\dfrac{y}{10}=1 \\ mx+ny=22 \end{cases} \qquad \begin{cases} -mx+ny=-2 \\ 0.3x+0.1y=0.4 \end{cases}$$

19

연립방정식 $\begin{cases} 3x+y=12 \\ kx-y=2 \end{cases}$ 의 해가 (a, b)이다. a, b는 음이 아닌 정수이고 k는 10보다 작은 자연수일 때, $a+b+k$의 값을 구하시오.

20

5 km의 거리를 처음에는 시속 3 km로 걷다가 도중에 시속 5 km로 뛰어서 1시간 30분만에 도착했을 때, 시속 5 km로 뛴 시간은?

① 15분 　　② 20분 　　③ 25분

④ 30분 　　⑤ 35분

21

배를 타고 거리가 12 km인 강의 두 지점 사이를 거슬러 올라가는 데 1시간 30분, 내려오는 데 30분이 걸렸다. 강물의 속력은?

① 시속 8 km 　　② 시속 10 km

③ 시속 12 km 　　④ 시속 14 km

⑤ 시속 16 km

22

다음 표는 어떤 공장에서 제품 Ⅰ, Ⅱ를 각각 1톤 만드는 데 필요한 원료 A, B의 양과 제품 1톤당 이익을 나타낸 것이다. 원료 A를 30톤, B를 32톤 사용하여 제품 Ⅰ, Ⅱ를 만들었을 때의 총 이익을 구하시오.

제품	A(톤)	B(톤)	이익(만 원)
Ⅰ	2	4	2
Ⅱ	5	3	3

23

둘레의 길이가 2 km인 호수가 있다. 이 호숫가의 한 지점에서 A와 B가 동시에 반대 방향으로 돌면 10분만에 만나고, 같은 방향으로 돌면 50분만에 만난다. A가 B보다 빠를 때, B의 속력은?

① 분속 70 m 　　② 분속 75 m

③ 분속 80 m 　　④ 분속 85 m

⑤ 분속 90 m

24

형과 동생이 함께 하면 20분 만에 끝낼 수 있는 일을 형이 15분 동안 한 후 나머지를 동생이 30분 동안 하여 끝냈다고 한다. 이 일을 형이 혼자 하면 몇 분이 걸리겠는가?

① 30분 　　② 35분 　　③ 40분

④ 45분 　　⑤ 50분

III.
일차함수

오늘의 테스트

1. 일차함수와 그래프 01. 일차함수와 그 그래프 소단원 집중 연습 _____월 _____일	1. 일차함수와 그래프 01. 일차함수와 그 그래프 소단원 테스트 [1회] _____월 _____일	1. 일차함수와 그래프 01. 일차함수와 그 그래프 소단원 테스트 [2회] _____월 _____일
1. 일차함수와 그래프 02. 일차함수의 식과 활용 소단원 집중 연습 _____월 _____일	1. 일차함수와 그래프 02. 일차함수의 식과 활용 소단원 테스트 [1회] _____월 _____일	1. 일차함수와 그래프 02. 일차함수의 식과 활용 소단원 테스트 [2회] _____월 _____일
1. 일차함수와 그래프 중단원 테스트 [1회] _____월 _____일	1. 일차함수와 그래프 중단원 테스트 [2회] _____월 _____일	1. 일차함수와 그래프 중단원 테스트 [서술형] _____월 _____일
2. 일차함수와 일차방정식의 　관계 01. 일차함수와 일차방정식 소단원 집중 연습 _____월 _____일	2. 일차함수와 일차방정식의 　관계 01. 일차함수와 일차방정식 소단원 테스트 [1회] _____월 _____일	2. 일차함수와 일차방정식의 　관계 01. 일차함수와 일차방정식 소단원 테스트 [2회] _____월 _____일
2. 일차함수와 일차방정식의 　관계 02. 연립일차방정식과 그래프 소단원 집중 연습 _____월 _____일	2. 일차함수와 일차방정식의 　관계 02. 연립일차방정식과 그래프 소단원 테스트 [1회] _____월 _____일	2. 일차함수와 일차방정식의 　관계 02. 연립일차방정식과 그래프 소단원 테스트 [2회] _____월 _____일
2. 일차함수와 일차방정식의 　관계 중단원 테스트 [1회] _____월 _____일	2. 일차함수와 일차방정식의 　관계 중단원 테스트 [2회] _____월 _____일	2. 일차함수와 일차방정식의 　관계 중단원 테스트 [서술형] _____월 _____일
Ⅲ. 일차함수 대단원 테스트 _____월 _____일	Ⅲ. 일차함수 대단원 테스트 [고난도] _____월 _____일	

소단원 집중 연습

1. 일차함수와 그래프 | 01. 일차함수와 그 그래프

01 다음 중 y가 x의 함수인 것은 ○표, 함수가 아닌 것은 ×표 하시오.

(1) 자연수 x의 약수 y　　　　　　（　　　）

(2) 키가 x cm인 사람의 몸무게 y kg　（　　　）

(3) 1개에 500원인 사탕을 x개 살 때, 지불한 금액 y원
　　　　　　　　　　　　　　　（　　　）

(4) x살인 나보다 31살 많은 아버지의 나이 y살
　　　　　　　　　　　　　　　（　　　）

(5) 지수네 반 학생 20명 중 x월에 태어난 학생의 번호 y
　　　　　　　　　　　　　　　（　　　）

(6) 넓이가 200인 직사각형의 가로의 길이 x, 세로의 길이 y　　　　　　　　　　　（　　　）

02 함수 $f(x)$가 다음과 같을 때, $f(4)$, $f(-2)$의 값을 각각 구하시오.

(1) $f(x)=3x$

(2) $f(x)=\dfrac{8}{x}$

(3) $f(x)=2x-3$

(4) $f(x)=-3x+5$

03 다음 중 일차함수인 것은 ○표, 일차함수가 아닌 것은 ×표 하시오.

(1) $y=2x+3$　　　　　　　　　（　　　）

(2) $xy=10$　　　　　　　　　　（　　　）

(3) $y=x(x-5)$　　　　　　　　（　　　）

(4) $y=\dfrac{2}{3}x$　　　　　　　　　（　　　）

(5) $y=2x(1-x)+2x^2$　　　　　（　　　）

04 일차함수 $y=\dfrac{2}{3}x$의 그래프가 오른쪽 그림과 같을 때, 다음 ☐ 안에 알맞은 수를 써넣고, 평행이동을 이용하여 주어진 일차함수의 그래프를 그리시오.

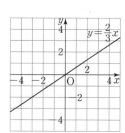

(1) $y=\dfrac{2}{3}x+3$

⇨ $y=\dfrac{2}{3}x+3$의 그래프는 $y=\dfrac{2}{3}x$의 그래프를 y축의 방향으로 ☐만큼 평행이동한 것이다.

(2) $y=\dfrac{2}{3}x-2$

⇨ $y=\dfrac{2}{3}x-2$의 그래프는 $y=\dfrac{2}{3}x$의 그래프를 y축의 방향으로 ☐만큼 평행이동한 것이다.

05 다음 일차함수의 그래프를 y축의 방향으로 [　] 안의 수만큼 평행이동한 그래프가 나타내는 일차함수의 식을 구하시오.

(1) $y=3x$　　[5]

(2) $y=\dfrac{2}{9}x+4$　　[−7]

06 다음 일차함수의 그래프의 x절편과 y절편을 각각 구하시오.

(1) $y=2x-6$　　⇨ x절편: _____ , y절편: _____

(2) $y=\dfrac{2}{3}x+4$　　⇨ x절편: _____ , y절편: _____

07 다음을 구하시오.

(1) 일차함수 $y=-\dfrac{5}{2}x+8$의 그래프의 기울기

(2) x의 값이 2만큼 증가할 때, y의 값이 6만큼 증가하는 일차함수의 그래프의 기울기

(3) 일차함수 $y=-x+4$의 그래프에서 x의 값의 증가량이 3일 때, y의 값의 증가량

(4) 일차함수 $y=\dfrac{3}{4}x-2$의 그래프에서 x의 값이 -3에서 5까지 증가할 때, y의 값의 증가량

08 다음 두 점을 지나는 일차함수의 그래프의 기울기를 구하시오.

(1) $(1, 4)$, $(3, 8)$

(2) $(-3, 2)$, $(3, 6)$

09 다음 두 일차함수의 그래프가 서로 평행할 때, 상수 a의 값을 구하시오.

(1) $y=-5x+2$, $y=ax-7$

(2) $y=3ax+3$, $y=9x+1$

10 다음 두 일차함수의 그래프가 서로 일치할 때, 상수 a, b의 값을 각각 구하시오.

(1) $y=ax-3$, $y=4x+b$

(2) $y=\dfrac{8}{3}x-b$, $y=-2ax+6$

01

다음 중 y가 x의 함수가 아닌 것은?

① 한 변의 길이가 x cm인 정사각형의 둘레의 길이 y cm

② 자연수 x의 약수 y

③ 500원짜리 볼펜 x자루의 값 y원

④ 10 %의 소금물 x g 속에 들어 있는 소금의 양 y g

⑤ 시속 x km로 y시간 동안 간 거리 80 km

02

세 점 $(-1, 4)$, $(2, -5)$, $(k, k+3)$이 한 직선 위에 있기 위한 k의 값은?

① 1 ② $\dfrac{1}{2}$ ③ $-\dfrac{1}{2}$

④ -1 ⑤ $-\dfrac{3}{2}$

03

함수 $f(x)=ax+b$에 대하여 $f(0)=-5$, $f(3)=4$일 때, $a+b$의 값은?

① -1 ② -2 ③ -3

④ -4 ⑤ -5

04

두 함수 $f(x)=2x+3$, $g(x)=x-2$에 대하여 $g(3)=a$일 때, $f(a)$의 값은?

① -5 ② -3 ③ 0

④ 3 ⑤ 5

05

두 일차함수 $y=x+4$, $y=\dfrac{1}{3}x+1$의 그래프와 x축 및 y축으로 둘러싸인 도형의 넓이는?

① $\dfrac{11}{2}$ ② $\dfrac{13}{2}$ ③ $\dfrac{15}{2}$

④ $\dfrac{17}{2}$ ⑤ $\dfrac{19}{2}$

06

일차함수 $y=-2x+6$의 그래프를 y축의 방향으로 k만큼 평행이동하면 일차함수 $y=mx-2$의 그래프와 일치할 때, $k+m$의 값은?

① -16 ② -10 ③ 6

④ 10 ⑤ 16

07

오른쪽 그림은 일차함수 $y=ax+2$의 그래프를 y축의 방향으로 b만큼 평행이동한 것이다. ab의 값은?

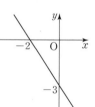

① $-\dfrac{15}{2}$ ② -5

③ 1 ④ 5

⑤ $\dfrac{15}{2}$

08

일차함수 $y=2x$의 그래프를 y축의 방향으로 -3만큼 평행이동한 그래프가 점 $(-1, k)$를 지날 때, k의 값은?

① -5 ② -3 ③ -2

④ 1 ⑤ 5

09

일차함수 $y=-2x+2$의 그래프의 y절편과 일차함수 $y=-x+a$의 그래프의 x절편이 서로 같을 때, a의 값은?

① -2　　　　② -1　　　　③ 0

④ 1　　　　⑤ 2

10

두 점 $(-1, 2)$, $(3, k)$를 지나는 직선의 기울기가 -3일 때, k의 값은?

① -1　　　　② -4　　　　③ -8

④ -10　　　　⑤ -14

11

일차함수 $y=3x-2$의 그래프를 y축의 방향으로 평행이동시켜 점 $(1, -3)$을 지나게 하려고 한다. 얼마만큼 평행이동하면 되는가?

① -6　　　　② -4　　　　③ -2

④ 1　　　　⑤ 3

12

오른쪽 그림과 같은 일차함수의 그래프의 기울기는?

① -3　　　　② $-\dfrac{3}{4}$

③ $\dfrac{3}{4}$　　　　④ $\dfrac{4}{3}$

⑤ 4

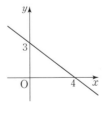

13

다음 중 일차함수 $y=-4x-1$의 그래프에 대한 설명으로 옳지 않은 것은?

① $y=-4x$의 그래프를 y축의 방향으로 -1만큼 평행이동하여 그릴 수 있다.

② 제2, 3, 4사분면을 지난다.

③ 그래프가 오른쪽 위로 향해 있다.

④ x의 값이 2만큼 증가하면, y의 값은 8만큼 감소한다.

⑤ $x=-2$일 때, $y=7$이다.

14

일차함수 $y=\dfrac{2}{3}x+b$의 그래프가 있다. 이 그래프를 y축의 방향으로 -2만큼 평행이동하면 일차함수 $y=\dfrac{2}{3}x+1$의 그래프와 일치하고, $y=ax+2$의 그래프와는 평행할 때, 상수 a, b에 대하여 ab의 값은?

① 2　　　　② 3　　　　③ 4

④ 5　　　　⑤ 6

15

$a<0$, $b>0$일 때, 다음 일차함수의 그래프 중 제1, 3, 4사분면을 지나는 것은?

① $y=-ax$　　　　② $y=-ax-b$

③ $y=-ax+b$　　　　④ $y=ax-b$

⑤ $y=ax+b$

16

일차함수 $y=-\dfrac{1}{3}x+2$의 그래프에서 x절편을 a, y절편을 b라 할 때, ab의 값은?

① 12　　　　② 8　　　　③ 6

④ -12　　　　⑤ -18

01

세 점 $(1, -7)$, $(2, -3)$, $(3, k)$가 한 직선 위에 있을 때, k의 값을 구하시오.

02

보기에서 y가 x의 함수인 것을 모두 고르시오.

보기
ㄱ. y는 자연수 x의 약수의 개수
ㄴ. y는 자연수 x보다 작은 소수
ㄷ. y는 자연수 x를 3으로 나눈 나머지
ㄹ. y℃는 물 xg의 끓는 온도
ㅁ. y시간은 시속 $x$km로 100km를 달리는데 걸린 시간

03

일차함수 $f(x) = -kx + 2(k+3)$의 그래프가 점 $(3, 5)$를 지날 때, $f(-2) + f(3)$의 값을 구하시오.

04

일차함수 $y = 3x + 1$의 그래프와 평행하고, 일차함수 $y = -\frac{1}{2}x + 4$의 그래프와 y절편이 같은 일차함수의 그래프의 x절편을 구하시오.

05

보기에서 일차함수인 것을 모두 고르시오.

보기
ㄱ. $y = 3x - 4$
ㄴ. $y = -\frac{2}{x} + 1$
ㄷ. $y = 5$
ㄹ. $y = 2x^2 - x(2x + 5)$
ㅁ. $y = 7 - x + 3x^2$

06

일차함수 $y = ax$의 그래프를 y축의 방향으로 -4만큼 평행이동한 직선을 그래프로 하는 일차함수의 식이 $y = -2x + b$일 때, ab의 값을 구하시오.

07

일차함수 $y = 3x - 5$의 그래프를 y축의 방향으로 9만큼 평행이동한 그래프의 식을 구하시오.

08

일차함수 $y = 3x + a - 7$의 그래프는 x의 값이 -1에서 3까지 증가할 때, y의 값은 p만큼 증가하고, 점 $(1, 2)$를 지난다. $a - p$의 값을 구하시오.

09

일차함수 $y=-2x+3$의 그래프를 y축의 방향으로 -7만큼 평행이동한 그래프에 대한 설명으로 보기에서 옳은 것을 모두 고르시오.

보기
- ㄱ. x절편이 2이다.
- ㄴ. 제3사분면은 지나지 않는다.
- ㄷ. 오른쪽 아래로 향하는 직선이다.
- ㄹ. $y=x-4$의 그래프와 y축 위에서 만난다.
- ㅁ. x의 값이 -2만큼 증가할 때 y의 값은 4만큼 감소한다.

10

오른쪽 그림과 같은 일차함수 $y=ax+b$의 그래프가 점 $(4, 2)$를 지날 때, $a-b$의 값을 구하시오.

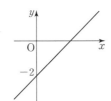

11

일차함수 $y=f(x)$에 대하여 $f(-3)-f(4)=14$일 때, 이 일차함수의 그래프의 기울기를 구하시오.

12

일차함수 $y=-2x+4$의 그래프와 x축 및 y축으로 둘러싸인 삼각형의 넓이를 구하시오.

13

일차함수 $y=ax-b$의 그래프가 오른쪽 그림과 같을 때, 일차함수 $y=-bx-a$의 그래프가 지나지 않는 사분면을 구하시오.

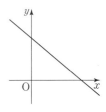

14

일차함수 $y=ax+6$의 그래프의 x절편이 2일 때, 상수 a의 값을 구하시오.

15

일차함수 $y=-x$의 그래프를 y축의 방향으로 -3만큼 평행이동한 그래프의 x절편을 구하시오.

16

두 점 $(3, 2)$, $(1, a)$를 지나는 직선의 기울기가 2일 때, a의 값을 구하시오.

소단원 집중 연습

1. 일차함수와 그래프 | **02. 일차함수의 식과 활용**

01 다음과 같은 직선을 그래프로 하는 일차함수의 식을 구하시오.

(1) 기울기가 -5이고, y절편이 4인 직선

(2) 기울기가 $\dfrac{1}{4}$이고, y절편이 $-\dfrac{3}{7}$인 직선

(3) 일차함수 $y=\dfrac{7}{3}x+5$의 그래프와 평행하고, y절편이 -6인 직선

(4) 일차함수 $y=x-3$의 그래프와 평행하고, y절편이 $\dfrac{1}{2}$인 직선

(5) 일차함수 $y=8x+4$의 그래프와 평행하고, 점 $(0,\ -6)$을 지나는 직선

02 다음과 같은 직선을 그래프로 하는 일차함수의 식을 구하시오.

(1) 기울기가 2이고, 점 $(1,\ 3)$을 지나는 직선

(2) 기울기가 7이고, 점 $(5,\ 2)$를 지나는 직선

(3) 기울기가 -3이고, 점 $(-1,\ 8)$을 지나는 직선

(4) 기울기가 $-\dfrac{4}{5}$이고, 점 $(-5,\ 6)$을 지나는 직선

03 다음과 같은 직선을 그래프로 하는 일차함수의 식을 구하시오.

(1) x의 값이 6만큼 증가할 때 y의 값은 2만큼 감소하고, 점 $(-3,\ 5)$를 지나는 직선

(2) x의 값이 2만큼 증가할 때 y의 값은 7만큼 증가하고, 점 $\left(0,\ -\dfrac{2}{3}\right)$를 지나는 직선

(3) x의 값이 2만큼 증가할 때 y의 값은 4만큼 증가하고, y절편이 6인 직선

04 다음 두 점을 지나는 직선을 그래프로 하는 일차함수의 식을 구하시오.

(1) $(2,\ 1),\ (5,\ 7)$

(2) $(-1,\ 4),\ (3,\ -2)$

(3) $(4,\ -2),\ (2,\ 6)$

05 다음과 같은 직선을 그래프로 하는 일차함수의 식을 구하시오.

(1) x절편이 2, y절편이 8인 직선

(2) x절편이 -3, y절편이 4인 직선

(3) x절편이 4, y절편이 -6인 직선

06 다음과 같은 직선을 그래프로 하는 일차함수의 식을 구하시오.

(1) 오른쪽 그림의 직선과 평행하고, 점 $(6, -2)$를 지나는 직선

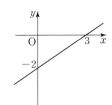

(2) 오른쪽 그림의 직선과 평행하고, 점 $(-4, 3)$을 지나는 직선

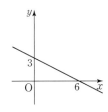

(3) 오른쪽 그림의 직선과 평행하고, 점 $(2, -1)$을 지나는 직선

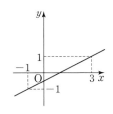

(4) 오른쪽 그림의 직선과 평행하고, 점 $(10, 7)$을 지나는 직선

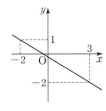

07 기온이 $0\ ℃$일 때 소리의 속력은 초속 $331\ m$이고, 온도가 $1\ ℃$씩 오를 때마다 소리의 속력은 초속 $0.6\ m$씩 증가한다고 한다. 기온이 $x\ ℃$일 때의 소리의 속력을 초속 $y\ m$라고 할 때, 물음에 답하시오.

(1) x와 y 사이의 관계식을 구하시오.

(2) 기온이 $15\ ℃$일 때, 소리의 속력을 구하시오.

(3) 소리의 속력이 초속 $337\ m$일 때의 기온을 구하시오.

08 오른쪽 그림과 같은 직사각형 ABCD에서 점 P가 점 A를 출발하여 매초 $3\ cm$의 속력으로 점 B까지 움직인다. x초 후의 삼각형 APD의 넓이를 $y\ cm^2$라 할 때, 물음에 답하시오.

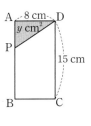

(1) x와 y 사이의 관계식을 구하시오.

(2) 3초 후의 삼각형 APD의 넓이를 구하시오.

(3) 삼각형 APD의 넓이가 $48\ cm^2$일 때는 몇 초 후인지 구하시오.

01

x절편이 -2, y절편이 3인 일차함수의 그래프가 점 $(2, k)$를 지날 때, k의 값은?

① 4   ② 5   ③ 6

④ 7   ⑤ 8

02

일차함수 $y=3x+6$의 그래프와 평행하고, y절편이 4인 직선을 그래프로 하는 일차함수의 식은?

① $y=-2x-3$ ② $y=-2x+4$

③ $y=3x-2$ ④ $y=3x+4$

⑤ $y=4x-2$

03

오른쪽 그림과 같은 직선과 평행하고, 점 $(2, 5)$를 지나는 직선을 그래프로 하는 일차함수의 식은?

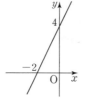

① $y=-\dfrac{1}{2}x+6$ ② $y=\dfrac{1}{2}x+4$

③ $y=-2x+9$ ④ $y=2x-1$

⑤ $y=2x+1$

04

가로의 길이가 6 cm, 세로의 길이가 5 cm인 직사각형이 있다. 가로의 길이를 x cm 늘렸을 때의 넓이를 y cm²라 할 때, y를 x에 대한 식으로 나타낸 것은?

① $y=6x+30$ ② $y=-6x-30$

③ $y=5x+30$ ④ $y=-5x-30$

⑤ $y=30x+6$

05

두 점 $(1, 2)$, $(-2, 5)$를 지나는 직선이 점 $(2, a)$를 지날 때, a의 값은?

① -2 ② -1 ③ 0

④ 1   ⑤ 2

06

지면에서 10 km까지는 높이가 1 km씩 높아질 때마다 기온이 6 ℃씩 내려간다고 한다. 지면의 기온이 20 ℃일 때, 기온이 -4 ℃인 곳의 높이는?

① 2 km   ② 3 km   ③ 4 km

④ 5 km   ⑤ 6 km

07

x절편이 3, y절편이 -6인 그래프를 갖는 일차함수의 식은?

① $y=6x+3$ ② $y=-3x-6$

③ $y=3x-6$ ④ $y=-2x-6$

⑤ $y=2x-6$

08

물통에 들어 있는 300 L의 물이 1분마다 5 L씩 빠져나간다고 한다. 물이 240 L가 남았다면 몇 분 동안 물이 빠져나갔는가?

① 10분   ② 12분   ③ 14분

④ 16분   ⑤ 18분

09

A역을 출발한 열차가 거리가 500 km 떨어진 B역까지 분속 5 km로 달리고 있다. 열차가 출발한 지 x분 후의 열차와 B역 사이의 거리를 y km라고 할 때, 열차가 B역까지 100 km 남은 지점을 통과하는 것은 A역을 출발하고 몇 분 후인가?

① 70분   ② 75분   ③ 76분

④ 80분   ⑤ 90분

10

다음 중 두 점 $(1, 2)$, $(5, -2)$를 지나는 직선에 대한 설명으로 옳지 않은 것은?

① x절편은 3이다.

② 점 $(2, 1)$을 지난다.

③ 제1, 2, 4사분면을 지난다.

④ 직선 $y = -x + 5$와 평행하다.

⑤ x의 값이 증가하면 y의 값도 증가한다.

11

일차함수 $y = ax + b$는 x의 값이 2만큼 증가하면 y의 값은 4만큼 감소하고, $x = -2$일 때 $y = 10$이다. 이 일차함수의 그래프의 x절편은?

① 1   ② 2   ③ 3

④ 4   ⑤ 5

12

일차함수 $y = \dfrac{1}{3}x - \dfrac{1}{3}$의 그래프와 평행하고 x절편이 3인 직선을 그래프로 하는 일차함수의 식은?

① $y = \dfrac{1}{3}x + 2$ ② $y = \dfrac{1}{3}x + 3$

③ $y = \dfrac{1}{3}x - 1$ ④ $y = -\dfrac{1}{3}x + 3$

⑤ $y = -\dfrac{1}{3}x + 1$

13

기울기가 5이고 점 $(3, -1)$을 지나는 직선을 그래프로 하는 일차함수의 식은?

① $y = -2x + 6$ ② $y = \dfrac{1}{2}x - \dfrac{5}{2}$

③ $y = \dfrac{1}{2}x + \dfrac{5}{2}$ ④ $y = 5x - 14$

⑤ $y = 5x - 16$

14

두 점 $(1, 0)$, $(-5, -8)$을 지나는 일차함수의 그래프 위에 점 $(3, t)$가 있을 때, t의 값은?

① -12 ② -4 ③ $-\dfrac{8}{3}$

④ $\dfrac{8}{3}$ ⑤ 6

15

길이가 30 cm인 초에 불을 붙이면 1분에 0.5 cm씩 짧아진다. x분 후에 남은 초의 길이를 y cm라 할 때, x와 y 사이의 관계식을 바르게 나타낸 것은?

① $y = 0.5x + 20$ ② $y = 0.5x + 30$

③ $y = -0.5x - 20$ ④ $y = -0.5x + 30$

⑤ $y = -5x + 30$

16

x의 값이 2만큼 증가할 때, y의 값은 -6만큼 증가하고, x절편이 -2인 직선을 그래프로 하는 일차함수의 식은?

① $y = -3x - 6$ ② $y = -3x + 6$

③ $y = 3x - 6$ ④ $y = 3x + 6$

⑤ $y = 6x - 3$

01

기울기가 4이고, 점 $(-1, -7)$을 지나는 직선을 그래프로 하는 일차함수의 식을 $y=ax+b$라 할 때, $a+b$의 값을 구하시오.

02

x절편이 2, y절편이 5인 직선을 그래프로 하는 일차함수의 식을 $y=ax+b$라 할 때, $2ab$의 값을 구하시오.

03

보기에서 제3사분면을 지나지 않는 직선의 개수를 구하시오.

보기
ㄱ. 일차함수 $y=-2x+3$의 그래프
ㄴ. x절편이 3이고 y절편이 -7인 직선
ㄷ. 기울기가 -5이고 y절편이 2인 직선
ㄹ. 두 점 $(-1, -2)$, $(3, 7)$을 지나는 직선
ㅁ. y절편이 3이고 점 $(-2, 0)$을 지나는 직선

04

100 ℃로 끓인 물을 식히려고 한다. 물의 온도가 10분마다 5 ℃씩 내려갈 때, x분 후의 물의 온도를 y ℃라고 한다. 물의 온도가 45 ℃가 되려면 몇 분 동안 식혀야 하는지 구하시오.

05

어떤 환자가 1000 mL들이의 링거 주사를 맞고 있다. 링거 주사약이 1분에 10 mL 씩 환자의 몸에 들어간다고 하자. 주사약이 540 mL가 남았다면 몇 분 동안 링거 주사를 맞은 것인지 구하시오.

06

두 점 $(0, 2)$, $(4, 0)$을 지나는 일차함수의 그래프와 평행하고, 점 $(2, 4)$를 지나는 일차함수의 그래프의 x절편과 y절편의 합을 구하시오.

07

x절편이 $-\dfrac{3}{2}$, y절편이 -4인 직선을 그래프로 하는 일차함수의 식을 구하시오.

08

일차함수 $y=3x+2$의 그래프와 평행하고, 점 $(2, 4)$를 지나는 직선을 그래프로 하는 일차함수의 식을 구하시오.

09

처음의 길이가 30 cm인 용수철이 있다. 이 용수철에 50 g 짜리 추를 달았더니 용수철의 길이가 35 cm가 되었다고 한다. 용수철의 길이가 55 cm가 되려면 몇 g짜리 추를 달아야 하는지 구하시오.

10

2 L짜리 페트병에 물이 가득 들어 있다. 이 페트병에 작은 구멍이 있어 1분에 10 mL의 물이 일정한 속도로 흘러나온다고 한다. x분 후 남은 물의 양을 y L라고 할 때, x와 y 사이의 관계식을 구하시오.

11

일차함수 $y=\frac{1}{2}x-3$의 그래프와 x축에서 만나고, 일차함수 $y=3x-2$의 그래프와 y축에서 만나는 직선을 그래프로 하는 일차함수의 식을 $y=ax+b$라 할 때, ab의 값을 구하시오

12

오른쪽 그림에서 점 P는 점 B를 출발하여 $\overline{BC}$를 따라 점 C까지 4초에 1 cm 씩 움직이고 있다. 삼각형 ABP와 삼각형 DPC의 넓이의 합이 42 cm²가 될 때는 점 P가 점 B를 출발한 지 몇 초 후인지 구하시오.

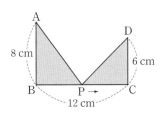

13

시간당 일정한 양의 수증기를 발생시키는 가습기가 있다. 가습기를 가동한 지 4시간 후에 남아 있는 물의 양이 400 mL 이고 7시간 후에 남아 있는 물의 양이 280 mL이었다. 이 가습기는 가동한 지 몇 시간 후에 가습기의 물이 남아 있지 않게 되는지 구하시오.

14

두 점 $(-1, -1)$, $(2, 1)$을 지나는 직선을 그래프로 가지는 일차함수를 $y=f(x)$라 할 때, $f\left(\frac{3}{2}\right)$의 값을 구하시오.

15

오른쪽 그림과 같은 일차함수의 그래프가 x축과 만나는 점 A의 좌표를 $(2a, 0)$이라 하자. 점 A$(2a, 0)$과 점 B$(4a+2, a+1)$을 지나는 직선을 그래프로 하는 일차함수의 식을 구하시오.

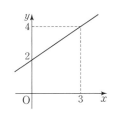

16

오른쪽 그림과 같은 직선과 평행하고, y절편이 -4인 직선을 그래프로 하는 일차함수의 식을 구하시오.

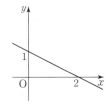

중단원 테스트 [1회]

01

일차함수 $y=mx$의 그래프를 y축의 방향으로 n만큼 평행이동하면 점 $(1, 1)$과 점 $(-1, -7)$을 지난다. $2m+n$의 값은?

① 0   ② 1   ③ 3

④ 5   ⑤ 7

02

x절편이 -3인 일차함수 $y=2x+b$의 그래프의 y절편은?

① 6   ② 3   ③ 0

④ -3 ⑤ -4

03

일차함수 $y=-\dfrac{1}{2}x+3$의 그래프를 y축의 방향으로 m만큼 평행이동하면 점 $(2, -1)$을 지난다. m의 값을 구하시오.

04

오른쪽 그림의 직선과 평행하고 점 $(-4, 6)$을 지나는 일차함수의 그래프에 대한 설명으로 옳지 않은 것은?

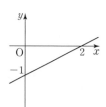

① y절편은 8이다.

② x절편은 -16이다.

③ 직선의 기울기는 $\dfrac{1}{2}$이다.

④ 제4사분면을 지나지 않는다.

⑤ 일차함수 $y=\dfrac{1}{2}x-1$의 그래프를 y축의 방향으로 8만큼 평행이동한 것이다.

05

일차함수 $y=3x+7$의 그래프가 두 점 $(1, k)$, $(l, -2)$를 지날 때, $k-l$의 값은?

① 12   ② 13   ③ 14

④ 15   ⑤ 16

06

다음 중 나머지 네 직선과 평행하지 않은 직선은?

① 일차함수 $y=-2x+1$의 그래프

② x절편이 2이고 y절편이 -4인 직선

③ 기울기가 -2이고 y절편이 -1인 직선

④ 두 점 $(-1, 2)$, $(2, -4)$를 지나는 직선

⑤ y절편이 -2이고 점 $(-1, 0)$을 지나는 직선

07

일차함수 $y=\dfrac{1}{3}(x+3)$의 그래프에서 x절편과 y절편의 합은?

① -4 ② -2 ③ 0

④ 2   ⑤ 4

08

일차함수 $y=-\dfrac{k}{2}x+1$의 그래프는 x의 값이 2만큼 증가할 때, y의 값은 3만큼 증가한다. 상수 k의 값을 구하시오.

09

일차함수 $y=ax+b$의 그래프는 오른쪽 그림과 같다. 이 그래프의 x절편을 p, y절편을 q라 할 때, $a+p+q$의 값은? (단, a, b는 상수)

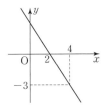

① $-\dfrac{5}{2}$ 　　② $-\dfrac{3}{2}$

③ $\dfrac{3}{2}$ 　　④ $\dfrac{5}{2}$ 　　⑤ $\dfrac{7}{2}$

10

일차함수 $y=ax+b$의 그래프의 y절편이 3이고, 점 $(2, 1)$을 지날 때, $a-b$의 값은? (단, a, b는 상수)

① -6 　　② -5 　　③ -4

④ -3 　　⑤ -2

11

일차함수 $y=2x-6$의 그래프를 y축의 방향으로 4만큼 평행이동한 그래프가 점 $(a, -2)$를 지날 때, a의 값은?

① -2 　　② 0 　　③ 2

④ 4 　　⑤ 6

12

오른쪽 그림과 같은 일차함수의 그래프에서 x절편과 y절편을 각각 a, b라 할 때, $2a-b$의 값은?

① -4 　　② -3

③ -2 　　④ 3

⑤ 5

13

일차함수 $y=x+5$의 그래프를 y축의 방향으로 -7만큼 평행이동하였더니 $y=mx+n$의 그래프가 되었다. $m+n$의 값은? (단, m, n은 상수)

① -3 　　② -1 　　③ 7

④ 12 　　⑤ 13

14

기울기가 4이고, 점 $(-1, -3)$을 지나는 일차함수의 그래프의 y절편을 구하시오.

15

세 점 $(2, 5)$, $(-1, a)$, $(4, 1)$이 한 직선 위에 있을 때, a의 값은?

① 7 　　② 8 　　③ 11

④ 15 　　⑤ 18

16

일차함수 $y=ax+ab$의 그래프가 오른쪽 그림과 같을 때, 일차함수 $y=abx+b$의 그래프가 지나는 사분면을 모두 구하시오.

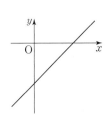

17

일차함수 $y=ax+b$의 그래프는 일차함수 $y=-2x+6$의 그래프와 x축 위에서 만나고, 일차함수 $y=3x-6$의 그래프와 y축 위에서 만난다. $a+b$의 값은?

① -4 ② -2 ③ 0

④ 2 ⑤ 4

18

일차함수 $y=ax+b$의 그래프는 x의 값이 3만큼 증가할 때, y의 값은 6만큼 감소하고, 점 $(0, 4)$를 지난다. $y=ax+b$의 그래프의 x절편과 y절편의 합은? (단, a, b는 상수)

① -5 ② -2 ③ 0

④ 3 ⑤ 6

19

두 점 $(-2, 5)$, $(1, -4)$를 지나는 일차함수의 그래프의 기울기는?

① -9 ② -3 ③ -1

④ 3 ⑤ 9

20

다음 중 오른쪽 일차함수의 그래프와 평행한 직선을 그래프로 하는 일차함수의 식은?

① $y=-x+2$

② $y=x+3$

③ $y=-\dfrac{1}{3}x+1$

④ $y=-3x+\dfrac{1}{3}$

⑤ $y=3x-2$

21

일차함수 $y=ax-b$의 그래프가 오른쪽 그림과 같을 때, a, b의 부호를 구하시오.

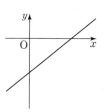

22

일차함수 $y=\dfrac{1}{2}x+1$의 그래프를 y축의 방향으로 p만큼 평행이동한 그래프가 점 $(4, 5)$를 지날 때, p의 값은?

① 4 ② 3 ③ 2

④ 1 ⑤ 0

23

오른쪽 그림과 같은 일차함수의 그래프에 대한 설명으로 옳은 것은?

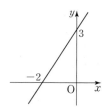

① 기울기는 $-\dfrac{3}{2}$이다.

② 점 $(2, 5)$를 지난다.

③ 일차함수 $2x+3y=1$의 그래프와 평행하다.

④ x의 값이 3만큼 증가할 때, y의 값은 2만큼 증가한다.

⑤ $y=\dfrac{3}{2}x$의 그래프를 y축의 방향으로 3만큼 평행이동한 그래프이다.

24

다음 중 일차함수는?

① $y=3x^2$ ② $y=x(1-3x)$

③ $y=\dfrac{1}{x+6}$ ④ $y=1$

⑤ $y=x^2-x(x-3)$

25

두 일차함수 $y=(2a+b)x-10a$, $y=6ax-(2b+1)$의 그래프가 일치할 때, 상수 a, b에 대하여 ab의 값은?

① -2　　　② $-\dfrac{1}{2}$　　　③ $\dfrac{1}{2}$

④ 1　　　　⑤ 4

26

지수가 집에서 출발하여 2 km 떨어진 공원까지 분속 50 m로 걷고 있다. 지수가 집에서 출발한 지 몇 분 후에 공원까지의 남은 거리가 500 m가 되는지 구하시오.

27

다음 중 일차함수 $y=3x-1$의 그래프에 대한 설명으로 옳지 않은 것은?

① x의 값이 2만큼 증가할 때 y의 값은 6만큼 증가한다.

② x절편은 $\dfrac{1}{3}$이고, y절편은 -1이다.

③ 오른쪽 위를 향하는 직선이다.

④ 점 $\left(\dfrac{1}{3},\ 2\right)$를 지나는 직선이다.

⑤ $y=3x$의 그래프를 y축의 방향으로 -1만큼 평행이동시킨 그래프이다.

28

일차함수 $y=\dfrac{1}{2}x+1$의 그래프를 y축의 방향으로 -5만큼 평행이동한 일차함수의 그래프가 지나지 않는 사분면을 구하시오.

29

오른쪽 그림과 같은 직사각형 ABCD에서 점 P가 C를 출발하여 $\overline{CD}$를 따라 점 D까지 매초 1 cm씩 움직일 때, x초 후의 사각형 ABCP의 넓이를 y cm²라 한다. x와 y 사이의 관계식은?

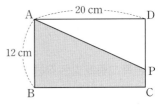

① $y=2x+120$　　　② $y=2x+160$

③ $y=10x+120$　　　④ $y=240-12x$

⑤ $y=240-10x$

30

깊이가 2 m인 수영장이 있다. 이 수영장에 일정한 속력으로 물을 채워 넣으면 5 cm를 채우는데 2.5분이 걸린다고 한다. 수면의 높이가 40 cm일 때부터 물을 넣기 시작했을 때, 수영장에 물이 가득 차려면 몇 분 동안 물을 넣어야 하는가?

① 68분 동안　　② 72분 동안　　③ 76분 동안

④ 80분 동안　　⑤ 84분 동안

31

일차함수 $y=-\dfrac{3}{2}x+12$의 그래프와 x축 및 y축으로 둘러싸인 삼각형의 넓이를 구하시오.

32

온도가 $20\,°C$인 물을 주전자에 담아 끓일 때, 물의 온도는 2분마다 $10\,°C$씩 올라간다고 한다. 물을 끓이기 시작한 지 x분 후의 물의 온도를 $y\,°C$라고 할 때, x와 y 사이의 관계식을 구하시오.

중단원 테스트 [2회]

01

오른쪽 그림과 같은 직선을 y축의 방향으로 -4만큼 평행이동한 직선을 그래프로 하는 일차함수의 식은?

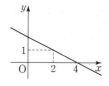

① $y=-2x-2$

② $y=-\dfrac{1}{2}x-2$

③ $y=\dfrac{1}{2}x-2$

④ $y=\dfrac{1}{2}x+2$

⑤ $y=2x+2$

02

일차함수 $y=ax+b$의 그래프가 오른쪽 그림과 같을 때, 일차함수 $y=bx+a$의 그래프가 지나는 사분면은?

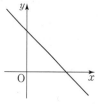

① 제1, 2사분면

② 제2, 3사분면

③ 제1, 2, 3사분면

④ 제1, 2, 4사분면

⑤ 제1, 3, 4사분면

03

일차함수 $y=-\dfrac{3}{4}x+6$의 그래프와 x축 및 y축으로 둘러싸인 삼각형의 넓이를 구하시오.

04

일차함수 $y=3x+k$의 그래프를 y축의 방향으로 -2만큼 평행이동한 그래프의 x절편을 m, y절편을 n이라고 하면 $m+n=2$이다. 상수 k의 값을 구하시오.

05

다음 중 일차함수인 것은? (정답 2개)

① $y=3$

② $y=-x+1$

③ $y=-\dfrac{4}{x}$

④ $y=-\dfrac{1}{3}x+2$

⑤ $y=x^2+5x-1$

06

세 점 $(2, 1)$, $(-2, -7)$, $(5, k)$가 한 직선 위에 있을 때, k의 값을 구하시오.

07

일차함수 $y=3x-1$의 그래프를 y축의 방향으로 b만큼 평행이동하면 점 $(7, 13)$을 지난다. b의 값은?

① -13 ② -7 ③ -3

④ 1 ⑤ 5

08

오른쪽 그림과 같은 직선의 기울기를 a, x절편을 b, y절편을 c라고 할 때, $4a-2b+c$의 값을 구하시오.

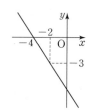

09

오른쪽 그림과 같은 일차함수의 그래프에 대한 설명으로 옳은 것은?

① x절편은 3이다.

② y절편은 1이다.

③ 기울기는 $-\dfrac{1}{6}$이다.

④ $y=\dfrac{1}{3}x+2$의 그래프이다.

⑤ 점 $(9,\ -1)$을 지난다.

10

오른쪽 그림과 같이 두 일차함수 $y=-x+2$, $y=\dfrac{1}{2}x+2$의 그래프와 x축으로 둘러싸인 삼각형의 넓이를 구하시오.

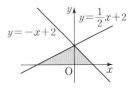

11

오른쪽 그림과 같은 일차함수의 그래프의 x절편을 m, y절편을 n이라고 할 때, 일차함수 $y=mx+n$의 그래프가 지나는 사분면을 모두 구하시오.

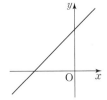

12

네 일차함수 $y=x+1$, $y=x-1$, $y=-x+1$, $y=-x-1$의 그래프로 둘러싸인 도형의 넓이를 구하시오.

13

일차함수 $y=ax+b$의 그래프가 점 $(1,\ 4)$를 지나고 $b\leq0$일 때, 기울기 a의 값의 범위를 구하시오.

14

오른쪽 그림은 일차함수 $y=ax+\dfrac{b}{a}$의 그래프를 나타낸 것이다. 다음 중 옳은 것은?

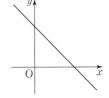

① $a>0,\ b>0$

② $a>0,\ b<0$

③ $a<0,\ b>0$

④ $a<0,\ b<0$

⑤ $a>0,\ b=0$

15

오른쪽 그림은 일차함수 $y=ax+b$의 그래프이다. $a+b$의 값을 구하시오.

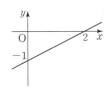

16

다음 중 두 점 $(4,\ -2)$, $(8,\ -5)$를 지나는 일차함수의 그래프에 대한 설명으로 옳은 것은?

① 점 $(-4,\ 3)$을 지난다.

② 제1, 2, 3사분면을 지난다.

③ x축과 만나는 점의 좌표는 $(1,\ 0)$이다.

④ x의 값이 8만큼 증가할 때, y의 값은 6만큼 감소한다.

⑤ 일차함수 $y=\dfrac{3}{4}x$의 그래프를 y축의 방향으로 1만큼 평행이동한 그래프이다.

17

함수 $f(x) = \dfrac{6}{x}$에 대하여 $f(2) = a$, $f(b) = \dfrac{1}{2}$일 때, $a+b$의 값을 구하시오.

18

두 점 $(-2, 3)$, $(4, 9)$를 지나는 일차함수의 그래프를 y축의 방향으로 -3만큼 평행이동한 일차함수의 그래프가 점 $(-2, k)$를 지날 때, k의 값은?

① -2 　　② -1 　　③ 0

④ 1 　　⑤ 2

19

일차함수 $y = ax + b$의 그래프가 오른쪽 그림과 같은 그래프와 평행하고 점 $(2, 0)$을 지날 때, $a-b$의 값은?

(단, a, b는 상수)

① $-\dfrac{3}{2}$ 　　② $-\dfrac{1}{2}$ 　　③ 0

④ $\dfrac{1}{2}$ 　　⑤ $\dfrac{3}{2}$

20

일차함수 $y = ax$의 그래프가 두 점 $(-1, 4)$, $(-3, b)$를 지날 때, ab의 값을 구하시오.

21

x의 값이 -1에서 2까지 증가할 때 y의 값이 1만큼 감소하고, 점 $(0, -2)$를 지나는 직선을 그래프로 하는 일차함수의 식을 구하시오.

22

두 점 $(-2, 6)$, $(2, 4)$를 지나는 직선을 y축의 방향으로 2만큼 평행이동한 그래프의 y절편을 구하시오.

23

일차함수 $y = ax + 1$의 그래프를 y축의 방향으로 -5만큼 평행이동하였더니 일차함수 $y = -2x + b$의 그래프가 되었다. 상수 a, b에 대하여 $a-b$의 값은?

① -4 　　② -2 　　③ 1

④ 2 　　⑤ 4

24

기울기와 y절편이 같은 일차함수의 그래프가 점 $(4, 5)$를 지날 때, 이 일차함수의 식을 구하시오.

25

다음 중 일차함수 $y=4x+2$의 그래프에 대한 설명으로 옳은 것은?

① x의 값이 증가할 때, y의 값은 감소한다.

② x절편은 $\dfrac{1}{2}$이고, y절편은 2이다.

③ $y=-4x+2$의 그래프와 평행하다.

④ $y=4x$의 함숫값보다 항상 2만큼 크다.

⑤ 그래프는 제1, 2, 4사분면을 지난다.

26

일차함수 $y=ax+4$의 그래프와 x축 및 y축으로 둘러싸인 삼각형의 넓이가 8일 때, 상수 a의 값은? (단, $a<0$)

① -5 ② -4 ③ -3

④ -2 ⑤ -1

27

두 일차함수 $y=ax+6$, $y=4x+b$의 그래프가 일치할 때, $a+b$의 값을 구하시오.

28

점 $(k, -2)$가 두 점 $(-2, 3)$, $(2, -5)$를 지나는 직선 위에 있을 때, k의 값을 구하시오.

29

길이가 20 cm인 용수철에 무게가 4 g인 물체를 달 때마다 용수철의 길이가 1 cm씩 늘어난다고 한다. 물체의 무게를 x g, 용수철의 길이를 y cm라고 할 때, x와 y 사이의 관계식을 구하시오.

30

지면으로부터 수직 높이 10 km까지는 100 m 높아질 때마다 기온이 0.6 ℃씩 내려간다고 한다. 지면의 기온이 25 ℃일 때, 기온이 -5 ℃인 지점의 지면으로부터의 높이는?

① 3000 m   ② 3500 m   ③ 4000 m

④ 4500 m   ⑤ 5000 m

31

30 L의 물이 채워져 있는 인공 수조가 있다. 이 수조는 1분에 0.6 L씩 물이 들어가는데 수질을 유지하기 위하여 1분에 0.2 L씩의 물이 빠져나가도록 설계되어 있다. 최대 용량이 120 L일 때, 물을 담기 시작한지 몇 분 후에 수조에 물이 가득 차겠는가?

① 150분   ② 200분   ③ 225분

④ 250분   ⑤ 300분

32

일차함수 $y=\dfrac{1}{3}x+1$의 그래프와 x축 위에서 만나고, $y=\dfrac{1}{2}x+5$의 그래프와 y축 위에서 만나는 직선을 그래프로 하는 일차함수의 식을 구하시오.

중단원 테스트 [서술형]

01

오른쪽 그림은 일차함수 $y=ax+b$ 의 그래프이다. 일차함수 $y=-abx+a$의 그래프가 지나지 않는 사분면을 구하시오.

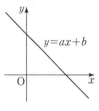

❯ 해결 과정

❯ 답

02

일차함수 $y=4x+a$의 그래프의 y절편과 일차함수 $y=x+2a+6$의 그래프의 x절편이 서로 같을 때, 상수 a의 값을 구하시오.

❯ 해결 과정

❯ 답

03

오른쪽 그림과 같이 일차함수 $y=-\dfrac{a}{3}x+2$의 그래프가 x축, y축 과 만나는 점을 각각 A, B라 하자. △OAB의 넓이가 6일 때, 상수 a의 값을 구하시오. (단, O는 원점)

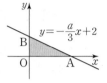

❯ 해결 과정

❯ 답

04

일차함수 $y=3x+1$의 그래프와 평행하고, 점 $(-2, 4)$를 지나는 일차함수 $y=ax+b$의 그래프를 y축의 방향으로 -3만큼 평행이동하면 점 $(2k, k+2)$를 지난다. 상수 k의 값을 구하시오. (단 a, b는 상수)

❯ 해결 과정

❯ 답

05

오른쪽 그림과 같은 일차함수
$y=ax+6$의 그래프의 x절편을 구
하시오.

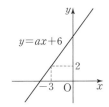

▶ 해결 과정

▶ 답

06

오른쪽 그림과 같이 일차함수
$y=x+2$와 $y=x-2$의 그래프 위
의 두 점 A, B를 지나는 직선을 그
래프로 하는 일차함수의 식을 구하
시오.

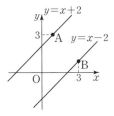

▶ 해결 과정

▶ 답

07

일차함수 $y=ax+3$의 그래프는 점 $(4, -3)$을 지나고, 일
차함수 $y=2x+b$의 그래프와 x축 위에서 만날 때, $a-b$의
값을 구하시오. (단, a, b는 상수)

▶ 해결 과정

▶ 답

08

길이가 $20\,cm$인 용수철에 물체를 매달았을 때, 무게 $15\,g$
당 용수철의 길이가 $2\,cm$씩 늘어난다고 한다. 용수철의 길
이가 $28\,cm$일 때의 물체의 무게를 구하시오.

▶ 해결 과정

▶ 답

소단원 집중 연습

2. 일차함수와 일차방정식의 관계 | 01. 일차함수와 일차방정식

01 일차방정식 $2x+y-1=0$에 대하여 다음 물음에 답하시오.

(1) 다음 표를 완성하시오.

x	$\cdots$	-2	-1	0	1	2	$\cdots$
y	$\cdots$						$\cdots$

(2) (1)에서 구한 값에 대하여 순서쌍 (x, y)를 다음 좌표 평면 위에 나타내시오.

(3) x, y의 값의 범위가 수 전체일 때, 주어진 일차방정식의 그래프를 그리시오.

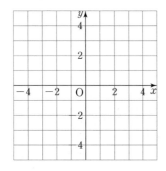

02 다음 일차방정식을 일차함수 $y=ax+b$ 꼴로 나타내시오.

(1) $x-y-5=0$

(2) $3x+y-6=0$

(3) $x-2y+4=0$

(4) $4x+3y-12=0$

03 다음 일차방정식을 일차함수 $y=ax+b$ 꼴로 나타내고, 일차방정식의 그래프의 기울기, x절편, y절편을 각각 구한 후 그 그래프를 그리시오.

(1) $x+y-4=0$

⇨ 기울기: _____, x절편: _____, y절편: _____

(2) $2x+3y+6=0$

⇨ 기울기: _____, x절편: _____, y절편: _____

(3) $x-3y+3=0$

⇨ 기울기: _____, x절편: _____, y절편: _____

(4) $2x-y+8=0$

⇨ 기울기: _____, x절편: _____, y절편: _____

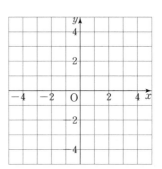

04 다음 일차방정식의 그래프가 지나는 두 점을 이용하여 그 그래프를 그리시오.

(1) $2x+y-4=0 \Rightarrow$ 두 점 $(0, \square)$, $(\square, 0)$

(2) $3x+4y+12=0 \Rightarrow$ 두 점 $(0, \square)$, $(\square, 0)$

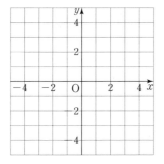

05 다음 일차방정식의 그래프를 좌표평면 위에 그리시오.

(1) $x=-2$

(2) $y=3$

(3) $2x-8=0$

(4) $3y+9=0$

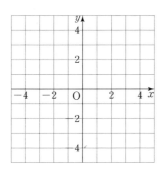

06 다음 조건을 만족시키는 직선의 방정식을 구하시오.

(1) 점 $(-2, 2)$를 지나고 x축에 평행한 직선

(2) 점 $(3, -1)$을 지나고 y축에 평행한 직선

(3) 점 $(-4, 5)$를 지나고 x축에 수직인 직선

(4) 점 $(1, -6)$을 지나고 y축에 수직인 직선

(5) 두 점 $(5, -1)$, $(5, 3)$을 지나는 직선

07 다음 그래프가 나타내는 직선의 방정식을 구하시오.

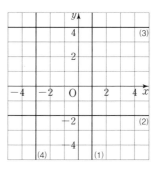

01

점 $(a+3, 1)$이 x, y에 대한 일차방정식 $2x+y=9$의 그래프 위에 있을 때, a의 값은?

① 1 ② 2 ③ 3
④ 4 ⑤ 5

02

일차방정식 $ax+by+c=0$의 모든 해를 좌표평면 위에 나타내면 두 점 $(-2, -5)$, $(3, 5)$를 지나는 직선이 될 때, $\dfrac{b}{a}$의 값은?

① -1 ② $-\dfrac{1}{2}$ ③ $-\dfrac{1}{3}$
④ $-\dfrac{1}{4}$ ⑤ $-\dfrac{1}{5}$

03

세 직선 $y=-2x+10$, $x=1$, $x=4$와 x축으로 둘러싸인 부분의 넓이는?

① 12 ② 13 ③ 14
④ 15 ⑤ 16

04

일차방정식 $ax+by-12=0$의 그래프가 오른쪽 그림과 같을 때, 상수 a, b에 대하여 $a-2b$의 값은?

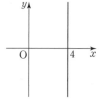

① 3 ② $\dfrac{1}{3}$
③ 0 ④ $-\dfrac{1}{3}$
⑤ -3

05

다음 중 일차방정식 $2x-5y=10$에 대한 설명으로 옳은 것은? (정답 2개)

① 그래프는 $y=\dfrac{2}{5}x+2$의 그래프와 같다.
② 해가 무수히 많다.
③ 그래프의 y절편은 2이다.
④ 그래프의 기울기는 2이다.
⑤ 해를 좌표평면 위에 나타내면 직선이 된다.

06

일차방정식 $ax-3y+b=0$의 그래프가 오른쪽 그림과 같을 때, $2a+b$의 값은?

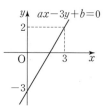

① -1 ② 1
③ 5 ④ 9
⑤ 19

07

일차방정식 $-2x+4y-5=0$의 그래프의 x절편을 a, y절편을 b, 기울기를 c라고 할 때, $a+b+c$의 값은?

① $-\dfrac{7}{4}$ ② $-\dfrac{5}{4}$ ③ $-\dfrac{3}{4}$
④ $\dfrac{1}{4}$ ⑤ $\dfrac{3}{4}$

08

점 $(-3, 2)$를 지나고 y축에 수직인 직선의 방정식은?

① $x=-3$ ② $x=2$ ③ $y=-3$
④ $y=2$ ⑤ $y=-x-1$

01

두 점 $(-2, a-4)$, $(4, 2a-1)$을 지나는 직선이 x축에 평행할 때, 두 점을 지나는 직선의 방정식을 구하시오.

02

점 $(k, 5)$가 일차방정식 $2x-3y+13=0$의 그래프 위의 점일 때, 상수 k의 값을 구하시오.

03

오른쪽 그림은 미지수가 2개인 일차방정식 $x+ay=2$의 그래프이다. 상수 a의 값을 구하시오.

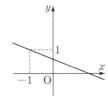

04

일차방정식 $ax+by+8=0$의 그래프가 점 $(3, 4)$를 지나고 x축에 평행할 때, 상수 a, b의 합 $a+b$의 값을 구하시오.

05

일차방정식 $ax+by+1=0$의 그래프가 제1, 2, 4사분면을 지날 때, a, b의 부호를 구하시오.

06

세 직선 $x=6$, $y=-1$, $x+y=1$로 둘러싸인 도형의 넓이를 구하시오.

07

보기에서 직선 $ax+by+c=0$에 대한 설명으로 옳은 것을 모두 고르시오.

> 보기
> ㄱ. 일차함수의 그래프이다.
> ㄴ. $ab<0$, $bc>0$이면 제2사분면을 지나지 않는다.
> ㄷ. $b=0$, $a\neq0$이면 기울기는 0이다.
> ㄹ. $a=0$, $b\neq0$이면 y축에 평행한 직선이다.

08

직선 $-x+2y+1=0$에 평행하고 점 $(0, 3)$을 지나는 직선의 방정식을 구하시오.

01 다음 연립방정식에서 두 일차방정식의 그래프가 그림과 같을 때, 이 연립방정식의 해를 구하시오.

(1) $\begin{cases} x-y=-2 \\ 2x+y=5 \end{cases}$

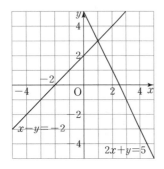

(2) $\begin{cases} x-2y=6 \\ 2x+3y=-2 \end{cases}$

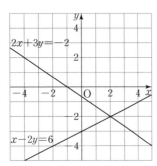

(3) $\begin{cases} 2x-y-3=0 \\ x+y-3=0 \end{cases}$

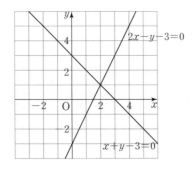

02 다음 연립방정식에서 두 일차방정식의 그래프를 각각 좌표평면 위에 나타내고, 그 그래프를 이용하여 연립방정식의 해를 구하시오.

(1) $\begin{cases} x-2y=-3 \\ x+y=3 \end{cases}$

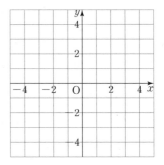

(2) $\begin{cases} x+4y=1 \\ 2x-3y=-9 \end{cases}$

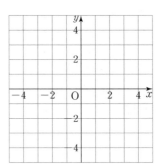

(3) $\begin{cases} x+y=-1 \\ 2x-y=4 \end{cases}$

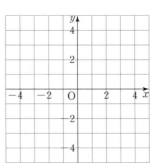

03 다음 연립방정식에서 두 일차방정식의 그래프를 각각 좌표평면 위에 나타내고, 그 그래프를 이용하여 연립방정식의 해를 구하여라.

(1) $\begin{cases} 2x+y=3 \\ 6x+3y=-3 \end{cases}$

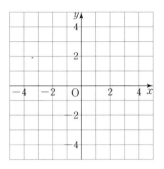

(2) $\begin{cases} 2x-3y=6 \\ 4x-6y=12 \end{cases}$

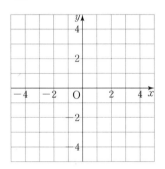

(3) $\begin{cases} x-y=2 \\ 2x-2y=-6 \end{cases}$

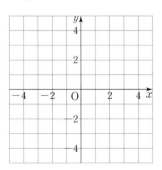

04 다음 연립방정식의 해가 무수히 많도록 하는 상수 a, b의 값을 각각 구하시오.

(1) $\begin{cases} x+3y=a \\ bx-6y=4 \end{cases}$

(2) $\begin{cases} 2x-ay=3 \\ 6x+3y=b \end{cases}$

05 다음 연립방정식의 해가 없도록 하는 상수 a, b의 조건을 구하시오.

(1) $\begin{cases} ax+y=-2 \\ 6x-3y=b \end{cases}$

(2) $\begin{cases} 3x-ay=6 \\ x+4y=b \end{cases}$

01

두 일차방정식 $2x+y=2$, $-3x-y=-6$의 그래프의 교점을 지나고, 기울기가 3인 일차함수의 식은?

① $y=3x-6$ ② $y=3x-8$

③ $y=3x-12$ ④ $y=3x-16$

⑤ $y=3x-18$

02

두 직선 $x-2y=4$와 $ax-2y=-6$이 x축 위에서 만날 때, 상수 a의 값은?

① -2 ② $-\dfrac{3}{2}$ ③ -1

④ $\dfrac{1}{2}$ ⑤ $\dfrac{3}{2}$

03

두 직선 $ax-3y=1$, $2x-by=1$의 교점이 없을 때, 모든 b의 값의 합은? (단, a, b는 자연수)

① 1 ② 3 ③ 6

④ 9 ⑤ 12

04

두 직선 $y=ax+5$, $y=2x+b$의 교점의 좌표가 $(3, 2)$일 때, $a+b$의 값은? (단, a, b는 상수)

① -5 ② -2 ③ 2

④ 4 ⑤ 5

05

연립방정식 $\begin{cases} -2x+y=a \\ x-y=-4 \end{cases}$ 의 해가 두 점 $P(-3, 4)$, $Q(1, 2)$를 지나는 직선 위에 있을 때, 상수 a의 값은?

① -5 ② -3 ③ 5

④ 6 ⑤ 7

06

세 직선 $x+y=4$, $x+2y=1$, $3x+ay=3$이 한 점에서 만날 때, 상수 a의 값은?

① -3 ② 3 ③ 4

④ 6 ⑤ 8

07

오른쪽 그림은 연립방정식 $\begin{cases} 3x+4y=1 \\ ax-3y=-5 \end{cases}$ 의 해를 나타낸 것이다. $a-b$의 값은?

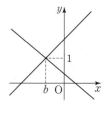

① -3 ② -1

③ 0 ④ 1

⑤ 3

08

두 직선 $2x-y=-3$, $x+y=6$의 교점을 지나고, x축에 평행한 직선의 방정식은?

① $x=1$ ② $x=5$ ③ $2x+y=1$

④ $y=1$ ⑤ $y=5$

01

두 일차방정식 $y=1-3x$, $y=x+3$의 그래프의 교점을 지나고, y축에 수직인 직선의 방정식을 구하시오.

02

연립방정식 $\begin{cases} 2x-3y=-1 \\ -x+ay=2 \end{cases}$ 의 해가 없을 때, 상수 a의 값을 구하시오.

03

연립방정식 $\begin{cases} ax+y=4 \\ x+by=1 \end{cases}$ 의 해를 구하기 위해 두 일차방정식의 그래프를 그렸더니 오른쪽 그림과 같았다. 상수 a, b에 대하여 $a+b$의 값을 구하시오.

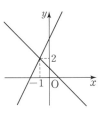

04

연립방정식 $\begin{cases} 3x-2y=5 \\ x+y=5 \end{cases}$ 의 해의 개수를 구하시오.

05

연립방정식 $\begin{cases} ax+y=5 \\ x-y=-1 \end{cases}$ 의 해가 두 점 $(-3, 4)$, $(3, 1)$을 지나는 직선 위에 있을 때, 상수 a의 값을 구하시오.

06

오른쪽 그림과 같이 두 직선 $x+y-4=0$, $x-y=0$과 y축으로 둘러싸인 부분의 넓이를 구하시오.

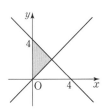

07

연립방정식 $\begin{cases} x-4y=a \\ 3x+by=15 \end{cases}$ 의 해가 무수히 많을 때, 상수 a, b에 대하여 ab의 값을 구하시오.

08

다음 세 직선이 한 점에서 만날 때, 상수 a의 값을 구하시오.

$$y=-x+3, \quad 5y=2x+8, \quad ay=-3x+13$$

중단원 테스트 [1회]

테스트한 날	맞은 개수
월 일	/ 16

01

두 일차방정식 $2x-y=3$과 $ax+3y=-12$의 그래프가 서로 평행할 때, 상수 a의 값을 구하시오.

02

다음 일차함수 중 그 그래프가 일차방정식 $3x-2y-4=0$의 그래프와 같은 것은?

① $y=\dfrac{3}{2}x+4$ ② $y=-\dfrac{2}{3}x-2$

③ $y=\dfrac{2}{3}x+2$ ④ $y=\dfrac{3}{2}x-2$

⑤ $y=-\dfrac{3}{2}x+2$

03

다음 중 두 직선의 교점이 가장 많은 것은?

① 직선 $x+2y=4$와 $3x+6y=9$

② 직선 $3x+y=1$과 $2x+3y=10$

③ 직선 $x-2y+6=0$과 $x-2y-2=0$

④ 직선 $3x-y-2=0$과 $x+y-6=0$

⑤ 직선 $2x-y-2=0$과 $-4x+2y+4=0$

04

세 직선 $x-3y+1=0$, $ax-by+8=0$, $3x-y-5=0$이 한 점에서 만날 때, 상수 a, b에 대하여 $\dfrac{a}{4}-\dfrac{b}{8}$의 값은?

① -4 ② -2 ③ -1

④ 2 ⑤ 4

05

직선 $x-3y-5=0$과 평행하고 점 $(0, -6)$을 지나는 직선의 방정식을 구하시오.

06

점 $(2, -3)$을 지나고 x축에 평행한 직선의 방정식을 구하시오.

07

두 일차방정식 $x-2y-8=0$, $x+y-2=0$의 그래프의 교점을 지나고 x축에 평행한 직선의 방정식은?

① $x=4$ ② $x=-4$ ③ $y=2$

④ $y=-2$ ⑤ $x-y=2$

08

y축에 평행한 직선을 나타내는 방정식을 보기에서 모두 고르시오.

보기
ㄱ. $x+y-1=0$ ㄴ. $x-y=0$ ㄷ. $3x-2=0$
ㄹ. $2x+1=0$ ㅁ. $3-y=0$ ㅂ. $2x+1=y$

09

네 일차방정식 $x=-1$, $2x-6=0$, $y=-1$, $y=3$의 그래프로 둘러싸인 도형의 넓이를 구하시오.

10

오른쪽 그림은 일차함수 $y=ax+b$의 그래프이다. 이 직선과 일차방정식 $mx-2y-6=0$의 그래프가 일치할 때, 상수 m의 값을 구하시오.

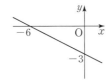

11

일차방정식 $ax-3y+2=0$의 그래프가 점 $(-2, 4)$를 지날 때, 이 그래프의 기울기를 구하시오.

12

연립방정식 $\begin{cases} ax+3y=-1 \\ 3x-by=5 \end{cases}$ 의 각 일차방정식의 그래프가 오른쪽 그림과 같을 때, $a+b$의 값을 구하시오. (단, a, b는 상수)

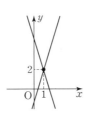

13

연립방정식 $\begin{cases} ax-3y=1 \\ 4x-by=2 \end{cases}$ 의 해가 무수히 많을 때, $a+b$의 값을 구하시오. (단, a, b는 상수)

14

두 일차방정식 $2x+3y=1$, $3x-4y=10$의 그래프의 교점을 지나고 y축에 평행한 직선의 방정식은?

① $x=2$ ② $x=-2$ ③ $y=1$

④ $y=-1$ ⑤ $x-y=-3$

15

일차방정식 $ax-by-8=0$의 그래프의 기울기가 $-\dfrac{3}{4}$이고 y절편이 2일 때, 상수 a, b에 대하여 $a+b$의 값을 구하시오.

16

연립방정식 $\begin{cases} 2x+3y=6 \\ ax-6y=-12 \end{cases}$ 의 해가 무수히 많을 때, 일차함수 $y=ax+b$의 그래프는 점 $(0, 3)$을 지난다고 한다. 상수 a, b에 대하여 $a+b$의 값은?

① 3   ② 2   ③ 0

④ -1 ⑤ -2

중단원 테스트 [2회]

01

일차방정식 $2x-4y-3=0$의 그래프의 기울기를 a, x절편을 b, y절편을 c라고 할 때, $\dfrac{ab}{c}$의 값을 구하시오.

02

다음 중 일차방정식 $3x-2y+1=0$의 그래프에 대한 설명으로 옳지 않은 것은?

① y절편은 $\dfrac{1}{2}$이다.

② x절편은 $-\dfrac{1}{3}$이다.

③ 제1, 2, 3사분면을 지난다.

④ x의 값이 증가할 때, y의 값은 감소한다.

⑤ 일차함수 $y=\dfrac{3}{2}x-1$의 그래프와 평행하다.

03

다음 일차방정식 중 그 그래프가 y축에 수직인 것은?

① $x-y+3=0$ ② $x-y=0$

③ $x=-4$ ④ $2x=0$

⑤ $\dfrac{1}{2}y=1$

04

두 점 $(1, 2a-10)$, $(4, -3a+5)$를 지나는 직선이 x축에 평행할 때, 일차방정식 $2x-ay+6=0$의 그래프가 지나지 않는 사분면을 구하시오.

05

일차방정식 $ax+by+c=0$의 그래프가 오른쪽 그림과 같을 때, 다음 중 일차방정식 $bx-ay+c=0$의 그래프로 알맞은 것은? (단, a, b, c는 상수)

06

다음 중 일차방정식 $2x+2=0$의 그래프에 대한 설명으로 옳지 않은 것은?

① 점 $(-1, 3)$을 지난다.

② x절편이 -1이다.

③ x축에 수직인 직선이다.

④ 제1, 4사분면을 지난다.

⑤ 직선 $x=2$와 만나지 않는다.

07

일차방정식 $2x-(a+5)y+1=0$의 그래프가 두 점 $(2, -5)$, $(b, 1)$을 지날 때, 상수 a, b에 대하여 $a+2b$의 값을 구하시오.

08

연립방정식 $\begin{cases} 3x-y+2=0 \\ ax+2y-4=0 \end{cases}$ 의 해가 무수히 많을 때, 상수 a의 값은?

① -6 ② -3 ③ 3

④ 6 ⑤ 9

09

좌표평면 위에 네 점 A$(-5, 4)$, B$(-5, 2)$, C$(-2, 2)$, D$(-2, 4)$를 꼭짓점으로 하는 사각형이 있다. 일차방정식 $ax-y+1=0$의 그래프가 이 사각형과 만나도록 하는 상수 a의 값의 범위를 구하시오.

10

세 직선 $x+y=-5$, $3x-11y=13$, $2x+ay=8$이 한 점에서 만날 때, 상수 a의 값은?

① -7 ② -5 ③ -2

④ 5 ⑤ 7

11

일차방정식 $3x-2y=5$의 그래프가 점 $(2a-1, a)$를 지날 때, 상수 a의 값은?

① 1 ② 2 ③ 3

④ 4 ⑤ 5

12

오른쪽 그림은 연립방정식 $\begin{cases} ax-y=1 \\ 2x+y=4 \end{cases}$ 의 해를 구하기 위하여 두 일차방정식의 그래프를 각각 그린 것이다. 두 직선의 교점의 y좌표가 2일 때, 상수 a의 값은?

① 1 ② 2 ③ 3

④ 4 ⑤ 5

13

세 직선 $2x+y+2=0$, $y=2$, $3x-3=0$으로 둘러싸인 도형의 넓이는?

① 6 ② 8 ③ 9

④ 10 ⑤ 12

14

두 직선 $ax-y+b=0$, $bx-y-a=0$의 교점의 좌표가 $(2, -2)$일 때, 상수 a, b에 대하여 ab의 값은?

① $\dfrac{8}{25}$ ② $\dfrac{2}{5}$ ③ $\dfrac{12}{25}$

④ $\dfrac{14}{25}$ ⑤ $\dfrac{16}{25}$

15

일차함수 $y=ax+b$의 그래프는 일차방정식 $4x-2y+10=0$의 그래프와 평행하고, 일차방정식 $x+2y-4=0$의 그래프와 y축 위에서 만난다. 상수 a, b에 대하여 ab의 값을 구하시오.

16

오른쪽 그림은 연립방정식의 해를 구하기 위하여 두 일차방정식의 그래프를 각각 그린 것이다. 보기에서 옳은 것을 모두 고르시오.

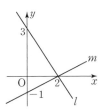

보기
ㄱ. 직선 l의 방정식은 $3x+2y=6$이다.
ㄴ. 직선 m의 방정식은 $x-2y=2$이다.
ㄷ. 교점의 좌표는 $(2, 0)$이다.
ㄹ. 연립방정식의 해를 지나고 x축에 수직인 직선의 방정식은 $y=0$이다.

중단원 테스트 [서술형]

01

일차방정식 $ax+2by-4=0$의 그래프가 점 $(-2, 4)$를 지나고 직선 $x=-3$과 평행할 때, $b-a$의 값을 구하시오. (단, a, b는 상수)

➤ 해결 과정

➤ 답

02

두 일차방정식 $ax-2y-8=0$과 $3x+y+b=0$의 그래프는 서로 일치한다. 점 (a, b)를 지나고 x축에 평행한 직선의 방정식을 구하시오.

➤ 해결 과정

➤ 답

03

일차방정식 $x+y-1=0$의 그래프가 두 직선 $x-ay-4=0$, $3x-y-7=0$의 교점을 지날 때, 상수 a의 값을 구하시오.

➤ 해결 과정

➤ 답

04

두 일차방정식 $x+3y=a$, $bx+2y=3$의 그래프의 교점이 없을 때, 상수 a, b의 조건을 각각 구하시오.

➤ 해결 과정

➤ 답

05

두 일차방정식 $2x-y-5=0$, $3x+y+5=0$의 그래프의 교점을 지나고, 직선 $x-2y=0$과 평행한 직선의 방정식을 구하시오.

> 해결 과정

> 답

07

세 직선 $x+2y=6$, $2x-3y=-2$, $ax-2ay=6$이 한 점에서 만날 때, 상수 a의 값을 구하시오.

> 해결 과정

> 답

06

오른쪽 그림은 연립방정식
$\begin{cases} ax+y=3 & \cdots\cdots\ \bigcirc \\ bx+ay=2 & \cdots\cdots\ \bigcirc \end{cases}$ 를 그래프를 이용하여 푼 것이다. 상수 a, b의 곱 ab의 값을 구하시오.

> 해결 과정

> 답

08

오른쪽 그림과 같이 두 직선이 한 점 A에서 만날 때, 삼각형 ABC의 넓이를 구하시오.

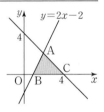

> 해결 과정

> 답

대단원 테스트

01

다음 중 y는 x의 함수가 아닌 것은?

① 나이가 x살인 사람의 키 y cm

② y는 자연수 x를 5로 나눈 나머지

③ 한 자루에 1000원인 연필 x자루의 가격 y원

④ 넓이가 20 cm²이고, 밑변의 길이가 x cm인 삼각형의 높이 y cm

⑤ 물통에 매분 2 L씩 물을 받을 때, 물을 받기 시작한 지 x분 후의 물의 양 y L

02

일차함수 $y=2x+a$의 그래프의 x절편이 -3일 때, 이 그래프의 y절편은?

① 2   ② 3   ③ 4

④ 5   ⑤ 6

03

지수는 학교에서 1500 m 떨어진 집을 향해 자전거를 타고 분속 180 m로 달리고 있다. x분 후의 지수와 집 사이의 거리를 y m라고 할 때, 지수가 집에서 600 m 떨어진 지점을 통과하는 시각은 출발한 지 몇 분 후인지 구하시오.

04

일차함수 $f(x)=ax-4$에 대하여 $f(2)=6$일 때, 상수 a의 값은?

① 1   ② 3   ③ 5

④ 7   ⑤ 9

05

일차함수 $y=6x+9$의 그래프의 x절편이 a, y절편이 b일 때, $a-b$의 값은?

① $-\dfrac{21}{2}$ ② $-\dfrac{15}{2}$ ③ $-\dfrac{9}{2}$

④ $-\dfrac{5}{2}$ ⑤ $-\dfrac{1}{2}$

06

일차함수 $y=ax+b$의 그래프는 일차함수 $y=-3x+2$의 그래프와 서로 평행하고, 일차함수 $y=-\dfrac{3}{2}x+1$의 그래프와 x절편이 같다. 상수 a, b에 대하여 $a+b$의 값을 구하시오.

07

연립방정식 $\begin{cases} x-ay=1 \\ 2x+6y=b \end{cases}$ 의 해가 무수히 많을 때, 상수 a, b에 대하여 ab의 값은?

① -6 ② -3 ③ -1

④ 3   ⑤ 6

08

일차함수 $y=-3(x-6)$의 그래프의 기울기를 a, y절편을 b, x절편을 c라고 할 때, $ac+b$의 값은?

① -8 ② -4 ③ 0

④ 4   ⑤ 8

09

$(a-1)x+by+2=0$이 x에 대한 일차함수가 되도록 하는 상수 a, b의 조건은?

① $a=0$, $b=0$　　　　② $a=1$, $b=0$

③ $a\neq0$, $b\neq0$　　　④ $a\neq1$, $b=0$

⑤ $a\neq1$, $b\neq0$

10

일차함수 $y=-\dfrac{3}{2}x+3$의 그래프에서 x의 값의 증가량이 4일 때, y의 값의 증가량은?

① -8　　　　② -6　　　　③ -4

④ -2　　　　⑤ 0

11

일차방정식 $2x+ay-1=0$의 그래프가 두 점 $(-1, 3)$, $(b, 2)$를 지날 때, 상수 a, b에 대하여 $a+b$의 값은?

① $-\dfrac{3}{2}$　　　② $-\dfrac{1}{2}$　　　③ 0

④ $\dfrac{1}{2}$　　　⑤ $\dfrac{2}{3}$

12

함수 $f(x)=x-6$에 대하여 $f(a-1)+f(a+1)=-8$일 때, 상수 a의 값은?

① 2　　　　② 4　　　　③ 6

④ 8　　　　⑤ 10

13

일차함수 $y=\dfrac{2}{5}x+a$의 그래프를 y축의 방향으로 3만큼 평행이동하였을 때, x절편이 $2a$가 되었다. 상수 a의 값을 구하시오.

14

오른쪽 그림의 직선과 평행하고 x절편이 $-\dfrac{2}{3}$인 직선을 그래프로 하는 일차함수의 식이 $y=ax+b$일 때, 상수 a, b에 대하여 ab의 값을 구하시오.

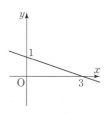

15

연립방정식 $\begin{cases} 2x+y=-1 \\ 4x+2y=a \end{cases}$ 의 해는 무수히 많고, 연립방정식 $\begin{cases} 2x-y=3 \\ bx-2y=2 \end{cases}$ 의 해는 없을 때, 상수 a, b에 대하여 $a+b$의 값은?

① 2　　　　② 1　　　　③ 0

④ -1　　　　⑤ -2

16

x의 값이 2만큼 증가할 때, y의 값은 4만큼 증가하고 점 $(1, -1)$을 지나는 직선의 방정식은?

① $2x+y-3=0$　　　② $2x-y-3=0$

③ $2x-y+3=0$　　　④ $2x+y+3=0$

⑤ $x-2y-3=0$

17

다음 중 y가 x의 일차함수가 아닌 것은?

① 반지름의 길이가 x cm인 원의 둘레의 길이 y cm

② 1인분에 2500원인 떡볶이 x인분과 1개에 500원인 튀김 5개의 가격 y원

③ ∠C＝90°인 직각삼각형 ABC에서 ∠A의 크기가 x°일 때, ∠B의 크기 y°

④ 전체 쪽수가 320쪽인 책을 매일 x쪽씩 읽을 때, 책을 모두 읽는 데 걸리는 날 y일

⑤ 1인당 입장료가 5000원인 야구 경기를 x명이 관람할 때, 지불해야 할 금액 y원

18

기울기가 -3인 일차함수의 그래프가 두 점 $(1, 6)$, $(3, a)$를 지난다고 할 때, a의 값은?

① -2 ② -1 ③ 0

④ 1 ⑤ 2

19

일차방정식 $ax+5y+b=0$의 그래프가 오른쪽 그림과 같을 때, 상수 a, b의 부호를 구하시오.

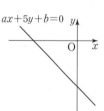

20

두 함수 $f(x)=ax$, $g(x)=\dfrac{b}{x}$에 대하여

$f(-2) \times g(4)=20$일 때, 두 상수 a, b의 곱 ab의 값은?

① -10 ② -20 ③ -30

④ -40 ⑤ -50

21

두 점 $(-2, -3)$, $(4, 3)$을 지나는 직선과 평행하고, y절편이 7인 직선을 y축의 방향으로 3만큼 평행이동한 직선을 그래프로 하는 일차함수의 식을 구하시오.

22

오른쪽 그림과 같은 직각삼각형 ABC에서 점 P가 변 AB를 점 B를 출발하여 점 A까지 매초 2.5 cm의 속력으로 움직인다. 점 P가 점 B를 출발한 지 x초 후의 삼각형 APC의 넓이를 y cm²라고 할 때, x, y 사이의 관계식을 구하시오. (단, $0<x<40$)

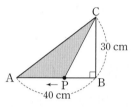

23

오른쪽 그림은 연립방정식

$$\begin{cases} 2x-y+6=0 \\ ax+y=4 \end{cases}$$ 의 각 일차방정식

의 그래프이다. 상수 a의 값을 구하시오.

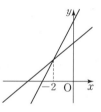

24

다음 중 일차함수 $\dfrac{x}{5}+\dfrac{y}{3}=1$의 그래프에 대한 설명으로 옳은 것은?

① y절편은 5이다.

② x절편은 3이다.

③ 점 $(5, 3)$을 지난다.

④ 기울기는 $-\dfrac{3}{5}$이다.

⑤ 점 $(10, -1)$을 지난다.

25

일차함수 $y=3x$의 그래프를 y축의 방향으로 -3만큼 평행이동한 그래프가 점 $(-2, k)$를 지날 때, k의 값은?

① -9 ② -6 ③ -3

④ 0 ⑤ 3

26

일차함수 $y=-\dfrac{5}{3}x+2$의 그래프가 오른쪽 그림과 같을 때, mn의 값은?

① $\dfrac{10}{3}$ ② $\dfrac{8}{3}$

③ $\dfrac{12}{5}$ ④ $\dfrac{8}{5}$

⑤ 1

27

다음 중 일차방정식 $5x-2y+4=0$의 그래프와 평행하고, 점 $(4, -1)$을 지나는 직선 위에 있는 점은?

① $(-4, -21)$ ② $(-2, -15)$ ③ $(0, -10)$

④ $(2, -4)$ ⑤ $(6, 3)$

28

일차함수 $y=2ax+5$의 그래프를 y축의 방향으로 -1만큼 평행이동한 그래프가 점 $(-2, 8)$을 지날 때, 상수 a의 값은?

① -1 ② 1 ③ 2

④ 3 ⑤ 4

29

일차함수 $y=ax+b$의 그래프는 오른쪽 그림과 같은 직선과 평행하고, y절편이 $-\dfrac{7}{4}$이다. 상수 a, b에 대하여 $a+b$의 값은?

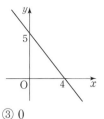

① 3 ② 1 ③ 0

④ -3 ⑤ -4

30

기온이 $0\,^{\circ}\mathrm{C}$일 때 소리의 속력은 초속 $331\,\mathrm{m}$이고, 기온이 $1\,^{\circ}\mathrm{C}$ 올라갈 때마다 소리의 속력은 초속 $0.5\,\mathrm{m}$씩 증가한다고 한다. 소리의 속력이 초속 $346\,\mathrm{m}$일 때의 기온을 구하시오.

31

다음 중 일차함수 $y=ax+b$의 그래프에 대한 설명으로 옳지 않은 것은?

① 기울기는 a이다.

② x절편은 $\dfrac{b}{a}$이다.

③ $a>0$일 때, 오른쪽 위를 향하는 직선이다.

④ y축과 만나는 점의 좌표는 $(0, b)$이다.

⑤ $a<0$일 때, x의 값이 증가하면 y의 값은 감소한다.

32

일차함수 $y=-\dfrac{1}{3}x+a$의 그래프가 오른쪽 그림과 같을 때, x절편을 구하시오.

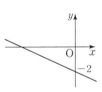

33

일차함수 $y=-2x+4$의 그래프의 x절편이 a, y절편이 b일 때, $a-b$의 값은?

① -2　　　② -3　　　③ -4
④ -5　　　⑤ -6

34

일차함수의 그래프의 기울기가 3이고 점 $(1, 4)$를 지날 때, 이 그래프의 y절편은?

① -3　　　② -1　　　③ 0
④ 1　　　⑤ 3

35

세 직선 $x+2=0$, $x+y-4=0$, $x-2y+4=0$으로 둘러싸인 삼각형의 넓이를 구하시오.

36

일차함수 $y=ax+1$의 그래프를 y축의 방향으로 -4만큼 평행이동하였더니 일차함수 $y=-3x+b$의 그래프와 일치하였다. 상수 a, b에 대하여 $a+b$의 값은?

① -6　　　② -3　　　③ 0
④ 3　　　⑤ 6

37

다음 중 일차함수 $y=-3x+1$의 그래프와 평행하고, 점 $(-5, 3)$을 지나는 직선 위의 점이 아닌 것은?

① $(-1, -9)$　　② $\left(-\dfrac{1}{3}, -11\right)$　③ $(0, -12)$
④ $\left(\dfrac{1}{3}, -15\right)$　　⑤ $\left(\dfrac{5}{3}, -17\right)$

38

다음 중 일차방정식 $2x-3y-7=0$의 그래프에 대한 설명으로 옳지 않은 것은?

① y절편은 $-\dfrac{7}{3}$이다.

② 일차함수 $y=-\dfrac{2}{3}x$의 그래프와 평행하다.

③ 점 $\left(1, -\dfrac{5}{3}\right)$를 지난다.

④ 제2사분면을 지나지 않는다.

⑤ x의 값이 3만큼 증가할 때, y의 값은 2만큼 증가한다.

39

직선 $6x-3y-9=0$과 평행하고, 점 $(-1, -1)$을 지나는 직선의 방정식은?

① $y=x$　　　　　② $y=-2x-3$
③ $y=-x-2$　　　④ $y=-3x-4$
⑤ $y=2x+1$

40

두 직선 $2x-y=-3$, $y+ax=-1$의 교점이 존재하지 않을 때, 상수 a의 값을 구하시오.

41

일차함수 $y=\dfrac{3}{4}x-3$의 그래프가 x축, y축과 만나는 점을 각각 A, B라고 할 때, $\triangle OAB$의 넓이를 구하시오.

(단, O는 원점)

42

일차함수의 그래프가 두 점 $(k, k+4)$, $(k-2, k)$를 지날 때, 이 그래프의 기울기는?

① -2 ② -1 ③ 0

④ 1 ⑤ 2

43

오른쪽 그림은 세 일차함수

$y=-x+2$, $y=\dfrac{2}{3}x-3$,

$y=\dfrac{5}{2}x-5$의 그래프를 각각

그린 것이다. 이 그래프를 이용

하여 연립방정식

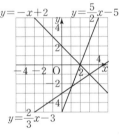

$\begin{cases} 2x-3y=9 \\ x+y=2 \end{cases}$ 의 해 $x=a$, $y=b$를 구할 때, $a-b$의 값은?

① -4 ② -2 ③ 1

④ 2 ⑤ 4

44

일차함수 $y=2x$의 그래프를 y축의 방향으로 3만큼 평행이동하면 일차함수 $y=ax+b$의 그래프와 일치한다고 할 때, 상수 a, b에 대하여 $a+b$의 값을 구하시오.

45

다음 중 두 점 $(1, -2)$, $(5, 2)$를 지나는 일차함수의 그래프에 대한 설명으로 옳지 않은 것은?

① 기울기가 1이다.

② x절편이 3이다.

③ y절편이 -3이다.

④ 오른쪽 위로 향하는 직선이다.

⑤ 제1, 2, 3사분면을 지난다.

46

점 $(-4, 2)$를 지나면서 x축에 평행한 직선과 점 $(-2, 3)$을 지나면서 y축에 평행한 직선의 교점의 좌표가 (p, q)일 때, $p-q$의 값은?

① -7 ② -4 ③ 0

④ 1 ⑤ 4

47

일차함수 $y=-2x+a$의 그래프가 점 $(1, 10)$을 지날 때, 이 직선 위에서 x좌표와 y좌표가 같은 값을 갖는 점의 좌표를 구하시오.

48

휘발유 1 L로 20 km를 달릴 수 있는 자동차에 50 L의 휘발유가 들어 있다. 이 자동차로 x km를 달린 후에 남아 있는 휘발유의 양을 y L라 한다. 남아 있는 휘발유의 양이 35 L일 때, 달린 거리를 구하시오.

49

일차함수 $y=\dfrac{1}{4}x+5$의 그래프를 y축의 방향으로 -2만큼 평행이동한 그래프의 x절편과 y절편의 곱을 구하시오.

50

다음 중 x절편이 -3, y절편이 7인 일차함수의 그래프 위의 점이 아닌 것은?

① $(-9,\ -14)$　　② $(-6,\ -7)$　　③ $\left(-1,\ \dfrac{14}{3}\right)$

④ $(3,\ 14)$　　　　⑤ $(6,\ 20)$

51

두 일차방정식 $x+2y=1$, $3x-y=-11$의 그래프의 교점을 지나고 x축에 평행한 직선의 방정식은?

① $x=2$　　　② $x=-3$　　　③ $y=2$

④ $y=-2$　　　⑤ $y=-5$

52

오른쪽 그림과 같이 두 점 A$(-3,\ 2)$, B$(-1,\ 5)$를 이은 선분 AB와 일차함수 $y=ax+1$의 그래프가 만나도록 하는 상수 a의 값의 범위를 구하시오.

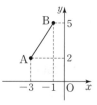

53

세 점 $(1,\ 3)$, $(4,\ 9)$, $(-1,\ a)$가 한 직선 위에 있고, 이 직선은 $y=bx$의 그래프를 y축의 방향으로 c만큼 평행이동한 것일 때, $a+b+c$의 값은?

① -3　　　　② -1　　　　③ 1

④ 2　　　　　⑤ 4

54

일차방정식 $ax-3y+6=0$의 그래프를 y축의 방향으로 -2만큼 평행이동하면 일차함수 $y=3x+b$의 그래프와 일치한다고 할 때, 상수 a, b에 대하여 $a-b$의 값은?

① 13　　　　② 9　　　　③ 5

④ 1　　　　⑤ -3

55

두 직선 $y=ax-2$, $2x-3y-b=0$의 교점이 $(1,\ -3)$일 때, $a+b$의 값은? (단, a, b는 상수)

① -12　　　　② -11　　　　③ 10

④ 11　　　　　⑤ 12

56

두 직선 $ax-2y=6$, $3x-y=b$의 교점이 무수히 많을 때, $a-b$의 값은? (단, a, b는 상수)

① -3　　　　② -1　　　　③ 1

④ 3　　　　　⑤ 5

57

두 점 $(1, k)$, $(-6, 2)$를 지나는 일차함수의 그래프의 기울기가 $\frac{2}{7}$일 때, k의 값을 구하시오.

58

다음 일차함수 중 그 그래프가 오른쪽 그림의 직선과 서로 평행한 것은?

① $y = -\frac{4}{3}x + 2$

② $y = -\frac{3}{4}x + 8$

③ $y = \frac{3}{4}x - 1$

④ $y = \frac{4}{3}x - 1$

⑤ $y = 3x + 5$

59

연립방정식 $\begin{cases} 3x - 2y = 1 \\ 9x + ay = 4 \end{cases}$ 의 해가 없을 때, 상수 a의 값은?

① -8　　　② -6　　　③ -4

④ -2　　　⑤ 0

60

오른쪽 그림과 같이 일차함수 $y = -2x + 6$의 그래프가 x축, y축과 만나는 점을 각각 A, B라고 할 때, 삼각형 OAB의 넓이는? (단, O는 원점)

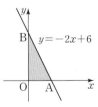

① 6　　　② 9　　　③ 12

④ 18　　　⑤ 24

61

x절편이 -3이고 점 $(-2, 3)$을 지나는 일차함수의 그래프가 점 $(k, 12)$를 지날 때, k의 값은?

① -4　　　② -3　　　③ -1

④ 1　　　⑤ 2

62

연립방정식 $\begin{cases} x - 2ay = 4 \\ bx + y = 3 \end{cases}$ 에서 각 일차방정식의 그래프가 오른쪽 그림과 같을 때, 상수 a, b에 대하여 $a + b$의 값을 구하시오.

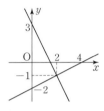

63

일차함수 $y = -2x - 5$의 그래프가 점 $(2, 4)$를 지나도록 y축의 방향으로 평행이동시키려고 한다. 얼마만큼 평행이동시켜야 하는가?

① 8　　　② 10　　　③ 12

④ 13　　　⑤ 15

64

세 직선 $ax + 2y = -9$, $-x + y = 3$, $3x - 4y = -6$이 한 점에서 만날 때, 상수 a의 값은?

① -13　　　② -1　　　③ $\frac{1}{2}$

④ $\frac{9}{2}$　　　⑤ 13

65

다음 중 일차함수 $y = -\dfrac{3}{2}x + 6$의 그래프에 대한 설명으로 옳지 않은 것은?

① 기울기는 $-\dfrac{3}{2}$이다.

② x절편은 4이다.

③ 점 $(2, 3)$을 지난다.

④ 제1, 2, 3사분면을 지난다.

⑤ 일차함수 $y = -\dfrac{3}{2}x$의 그래프를 y축의 방향으로 6만큼 평행이동한 직선이다.

66

오른쪽 그림과 같은 직선을 그래프로 하는 일차함수 $y = f(x)$에 대하여 $f(8)$의 값은?

① -20 ② -18

③ -17 ④ -15

⑤ -14

67

연립방정식 $\begin{cases} ax - 2 = -y - 8 \\ y = 3x - 6 \end{cases}$ 의 해가 무수히 많을 때, 상수 a의 값을 구하시오.

68

두 일차함수 $y = -x + 6$, $y = \dfrac{3}{4}x + 6$의 그래프와 x축으로 둘러싸인 도형의 넓이를 구하시오.

69

일차방정식 $ax + 3y + b = 0$의 그래프가 일차방정식 $-5x + y = 2$의 그래프와 서로 평행하고 x절편이 -2가 되도록 하는 상수 a, b에 대하여 $a - b$의 값은?

① 5   ② 10   ③ 15

④ 20   ⑤ 25

70

일차방정식 $2x - 3y + a = 0$의 그래프와 x축에서 만나고 y축에 평행한 직선의 방정식을 구하였더니 $x = a + 3$과 같았다. 상수 a의 값은?

① -2 ② -1 ③ 0

④ 1   ⑤ 2

71

일차함수 $y = mx + 1$의 그래프를 y축의 방향으로 -3만큼 평행이동하였더니 $y = 5x + n$의 그래프와 일치하였을 때, $n - m$의 값은? (단, m, n은 상수)

① -7 ② -5 ③ 1

④ 2   ⑤ 5

72

점 $\mathrm{A}\left(2a + 4, \dfrac{a}{3}\right)$가 직선 $y = 3x + 5$ 위에 있을 때, 점 A의 좌표는?

① $(-2, -1)$ ② $(-3, -4)$ ③ $(1, 2)$

④ $\left(6, \dfrac{1}{3}\right)$ ⑤ $(3, 14)$

73

일차함수 $y=ax-b$의 그래프가 오른쪽 그림과 같을 때, a의 값이 가장 큰 것과 b의 값이 가장 작은 것을 차례대로 구하면?

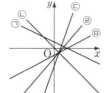

① ㉠, ㉡   ② ㉠, ㉢

③ ㉢, ㉠   ④ ㉢, ㉣   ⑤ ㉢, ㉡

74

다음 중 일차함수 $y=\dfrac{1}{2}x-2$의 그래프에 대한 설명으로 옳지 않은 것은?

① x절편은 -4이다.

② y절편은 -2이다.

③ 오른쪽 위로 향하는 직선이다.

④ x의 값이 증가할 때 y의 값도 증가한다.

⑤ $y=\dfrac{1}{2}x$의 그래프를 y축의 방향으로 -2만큼 평행이동한 그래프이다.

75

연립방정식 $\begin{cases} -2x+ay=-1 \\ x-y=1 \end{cases}$ 의 해가 두 점 $P(-1,-8)$, $Q(3,4)$를 지나는 직선 위에 있을 때, 상수 a의 값은?

① -1 ② 0 ③ 1

④ 2 ⑤ 3

76

일차함수 $y=-x+b$의 그래프를 y축의 방향으로 2만큼 평행이동한 그래프의 x절편과 y절편의 합이 8일 때, 상수 b의 값을 구하시오.

77

일차함수 $f(x)=ax+b$의 그래프가 두 점 $(-1,1)$, $(2,-8)$을 지날 때, $f(1)$의 값은? (단, a, b는 상수)

① 0 ② -2 ③ -3

④ -5 ⑤ -6

78

두 일차방정식 $2x-y=-5$, $x+3y=a$의 그래프의 교점의 x좌표가 -2일 때, 상수 a의 값을 구하시오.

79

일차함수 $y=-3x+4$에서 x의 값이 2에서 5까지 3만큼 증가할 때, y의 값의 증가량은?

① -9 ② -6 ③ -3

④ 3 ⑤ 9

80

세 점 $A(3,2)$, $B(a,-2)$, $C(1,-6)$이 한 직선 위에 있을 때, a의 값은?

① -2 ② -1 ③ 1

④ 2 ⑤ 3

대단원 테스트 [고난도]

01

일차함수 $f(x)=ax+b$에 대하여 $f(-2)=5$, $f(2)=-3$일 때, $f(6)-2f(1)$의 값을 구하시오. (단, a, b는 상수)

02

일차함수 $y=4x-3$의 그래프를 y축의 방향으로 1만큼 평행이동한 그래프가 두 점 $(a, 0)$, $(0, b)$를 지날 때, ab의 값을 구하시오.

03

점 $(-a, a)$를 지나는 일차함수 $y=4x+1$의 그래프를 y축의 방향으로 $\dfrac{1}{a}$만큼 평행이동하였다. 평행이동한 그래프 위의 점 중에서 x좌표와 y좌표가 같은 점의 좌표를 구하시오.

04

오른쪽 그림과 같은 직선이 점 $(2a, 5-a)$를 지날 때, a의 값을 구하시오.

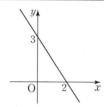

05

일차함수 $y=-5x$의 그래프를 y축의 방향으로 3만큼 평행이동하면 점 $(3, a)$를 지난다. 평행이동한 그래프와 일차함수 $y=mx+2a+b$의 그래프가 일치할 때, 상수 a, b, m에 대하여 $a+b+m$의 값을 구하시오.

06

일차함수 $y=ax-2$의 그래프와 x축 및 y축으로 둘러싸인 도형의 넓이가 12일 때, 양수 a의 값을 구하시오.

07

세 점 $(-1, 8)$, $(1, 2)$, $(k, k-3)$이 한 직선 위에 있고, 이 직선을 그래프로 하는 일차함수의 식을 $y=ax+b$라 할 때, $b+k$의 값을 구하시오. (단, a, b는 상수)

08

두 직선 $ax-y=2$, $2x+y=4$의 교점이 제4사분면 위에 있도록 하는 상수 a의 값의 범위를 구하시오.

09

오른쪽 그림과 같이 한 변의 길이가 10인 정사각형 AOCB에서 변 BC 위의 점 D를 지나는 직선 AD를 그어 x축과의 교점을 E라 하자.

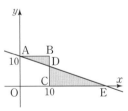

$\triangle$ADB와 $\triangle$DCE의 넓이의 합이 사다리꼴 AOCD의 넓이와 같을 때, 직선 AE가 나타내는 일차함수의 식을 구하시오.

10

두 점 $(2, 5)$, $(-2, -3)$을 지나는 직선을 y축의 방향으로 -4만큼 평행이동하면 점 $(m, 1)$을 지날 때, m의 값을 구하시오.

11

오른쪽 그림과 같은 일차함수 $y=ax+b$의 그래프와 x축 및 y축으로 둘러싸인 부분의 넓이가 24일 때, ab의 값을 구하시오.

(단, $a>0$, a, b는 상수)

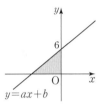

12

네 일차함수 $y=x+3$, $y=x-3$, $y=-x+3$, $y=-x-3$의 그래프로 둘러싸인 도형의 넓이를 구하시오.

13

오른쪽 그림과 같이 한 변의 길이가 12 cm인 정사각형 ABCD에서 점 P는 점 B를 출발하여 점 C까지 변 BC 위를 매초 2 cm씩 움직인다. 삼각형 APC의 넓이가 48 cm²가 되는 것은 점 P가 점 B를 출발한 지 몇 초 후인지 구하시오.

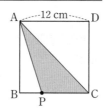

14

일차함수 $y=ax+b+1$의 그래프가 오른쪽 그림과 같을 때, 다음 중 옳지 않은 것은? (단, a, b는 상수)

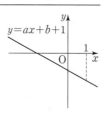

① $a<0$　　　　② $b+1<0$

③ $-\dfrac{b+1}{a}<0$　　④ $a+b+1<0$

⑤ $a(b+1)<0$

15

다음 세 직선으로 둘러싸인 도형의 넓이를 구하시오.

$$x+y-1=0, \quad x=0, \quad 2y-6=0$$

16

다음 네 직선으로 둘러싸인 도형의 넓이가 16일 때, 모든 상수 a의 값의 합을 구하시오.

$$x+a=0, \quad x-7a=0, \quad y-5=0, \quad y-3=0$$

17

평행한 두 직선 $ax-y+b=0$, $x-2y-4=0$이 x축과 만나는 점을 각각 A, B라 할 때, $\overline{\mathrm{AB}}=8$이다. 상수 a, b에 대하여 ab의 최댓값을 구하시오.

18

일차방정식 $ax+by+c=0$의 그래프가 오른쪽 그림과 같을 때, 다음 중 일차방정식 $ax-by+c=0$의 그래프로 알맞은 것은? (단, a, b, c는 상수)

① 　② 　③

④ 　⑤

19

일차함수 $y=ax+b$의 그래프가 직선 $x+4y+2=0$과 평행하고, 직선 $3x-2y+6=0$과 y축 위에서 만난다. 상수 a, b의 곱 ab의 값을 구하시오.

20

세 일차방정식 $x+y=3$, $x-2y=-3$, $y=0$의 그래프로 둘러싸인 도형의 넓이를 이등분하는 직선의 방정식을 $y=ax$라고 할 때, 상수 a의 값을 구하시오.

21

오른쪽 그림과 같이 y절편이 1이고, 기울기가 m인 직선이 직사각형 OABC를 두 부분으로 나눈다. 두 부분의 넓이가 같을 때, 상수 m의 값을 구하시오. (단, O는 원점)

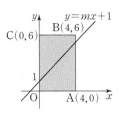

22

오른쪽 그림과 같이 두 직선 l, m의 교점이 점 A이고, 직선 $ax-2y=6$이 점 A를 지날 때, 상수 a의 값을 구하시오.

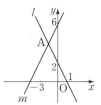

23

연립방정식 $\begin{cases} 3x-2y-2=0 \\ ax+4y+b=0 \end{cases}$ 의 해가 존재하지 않고, 일차방정식 $ax+4y+b=0$의 그래프가 점 $(3,\ 2)$를 지날 때, $a+b$의 값을 구하시오. (단, a, b는 상수)

24

세 직선 $x-3y+1=0$, $2x-y+7=0$, $mx-y+m-3=0$에 의하여 삼각형이 만들어지지 않도록 하는 모든 상수 m의 값의 합을 구하시오.

학업성취도 테스트 [1회]

선다형

01 다음 중 순환소수의 표현으로 옳은 것은?

① $0.6363636\cdots=0.6\dot{3}\dot{6}$

② $2.042042042\cdots=\dot{2}.0\dot{4}$

③ $3.6363363\cdots=3.\dot{6}\dot{3}$

④ $1.113131313\cdots=1.\dot{1}1\dot{3}$

⑤ $3.815815815\cdots=3.\dot{8}1\dot{5}$

02 $(-6a^2+15ab)\div3a+(7b^2-14ab)\div(-7b)$를 간단히 한 것은?

① $3a$　　　② $4b$　　　③ $26ab$

④ $-4a+4b$　　⑤ $-2a-b+ab$

03 $2x-2[x^2+4-x-\{3x-(x^2-A)+x^2\}]$을 간단히 하면 $-2x^2+4x+6$일 때, A에 알맞은 식은?

① $-3x+7$　　② $4x+5$　　③ $-6x+13$

④ $8x-5$　　　⑤ $-9x+13$

04 연립방정식 $2x+y+7=3x-4y=4x+4y+6$의 해를 $x=a,\ y=b$라 할 때, $a-b$의 값은?

① 1　　　② 2　　　③ 3

④ 4　　　⑤ 5

05 다음 연립방정식 중 $x=1,\ y=2$가 해인 것은?

① $\begin{cases} x+y=4 \\ x-y=2 \end{cases}$　　② $\begin{cases} 3x+2y=8 \\ y=x+1 \end{cases}$

③ $\begin{cases} 2x+y=4 \\ x+y=0 \end{cases}$　　④ $\begin{cases} x+2y=5 \\ 2x+3y=8 \end{cases}$

⑤ $\begin{cases} x+y=8 \\ 2x+y=11 \end{cases}$

06 $3^{x+2}+3^{x+1}+3^x=351$일 때, x의 값은?

① 0　　　② 1　　　③ 2

④ 3　　　⑤ 4

07 어떤 기약분수를 소수로 나타내는데 A는 분모를 잘못 보고 $0.2\dot{3}\dot{6}$으로 나타내고, B는 분자를 잘못 보고 $1.2\dot{5}$로 나타내었다. 처음 분수를 소수로 나타내면?

① $0.0\dot{7}\dot{2}$ ② $0.1\dot{4}$ ③ $0.8\dot{4}$

④ $1.5\dot{8}$ ⑤ $2.5\dot{4}$

08 연립방정식 $\begin{cases} 2x+y=7 \\ ax-3y=3 \end{cases}$ 의 해를 $x=p, y=q$라 하면 $p+q=5$일 때, 상수 a의 값은?

① 2   ② 4   ③ 6

④ 8   ⑤ 10

09 다음 중 $x=2$일 때, 참인 부등식은?

① $x<1$ ② $2x\leq3$

③ $x-3>-1$ ④ $3x-2<3$

⑤ $3x-1\geq5$

10 $2(x^2-3x+4)-3(x^2+x-5)=ax^2+bx+c$일 때, $a+b+c$의 값은? (단, a, b, c는 상수)

① -36 ② -10 ③ 10

④ 12 ⑤ 13

11 $A=8^5$, $B=2^{18}$, $C=5^9$일 때, A, B, C의 대소 관계로 옳은 것은?

① $A<B<C$ ② $A<C<B$

③ $B<A<C$ ④ $B<C<A$

⑤ $C<B<A$

12 보기에서 일차함수를 모두 고른 것은?

> **보기**
> ㄱ. $y=2-x$　　　　　ㄴ. $y=-2$
> ㄷ. $y=\dfrac{3}{x}+1$　　　ㄹ. $y=-\dfrac{x}{4}-7$
> ㅁ. $y=6x^2-5$　　　ㅂ. $y=-0.8x+3$

① ㄱ, ㄷ   ② ㄱ, ㅂ   ③ ㄱ, ㄴ, ㅁ

④ ㄱ, ㄹ, ㅂ   ⑤ ㄷ, ㄹ, ㅂ

13 일차부등식 $0.2(5x-3) \le 0.3(3x+2)$를 만족하는 자연수 x의 개수는?

① 11   ② 12   ③ 13

④ 14   ⑤ 15

14 어떤 정수에 8을 더한 후 3으로 나누면 그 정수의 3배에 8을 더한 것보다 크지 않다고 한다. 이런 모든 음의 정수들의 합은?

① -1 ② -3 ③ -4

④ -9 ⑤ -10

15 일차함수 $y=ax+b$의 그래프가 오른쪽 그림과 같을 때, 일차함수 $y=-bx-\dfrac{1}{a}$의 그래프가 지나지 않는 사분면은?

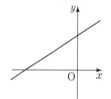

① 제1사분면   ② 제2사분면

③ 제3사분면   ④ 제4사분면

⑤ 제2, 4사분면

16 직선 $3x-2y-6=0$에 평행하고, 점 $(-4, 3)$을 지나는 직선의 방정식은?

① $y=-x+7$ ② $y=\dfrac{3}{2}x+9$

③ $y=-\dfrac{3}{2}x+9$ ④ $y=\dfrac{3}{2}x-9$

⑤ $y=x+7$

17 기온은 높이가 $100\,\mathrm{m}$씩 높아짐에 따라 $0.6\,℃$씩 내려간다고 한다. 지면의 기온이 $24\,℃$일 때, 지면으로부터 $1.5\,\mathrm{km}$ 올라간 곳의 기온은?

① $14\,℃$ ② $15\,℃$ ③ $16\,℃$

④ $17\,℃$ ⑤ $18\,℃$

18 어느 농장에서 기르는 닭의 다리 수와 소의 다리 수를 합하면 1080이다. 또, 닭의 $\dfrac{1}{4}$을 팔고 소를 30마리 팔았더니 닭과 소의 수가 같아졌다. 처음 이 농장에 있던 소는 몇 마리인가?

① 162마리   ② 174마리   ③ 186마리

④ 192마리   ⑤ 200마리

서답형

19 다음 식을 간단히 하시오.

$$3x^2-2-[5x^2-3x-\{x^2-2x+(6x^2-3x+1)\}]$$

20 일차부등식 $5x-(a+2)\leq 3x$를 만족하는 x의 값 중 자연수가 3개일 때, 상수 a의 값의 범위를 구하시오.

21 점 $(2, -1)$을 지나는 일차방정식 $ax-3y+b=0$의 그래프가 제1사분면을 지나지 않도록 하는 정수 a의 값을 구하시오. (단, $a\neq 0$, b는 상수)

22 다음 그림과 같은 직사각형의 넓이와 삼각형의 넓이가 서로 같다고 할 때, 삼각형의 높이 h를 구하시오.

23 오른쪽 그림은 일차함수 $y=-ax+b$의 그래프이다. a, b의 부호를 구하시오.

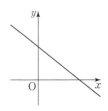

24 연립방정식 $\begin{cases} 0.4x+0.3y=3 \\ \dfrac{x}{3}+\dfrac{y-8}{6}=1 \end{cases}$ 의 해가 일차방정식

$2x-ay+6=0$의 해일 때, 상수 a의 값을 구하는 풀이 과정과 답을 쓰시오.

학업성취도 테스트 [2회]

선다형

01 다음 조건을 만족시키는 가장 작은 자연수 x의 값은?

> (가) $\dfrac{x}{2^3 \times 3 \times 5 \times 11}$ 를 소수로 나타내면 유한소수가 된다.
> (나) x는 3과 7의 공배수이다.

① 21   ② 33   ③ 77

④ 231   ⑤ 693

02 다음 중 옳지 않은 것은? (정답 2개)

① 모든 무한소수는 유리수가 아니다.

② 유한소수와 순환소수는 분수로 나타낼 수 있다.

③ 순환하지 않는 무한소수는 분수로 나타낼 수 있다.

④ 기약분수 중에는 유한소수로 나타낼 수 없는 것도 있다.

⑤ 정수가 아닌 유리수는 유한소수 또는 순환소수로 나타낼 수 있다.

03 $(-3x^2)^3 \div \square \times \dfrac{1}{(-3xy)^2} = 6x$에서 $\square$ 안에 알맞은 식은?

① $\dfrac{2x^2}{y^2}$ ② $-\dfrac{4x^2}{3y}$ ③ $-\dfrac{x^3}{2y^2}$

④ $\dfrac{3x^3}{4y^2}$ ⑤ $-\dfrac{3y^2}{2x}$

04 $4x(x-y) - 3y(x+3y)$를 간단히 하면?

① $4x^2 - 7xy - 9y^2$ ② $4x^2 + 7xy - 9y^2$

③ $4x^2 + 7xy + 9y^2$ ④ $4x^2 - 7xy - 6y^2$

⑤ $4x^2 - xy - 6y^2$

05 연립방정식 $\begin{cases} x+4y=7 \\ y=ax+1 \end{cases}$ 의 해가 없을 때, 상수 a의 값은?

① -4 ② -1 ③ $-\dfrac{1}{4}$

④ $\dfrac{1}{4}$ ⑤ 4

06 $x=2^k$ 일 때, $\left(\dfrac{1}{2}\right)^{2k} \times 8^{3k+2}$을 x를 사용하여 나타내면?

① $4x^5$ ② $32x^7$ ③ $32x^{11}$

④ $64x^7$ ⑤ $64x^{11}$

07 다음 중 계산 결과가 나머지와 다른 하나는?

① $(x^2)^5$ ② $x^5 \times x^5$ ③ $x^2 \div x^{12}$

④ $(x^3)^3 \times x$ ⑤ $x^{14} \div (x^2)^2$

08 다음 중 일차부등식인 것은? (정답 2개)

① $3+2 \geq 5$ ② $2x+3 > 2(x-1)$

③ $3x+5 < x^2$ ④ $x^2-3x < x^2+x+1$

⑤ $2x+4x \leq 5$

09 $A=3x+1$, $B=-2x-1$, $C=7x+4$에 대하여
$f(x)=3A-2\{B-(2A+C)\}$라고 할 때, $f(-2)$의 값은?

① 95 ② 53 ③ 0

④ -31 ⑤ -61

10 x^2-2x+3에서 어떤 식을 빼야 할 것을 잘못하여 더하였더니 $4x^2+3x-7$이 되었다. 바르게 계산한 식은?

① $-2x^2-7x-7$ ② $-2x^2+3x+13$

③ $-2x^2-7x+13$ ④ $3x^2+5x-4$

⑤ $3x^2+5x-10$

11 다음 중 부등식으로 나타낸 것으로 옳지 않은 것은?

① x에 3을 더한 수는 5보다 크지 않다.

$\Rightarrow x+3 \leq 5$

② x에 20을 더한 수는 x의 2배보다 작지 않다.

$\Rightarrow x+20 \geq 2x$

③ 시속 6 km로 달린 자전거가 x시간 동안 간 거리는 10 km 이상이다. $\Rightarrow \dfrac{x}{6} \geq 10$

④ 가로의 길이가 x, 세로의 길이가 3인 직사각형의 넓이는 20 초과이다. $\Rightarrow 3x > 20$

⑤ 한 송이에 1000원 하는 장미 x송이의 가격은 5000원 미만이다. $\Rightarrow 1000x < 5000$

12 $-6 \leq x \leq 3$일 때, $-\dfrac{2}{3}x-3$의 최댓값을 a, 최솟값을 b라 하자. $a-b$의 값은?

① -6 ② -4 ③ 2

④ 4 ⑤ 6

13 $-2 \leq x < 3$일 때, $1-3x$의 값의 범위는?

① $-15 < 1-3x \leq 0$ ② $-7 \leq 1-3x < 8$

③ $-9 \leq 1-3x < 6$ ④ $-8 < 1-3x \leq 7$

⑤ $-4 < 1-3x \leq 11$

14 일차함수 $y = -3x$의 그래프를 y축의 방향으로 -5만큼 평행이동한 그래프가 나타내는 일차함수의 식은?

① $y = 3x-5$ ② $y = -3x+5$

③ $y = -3x-5$ ④ $y = 3(x-5)$

⑤ $y = -3(x+5)$

15 기울기가 2이고, y절편이 -6인 일차함수의 그래프가 점 $(2a, a+3)$을 지날 때, a의 값은?

① 3 ② 4 ③ 5

④ 6 ⑤ 7

16 두 일차부등식 $ax - 3(x+3) > 3$, $3x - 5(x-1) > -4x+13$의 해가 서로 같을 때, 상수 a의 값은?

① 2 ② 3 ③ 4

④ 5 ⑤ 6

17 직선 $y = -\dfrac{6}{5}x - a$가 두 일차방정식 $x+2y=6$, $2x+3y=4$의 그래프의 교점을 지나도록 하는 상수 a의 값은?

① -4 ② -3 ③ 1

④ 2 ⑤ 4

18 수영장에 물을 가득 채우는 데 A호스로 10분 동안 넣은 후, B호스로 15분 동안 물을 넣으면 수영장이 가득 찬다고 한다. 또, 같은 수영장에 A, B 두 호스를 모두 사용하여 12분 동안 물을 넣으면 수영장이 가득 찬다고 할 때, B 호스로만 수영장을 가득 채우는 데 몇 분이 걸리겠는가?

① 24분 ② 26분 ③ 28분

④ 30분 ⑤ 32분

서답형

19 부등식 $\dfrac{x-1}{3}-\dfrac{3+2x}{2}\geq 1$을 푸시오.

20 연립방정식 $\begin{cases} 0.1y=0.3x-1 \\ \dfrac{1}{2}x+\dfrac{2}{3}y=\dfrac{5}{6} \end{cases}$ 의 해를 구하시오.

21 $x+1.\dot{5}=3.4\dot{3}$일 때, x의 값을 구하시오.

22 부등식 $8x+16<4x+32$를 만족하는 모든 자연수 x의 값의 합을 구하시오.

23 휘발유 1 L로 15 km를 달릴 수 있는 승용차에 50 L의 휘발유가 들어 있다. 이 승용차로 x km를 주행한 후에 남아 있는 휘발유의 양을 y L라고 할 때, x와 y 사이의 관계식을 구하고, 300 km을 주행하였을 때 승용차에 남아 있는 휘발유의 양을 구하시오.

24 일차함수 $y=ax+b$의 그래프는 $y=-3x+2$의 그래프와 평행하고 $y=-\dfrac{3}{5}x+6$의 그래프와 y축에서 만난다. $y=ax+b$의 그래프의 x절편을 구하는 풀이 과정과 답을 쓰시오.

꾸준한 연습의 힘!
이제 실전에서 발휘하세요.

중학 풍산자로 개념 과 문제 를 꼼꼼히 풀면
성적이 지속적으로 향상됩니다

상위권으로의 도약을 위한 중학 풍산자 로드맵

원리 개념서	기초 반복 훈련서	실전 평가 테스트	실전 문제 유형서
▶ 풍산자 개념완성	▶ 풍산자 반복수학	▶ 풍산자 테스트북	▶ 풍산자 필수유형

중학 풍산자 교재		하	중하	중	상
원리 개념서 **풍산자 개념완성**	#강남구청 인터넷수능방송 강의교재	필수 문제로 개념 정복, 개념 학습 완성			
기초 반복훈련서 **풍산자 반복수학**	#강남구청 인터넷수능방송 강의교재	개념 및 기본 연산 정복, 기초 실력 완성			
실전평가 테스트 **풍산자 테스트북**			단원별 엄선 문제, 실력 점검 및 실전 대비		
실전 문제유형서 **풍산자 필수유형**	#강남구청 인터넷수능방송 강의교재		모든 기출 유형 정복, 시험 준비 완료		

풍산자

테스트북

실전을
연습처럼
**연습을
실전처럼**

중학수학 2-1

풍산자수학연구소 지음

지학사

정답과
해설

풍산자
테스트북
중학수학
2-1
정답과 해설

I. 수와 식의 계산

1. 유리수와 순환소수

01. 유리수와 소수

01 (1) ○   (2) ○   (3) ×   (4) ○
     (5) ○   (6) ×   (7) ○   (8) ×

02 (1) 유   (2) 유   (3) 무   (4) 무
     (5) 유

03 (1) 0.55, 유   (2) $0.666\cdots$, 무
     (3) 1.1, 유   (4) $0.1333\cdots$, 무
     (5) $-0.31034482\cdots$, 무

04 (1) 6, $0.\dot{6}$ (2) 7, $5.1\dot{7}$
     (3) 46, $-46.\dot{4}\dot{6}$ (4) 28, $4.3\dot{2}\dot{8}$
     (5) 705, $705.\dot{7}0\dot{5}$

05 (1) $0.444\cdots$, $0.\dot{4}$ (2) $0.8333\cdots$, $0.8\dot{3}$
     (3) $0.636363\cdots$, $0.\dot{6}\dot{3}$ (4) $0.91666\cdots$, $0.91\dot{6}$
     (5) $0.291666\cdots$, $0.291\dot{6}$

06 (1) ×   (2) ○   (3) ×   (4) ×
     (5) ×   (6) ○

07 (1) 7 (2) 9 (3) 21 (4) 3

01 ①   **02** ④   **03** ④   **04** ③   **05** ⑤
06 ⑤   **07** ⑤   **08** ③

01 유한소수로 나타낼 수 있는 분수는 기약분수로 나타내었을 때 분모의 소인수가 2나 5뿐이어야 한다.
     ① $\dfrac{3}{72} = \dfrac{1}{24} = \dfrac{1}{2^3 \times 3}$ 은 유한소수로 나타낼 수 없다.

02 $\dfrac{3}{7} = 0.\dot{4}2857\dot{1}$이므로 순환마디가 6개이다.
     $100 = 6 \times 16 + 4$이므로 소수점 아래 100번째 자리의 숫자는 순환마디의 4번째 수인 5이다.

03 ④에 들어갈 수는 $4 \times 25 = 100$

04 ③ $3.21222\cdots = 3.21\dot{2}$

05 ① $\dfrac{2}{3}$ 는 유리수이지만 유한소수로 나타낼 수 없다.
     ② $\dfrac{4}{9}$ 는 유리수이지만 유한소수로 나타낼 수 없다.

③ 0은 $\dfrac{0}{2}$으로 나타낼 수 있으므로 유리수이다.

④ $0.77777\cdots$은 소수점 아래 숫자가 무한개이므로 무한소수이다.

06 a의 값이 9이면 $\dfrac{3}{2 \times 5^3 \times a} = \dfrac{3}{2 \times 5^3 \times 9} = \dfrac{1}{2 \times 3 \times 5^2}$
이므로 유한소수가 아닌 순환소수이다.

07 ⑤ $2.0707\cdots$에서 되풀이되는 부분은 07이므로 순환마디는 07이다.

08 $\dfrac{2}{9} < \dfrac{a}{45} < \dfrac{14}{15}$에서 $\dfrac{10}{45} < \dfrac{a}{45} < \dfrac{42}{45}$
$\dfrac{a}{45} = \dfrac{a}{3^2 \times 5}$이므로 위의 식을 만족하는 $\dfrac{a}{45}$가 유한소수가 되려면 a는 9의 배수이어야 한다.
즉, 9의 배수는 18, 27, 36이므로 유한소수로 나타낼 수 없는 분수 $\dfrac{a}{45}$의 개수는
$41 - 10 - 3 = 28$

01 20 **02** 6 **03** 9 **04** 75 **05** 7
06 5 **07** ㄴ, ㄷ   **08** 231

01 $\dfrac{1}{9} \le a \le \dfrac{3}{5}$의 분모를 45로 통분하면
$\dfrac{5}{45} \le a \le \dfrac{27}{45}$
분모가 45이고 유한소수로 나타낼 수 있는 분수 a는
$\dfrac{k}{3^3 \times 5}$이므로 k는 9의 배수이어야 한다.
이를 만족하는 k의 값은 9, 18, 27이므로 3개이다.
따라서 유한소수로 나타낼 수 없는 분수의 개수는
$27 - 4 - 3 = 20$

02 $\dfrac{17}{14} = 1.2\dot{1}4285\dot{7}$에서 소수점 아래 50번째 자리 숫자를 a라 하면 $a = 1$
소수점 아래 90번째 자리 숫자를 b라 하면 $b = 5$
$\therefore a + b = 6$

03 $\dfrac{1}{18} \times a = \dfrac{1}{2 \times 3^2} \times a$가 유한소수가 되려면 a는 9의 배수이어야 한다.
따라서 가장 작은 자연수는 $a = 9$

04 $\dfrac{8}{11} = 0.\dot{7}\dot{2}$, $\dfrac{8}{15} = 0.5\dot{3}$이므로 $a = 72$, $b = 3$
$\therefore a + b = 75$

05 $\dfrac{15}{2^2 \times 5 \times 7} = \dfrac{3}{2^2 \times 7}$이므로 가장 작은 자연수 a는
$a = 7$이다.

06 $0.2\dot{5}\dot{4}=0.254254\cdots$이므로 순환마디가 3개이다.

이때 $20=3\times6+2$이므로 소수점 아래 20번째 수는 5이다.

07 ㄱ. $\dfrac{11}{2^2\times5^2}$

ㄴ. $\dfrac{14}{2^2\times5\times7^2}=\dfrac{1}{2\times5\times7}$

ㄷ. $\dfrac{21}{49}=\dfrac{3\times7}{7^2}=\dfrac{3}{7}$

ㄹ. $\dfrac{51}{240}=\dfrac{17}{2^4\times5}$

ㅁ. $\dfrac{45}{2\times3^2\times5}=\dfrac{1}{2}$

따라서 유한소수로 나타낼 수 없는 것은 ㄴ, ㄷ이다.

08 $\dfrac{x}{2^3\times3\times5\times11}$가 유한소수로 나타내어질 때, x는 33의 배수이어야 한다.

또, x가 3과 7의 공배수이면 x는 21의 배수이다.

따라서 33과 21의 최소공배수는 231이다.

02. 유리수와 순환소수

소단원 집중 연습

012-013쪽

01 (1) 100, 99, 99, $\dfrac{14}{33}$

(2) 1000, 10, 990, 990, $\dfrac{71}{198}$

(3) 1000, 999, 999, $\dfrac{71}{333}$

02 (1) ㄴ　　(2) ㅂ　　(3) ㅁ　　(4) ㄹ

(5) ㄱ　　(6) ㄷ

03 (1) 4, 42, $\dfrac{14}{3}$　　(2) 7, 750, $\dfrac{250}{33}$

(3) 2, 261, $\dfrac{29}{11}$　　(4) 4, 990, 453, $\dfrac{151}{330}$

(5) 999

04 (1) $\dfrac{4}{3}$　　(2) $\dfrac{38}{99}$　　(3) $\dfrac{50}{37}$　　(4) $\dfrac{17}{90}$

(5) $\dfrac{118}{165}$

05 (1) ○　　(2) ○　　(3) ×　　(4) ×

(5) ○　　(6) ○　　(7) ○　　(8) ×

소단원 테스트 [1회]

014쪽

01 ③　**02** ③　**03** ⑤　**04** ⑤　**05** ④

06 ②　**07** ④　**08** ④

01 ③ $7.\dot{4}=\dfrac{74-7}{9}=\dfrac{67}{9}$

02 $0.1\dot{2}x+2=2.\dot{4}$에서 $\dfrac{11}{90}x+2=\dfrac{22}{9}$

양변에 90을 곱하면 $11x+180=220$

$\therefore x=\dfrac{40}{11}$

따라서 x를 순환소수로 나타내면 $3.\dot{6}\dot{3}$이다.

03 ⑤ $0.1\dot{3}<0.\dot{1}\dot{3}$

04 $x=0.3010101\cdots$은 소수점 아래 둘째 자리부터 01이 반복되므로 순환소수이고, 순환마디가 01이므로 $x=0.3\dot{0}\dot{1}$로 나타낼 수 있다.

$$\begin{array}{r}1000x=301.0101\cdots\\-\underline{10x=3.0101\cdots}\\990x=298\end{array}$$

$\therefore x=\dfrac{298}{990}=\dfrac{149}{495}$

즉, $1000x-10x$를 이용하여 분수로 나타내면 $\dfrac{149}{495}$이다.

05 ① $0.\dot{6}=\dfrac{6}{9}=\dfrac{2}{3}$

② $0.1\dot{6}=\dfrac{16-1}{90}=\dfrac{15}{90}=\dfrac{1}{6}$

③ $0.\dot{1}\dot{6}=\dfrac{16}{99}$

④ $1.6\dot{3}=\dfrac{163-16}{90}=\dfrac{147}{90}=\dfrac{49}{30}$

⑤ $16.\dot{3}=\dfrac{163-16}{9}=\dfrac{147}{9}=\dfrac{49}{3}$

06 ㄷ. 순환소수는 유리수이고, 순환하지 않는 무한소수는 유리수가 아니다.

ㄹ. 모든 유리수는 정수 또는 유한소수 또는 순환소수로 나타낼 수 있다.

07 $A=2+\dfrac{3}{10^2}+\dfrac{3}{10^4}+\dfrac{3}{10^6}+\dfrac{3}{10^8}+\cdots$

$=2+0.030303\cdots=2.\dot{0}\dot{3}$

$B=1+\dfrac{5}{10}+\dfrac{5}{10^3}+\dfrac{5}{10^5}+\dfrac{5}{10^7}+\cdots$

$=1+0.50505\cdots=1.\dot{5}\dot{0}$

$\therefore A-B=2.\dot{0}\dot{3}-1.\dot{5}\dot{0}=\dfrac{201}{99}-\dfrac{149}{99}$

$=\dfrac{52}{99}=0.\dot{5}\dot{2}$

08 $x=0.12\dot{3}=0.123333\cdots$

$$\begin{array}{r}1000x=123.333\cdots\\-\underline{100x=12.333\cdots}\\900x=111\end{array}$$

$\therefore x=\dfrac{111}{900}=\dfrac{37}{300}$

따라서 가장 편리한 식은 $1000x-100x$이다.

01 7	**02** 38	**03** 1000, 1000, 900, $\dfrac{23}{180}$
04 28	**05** 4	**06** ㄱ, ㄹ	**07** 1100
08 9		

01 $\dfrac{2}{3}<0.\dot{x}<\dfrac{4}{5}$에서 $\dfrac{2}{3}<\dfrac{x}{9}<\dfrac{4}{5}$이므로

$\dfrac{30}{45}<\dfrac{5x}{45}<\dfrac{36}{45}$

따라서 구하는 x의 값은 7이다.

02 $x=0.2\dot{7}=\dfrac{25}{90}=\dfrac{5}{18}$이므로

$2+\dfrac{10}{x}=2+10\div\dfrac{5}{18}=2+10\times\dfrac{18}{5}=38$

04 $0.3\dot{7}=\dfrac{37-3}{90}=\dfrac{34}{90}=\dfrac{17}{45}$이므로 $a=45$, $b=17$

$\therefore a-b=45-17=28$

05 $0.2\dot{a}=\dfrac{a+7}{45}$에서 $\dfrac{20+a-2}{90}=\dfrac{2a+14}{90}$이므로

$18+a=2a+14$　　$\therefore a=4$

06 ㄴ. 순환하지 않는 무한소수는 유리수가 아니다.
ㄷ. 순환소수는 모두 유리수이다.
ㅁ. 정수가 아닌 유리수는 유한소수 또는 순환소수로 나타낼 수 있다.

07 $x=0.43\dot{9}=0.43999\cdots$이므로

$\begin{array}{r}1000x=439.999\cdots\\-)\quad100x=\ \ 43.999\cdots\\\hline900x=396\end{array}$

$\therefore x=\dfrac{396}{900}=\dfrac{11}{25}$

따라서 가장 편리한 식은 $1000x-100x$이므로
$A=1000$, $B=100$　　$\therefore A+B=1100$

08 $1.\dot{1}=\dfrac{11-1}{9}=\dfrac{10}{9}$이므로 $\dfrac{10}{9}\times a$가 자연수가 되려면 a는 9의 배수이어야 한다.
따라서 a의 값이 될 수 있는 가장 작은 자연수는 9이다.

01 ③	**02** ③	**03** 2	**04** 9	**05** ⑤
06 ⑤	**07** ⑤	**08** 27	**09** ⑤	**10** ①
11 3	**12** ④	**13** 5	**14** 9	**15** ④
16 ②				

01 소수 부분이 없어지도록 하기 위해 필요한 식은
③ $1000x-x$이다.

02 ① $1.222\cdots=1.\dot{2}$
② $0.3444\cdots=0.3\dot{4}$
④ $0.369369\cdots=0.\dot{3}6\dot{9}$
⑤ $5.13030\cdots=5.1\dot{3}\dot{0}$
따라서 순환소수의 표현이 옳은 것은 ③이다.

03 순환소수 $3.\dot{2}5\dot{7}$에서 순환마디는 257이고, 되풀이되는 숫자는 3개이다.
$100=3\times33+1$이므로 소수점 아래 100번째 자리의 숫자는 257이 33번 반복된 후 순환마디의 첫 번째 숫자인 2이다.

04 분수 $\dfrac{a}{2^2\times3^2\times5}$가 유한소수가 되려면 분모의 소인수가 2나 5뿐이어야 하므로 3^2을 약분시킬 수 있는 수인 9의 배수를 곱하면 된다.
따라서 a의 값 중 가장 작은 자연수는 9이다.

05 ⑤ 정수가 아닌 유리수는 유한소수 또는 순환소수로 나타낼 수 있다.

06 분모를 소인수분해하였을 때 분모의 소인수가 2나 5뿐이면 그 분수는 유한소수로 나타낼 수 있다.
⑤ 분모 30은 소인수분해하면 $30=2\times3\times5$로 2나 5 이외의 3을 소인수로 가지므로 유한소수로 나타낼 수 없다.

07 $x-0.\dot{5}=\dfrac{1}{3}$에서 $x-\dfrac{5}{9}=\dfrac{1}{3}$

$\therefore x=\dfrac{8}{9}$

따라서 x의 값을 소수로 나타내면 $0.\dot{8}$이다.

08 $\dfrac{1}{4}=\dfrac{1}{2^2}$이므로 분자와 분모에 각각 5^2을 곱하면

$\dfrac{1}{4}=\dfrac{1\times5^2}{2^2\times5^2}=\dfrac{25}{10^2}$

따라서 $n=2$, $x=25$이므로 $n+x=27$

09 순환소수 $1.2\dot{6}$을 x라 하면
$x=1.2666\cdots$
　$\boxed{①\ 100}x=126.666\cdots$　　$\cdots\cdots$ ㉠
　$\boxed{②\ 10}x=\ \ 12.666\cdots$　　$\cdots\cdots$ ㉡
㉠-㉡을 하면 $\boxed{③\ 90}x=\boxed{④\ 114}$

$\therefore x=\boxed{⑤\ \dfrac{19}{15}}$

10 $\dfrac{1}{7}<\dfrac{a}{28}<\dfrac{5}{8}$이므로 $\dfrac{8}{56}<\dfrac{2a}{56}<\dfrac{35}{56}$

$\dfrac{2a}{56}=\dfrac{2a}{2^3\times7}=\dfrac{a}{2^2\times7}$이므로 위의 식을 만족하는

$\dfrac{2a}{56}$가 유한소수가 되려면 a는 7의 배수이어야 한다.

따라서 가능한 a의 값은 7, 14이므로 두 수의 합은 21이다.

11 순환소수 $0.\dot{2}\dot{7}$을 x라고 하면 $x=0.2727\cdots$

$$100x=27.2727\cdots$$
$$-) \quad x= \ \ 0.2727\cdots$$
$$99x=27$$

$$\therefore x=\frac{27}{99}=\frac{3}{11}$$

$$\therefore a=3$$

12 $\dfrac{21}{126}=\dfrac{1}{6}=\dfrac{1}{2\times3}$, $\dfrac{39}{165}=\dfrac{13}{55}=\dfrac{13}{5\times11}$에 어떤 자연수 A를 곱하여 모두 유한소수가 되려면 A는 3과 11의 공배수이어야 한다.

따라서 이를 만족하는 가장 작은 자연수 A는 3과 11의 최소공배수인 33이다.

13 $\dfrac{1}{3}<0.\dot{x}<\dfrac{11}{12}$에서 $\dfrac{1}{3}<\dfrac{x}{9}<\dfrac{11}{12}$

$$\therefore \frac{12}{36}<\frac{4x}{36}<\frac{33}{36}$$

따라서 x의 값은 4, 5, 6, 7, 8이므로 모두 5개이다.

14 $0.3\dot{4}=\dfrac{34-3}{90}=\dfrac{31}{90}=\dfrac{31}{2\times3^2\times5}$이므로 유한소수가 되려면 9의 배수를 곱하면 된다.

따라서 곱해야 할 가장 작은 자연수는 9이다.

15 $\dfrac{1}{9}<0.\dot{x}<\dfrac{2}{3}$에서 $\dfrac{1}{9}<\dfrac{x}{9}<\dfrac{2}{3}$

즉, $\dfrac{1}{9}<\dfrac{x}{9}<\dfrac{6}{9}$이므로 x의 값은 2, 3, 4, 5이다.

따라서 한 자리 자연수 x의 값의 합은
$2+3+4+5=14$

16 $\dfrac{7}{20}=\dfrac{7}{2^{\boxed{①2}}\times5}=\dfrac{7\times\boxed{②5}}{2^{\boxed{①2}}\times5\times\boxed{②5}}=\dfrac{\boxed{③35}}{\boxed{④100}}$

$=\boxed{⑤0.35}$

따라서 옳지 않은 것은 ②이다.

중단원 테스트 [2회]　　　　　　018-019쪽

01 33	**02** 200	**03** ④	**04** ⑤	**05** ④
06 ④	**07** ③	**08** ④	**09** 254.0125	
10 ⑤	**11** ②	**12** 32	**13** ②	**14** ③
15 ④	**16** 84			

01 $\dfrac{x}{60}=\dfrac{x}{2^2\times3\times5}$, $\dfrac{x}{88}=\dfrac{x}{2^3\times11}$를 모두 유한소수가 되게 하는 x의 값은 3과 11의 공배수이다.

따라서 x의 값 중 가장 작은 값은 33이다.

02 순환소수 $1.27373\cdots$의 순환마디는 73이므로 $a=73$

순환소수 $0.\dot{1}2\dot{7}$의 순환마디는 127이므로 $b=127$

$$\therefore a+b=73+127=200$$

03 ④ $\dfrac{9}{21}=\dfrac{3}{7}$이므로 무한소수가 된다.

04 ① 순환마디는 63이다.

② 점을 찍어 간단히 나타내면 $3.\dot{6}\dot{3}$이다.

③ x는 $3.6\dot{3}$보다 크다.

④ 순환소수 $363.6363\cdots$은 x의 100배이다.

⑤ 분수로 나타내면 $\dfrac{363-3}{99}=\dfrac{360}{99}=\dfrac{40}{11}$

05 $\dfrac{4}{7}=0.\dot{5}7142\dot{8}$이므로 되풀이되는 숫자는 6개이다.

이때 $200=6\times33+2$이므로 소수점 아래 200번째 자리 숫자는 7이다.

06 $\dfrac{a}{45}=\dfrac{a}{3^2\times5}$는 유한소수로 나타낼 수 있으므로 a는 9의 배수이다.

$\dfrac{36}{125\times a}=\dfrac{2^2\times3^2}{5^3\times a}$은 유한소수로 나타낼 수 없으므로 9의 배수 중에서 소인수 2나 5 이외의 수를 가진 것 중에서 가장 작은 자연수 a는 27이다.

07 $2.\dot{0}\dot{1}+\dfrac{4}{9}=\dfrac{x}{11}$에서 $\dfrac{201-2}{99}+\dfrac{4}{9}=\dfrac{x}{11}$

$$\frac{199}{99}+\frac{44}{99}=\frac{x}{11}, \ \frac{243}{99}=\frac{x}{11}$$

$$\therefore x=27$$

08 ① $\dfrac{5}{12}=\dfrac{5}{2^2\times3}$　　② $\dfrac{10}{21}=\dfrac{10}{3\times7}$

③ $\dfrac{9}{35}=\dfrac{9}{5\times7}$　　④ $\dfrac{9}{60}=\dfrac{3}{20}=\dfrac{3}{2^2\times5}$

⑤ $\dfrac{5}{110}=\dfrac{1}{22}=\dfrac{1}{2\times11}$

따라서 유한소수로 나타낼 수 있는 것은 ④이다.

09 $\dfrac{1}{80}=\dfrac{1}{2^4\times5}=\dfrac{1\times5^3}{2^4\times5\times5^3}=\dfrac{125}{10000}=0.0125$

이므로 $a=4$, $b=5^3$, $c=125$, $d=0.0125$

$$\therefore a+b+c+d=254.0125$$

10 소수 부분이 없어지도록 하기 위해 필요한 식은
⑤ $1000x-100x$이다.

11 $0.\dot{5}=\dfrac{5}{9}=5\times x$이므로 $x=\dfrac{1}{9}$

$0.\dot{4}\dot{5}=\dfrac{45}{99}=y\times\dfrac{1}{99}$이므로 $y=45$

$$\therefore xy=\frac{1}{9}\times45=5$$

12 $0.58\dot{1} = \dfrac{581-5}{990} = \dfrac{576}{990} = \dfrac{32}{55} = \dfrac{x}{55}$

$\therefore x = 32$

13 $\dfrac{7}{15} = 0.4\dot{6}$, $\dfrac{6}{11} = 0.\dot{5}\dot{4}$이므로 $a=1$, $b=2$

$\therefore a+b = 1+2 = 3$

14 $\dfrac{a}{48} = \dfrac{a}{2^4 \times 3}$가 유한소수가 되기 위해서 a는 3의 배수이어야 한다.

36의 약수 1, 2, 3, 4, 6, 9, 12, 18, 36 중에 a의 값이 될 수 있는 수는 3, 6, 9, 12, 18, 36이므로 모두 6개이다.

15 $1.\dot{2}x - 1.2x = 0.\dot{5}\dot{3}$에서 $\dfrac{12-1}{9}x - \dfrac{12}{10}x = \dfrac{53-5}{90}$

$\dfrac{11}{9}x - \dfrac{6}{5}x = \dfrac{8}{15}$, $\dfrac{1}{45}x = \dfrac{8}{15}$

$\therefore x = 24$

16 $\dfrac{33}{630} \times x = \dfrac{11}{210} \times x = \dfrac{11}{2 \times 3 \times 5 \times 7} \times x$가 유한소수가 되기 위해서 x는 21의 배수이어야 한다.

따라서 21의 배수 중에서 가장 큰 두 자리 자연수는 84이다.

중단원 테스트 [서술형]

01 21	**02** 3, 6, 7, 9	**03** 9	**04** 27
05 1, 2, 3		**06** 10	**07** 90	**08** $\dfrac{149}{66}$

01 $\dfrac{1}{28} \times a = \dfrac{1}{2^2 \times 7} \times a$, $\dfrac{1}{150} \times a = \dfrac{1}{2 \times 3 \times 5^2} \times a$이 모두 유한소수가 되려면 a는 3과 7의 공배수이어야 한다. ⋯⋯ ❶

3과 7의 공배수 중 가장 작은 자연수는 3과 7의 최소공배수인 21이다. ⋯⋯ ❷

채점 기준	배점
❶ a의 조건 구하기	50 %
❷ a의 값 중 가장 작은 자연수 구하기	50 %

02 $\dfrac{9}{2^2 \times 3^2 \times 5 \times a} = \dfrac{1}{2^2 \times 5 \times a}$이므로 이것이 유한소수가 되려면 a는 2나 5의 소인수를 가져야 한다. ⋯⋯ ❶

따라서 10 이하의 자연수 중 a의 값이 될 수 없는 수는 3, 6, 7, 9이다. ⋯⋯ ❷

채점 기준	배점
❶ a의 조건 구하기	50 %
❷ a의 값이 될 수 없는 수 모두 구하기	50 %

03 $\dfrac{x}{70}$ $(1 \le x \le 69$, x는 자연수$)$가 유한소수가 되려면

$\dfrac{x}{70} = \dfrac{x}{2 \times 5 \times 7}$이므로 x는 7의 배수이어야 한다.
⋯⋯ ❶

따라서 유한소수는 $\dfrac{7}{70}$, $\dfrac{14}{70}$, ⋯, $\dfrac{63}{70}$의 9개이다.
⋯⋯ ❷

채점 기준	배점
❶ 유한소수가 되는 조건 구하기	50 %
❷ 유한소수인 것의 개수 구하기	50 %

04 $\dfrac{a}{110} = \dfrac{a}{2 \times 5 \times 11}$이므로 유한소수가 되려면 a는 11의 배수이어야 한다.

그런데 $20 < a < 30$이므로 $a = 22$ ⋯⋯ ❶

$\dfrac{a}{110} = \dfrac{22}{110} = \dfrac{1}{5}$이므로 $b=5$ ⋯⋯ ❷

$\therefore a+b = 22+5 = 27$ ⋯⋯ ❸

채점 기준	배점
❶ a의 값 구하기	40 %
❷ b의 값 구하기	40 %
❸ $a+b$의 값 구하기	20 %

05 $0.\dot{7} = \dfrac{7}{9}$이므로 ⋯⋯ ❶

$\dfrac{7}{9} < x < \dfrac{7}{2}$을 만족하는 자연수 x는 1, 2, 3이다.
⋯⋯ ❷

채점 기준	배점
❶ $0.\dot{7}$을 분수로 나타내기	50 %
❷ 자연수 x의 값 모두 구하기	50 %

06 $\dfrac{4}{9} = 0.444\cdots$이므로 $a=4$ ⋯⋯ ❶

$\dfrac{7}{15} = 0.4666\cdots$이므로 $b=6$ ⋯⋯ ❷

$\therefore a+b = 4+6 = 10$ ⋯⋯ ❸

채점 기준	배점
❶ a의 값 구하기	40 %
❷ b의 값 구하기	40 %
❸ $a+b$의 값 구하기	20 %

07 $0.\dot{2}a - 0.2a = 2$ ⋯⋯ ❶

$0.\dot{2}$를 분수로 나타내면 $\dfrac{2}{9}$이므로 ⋯⋯ ❷

$\dfrac{2}{9}a - \dfrac{2}{10}a = 2$, $\dfrac{1}{45}a = 2$

$\therefore a = 90$ ⋯⋯ ❸

채점 기준	배점
❶ 주어진 문장을 식으로 나타내기	30 %
❷ 순환소수를 분수로 나타내기	30 %
❸ a의 값 구하기	40 %

08 $2.25\dot{5}\dot{7}$을 x라고 하면

$x=2.2575757\cdots$ ...... ㉠

㉠의 양변에 10, 1000을 각각 곱하면

$10x=22.575757\cdots$ ...... ㉡

$1000x=2257.575757\cdots$ ...... ㉢ ...... ❶

㉢에서 ㉡을 변끼리 빼면

$990x=2235$ $\therefore x=\dfrac{2235}{990}=\dfrac{149}{66}$

따라서 $2.25\dot{5}\dot{7}=\dfrac{149}{66}$이다. ...... ❷

채점 기준	배점
❶ 소수 부분이 같은 두 수 만들기	50 %
❷ 순환소수를 분수로 나타내기	50 %

2. 식의 계산

01. 지수법칙

소단원 집중 연습	022-023쪽

01 (1) 5, 9 (2) 4, 10 (3) 5, 15 (4) 3, 13

02 (1) 5^8 (2) x^7 (3) 7^8 (4) x^{34}

    (5) y^{24} (6) x^{48}

03 (1) 7, 3 (2) 1 (3) 8, 3 (4) 4, 10

04 (1) 2^6 (2) 1 (3) x^2 (4) $\dfrac{1}{y^3}$

    (5) x^4 (6) $\dfrac{1}{y^5}$

05 (1) 3, 4, 12, 20 (2) 5, 5, 10, 35

    (3) 2, 2, 2, 6 (4) 3, 8, 12, 24

06 (1) $-8a^9$ (2) $x^{12}y^{20}$ (3) $x^4y^4z^4$

    (4) $a^4b^2c^6$ (5) $\dfrac{x^{12}}{27}$ (6) $-\dfrac{27a^6}{b^{18}}$

07 (1) a^2 (2) x^6 (3) x^{14} (4) x^{10}

    (5) a^6 (6) 1 (7) a (8) 1

소단원 테스트 [1회]	024쪽

01 ④ **02** ② **03** ⑤ **04** ② **05** ②

06 ③ **07** ② **08** ⑤

01 $a=2^x$일 때, $8^x=2^{3x}=(2^x)^3=a^3$

02 $(a^2)^5 \div (a^2 \times a^\square)=a^5$에서

$a^{10} \div a^{2+\square}=a^5$

$a^{10-(2+\square)}=a^5$

즉, $10-(2+\square)=5$이므로

$2+\square=5$ $\therefore \square=3$

03 ① $a^\square \times a^4=a^7$에서 $a^{\square+4}=a^7$

    $\square+4=7$ $\therefore \square=3$

  ② $a^3 \div a^6=\dfrac{1}{a^\square}$에서 $\dfrac{1}{a^{6-3}}=\dfrac{1}{a^\square}$

    $\therefore \square=3$

  ③ $\left(\dfrac{a^2}{b}\right)^3=\dfrac{a^6}{b^3}$에서 $\dfrac{a^{2\times3}}{b^3}=\dfrac{a^6}{b^\square}$

    $\therefore \square=3$

  ④ $a^3 \times (-a)^4 \div a^\square=a^4$에서 $a^{3+4-\square}=a^4$

    $7-\square=4$ $\therefore \square=3$

  ⑤ $(a^\square)^4 \div a^6=a^2$에서 $a^{\square\times4-6}=a^2$

    $\square\times4-6=2$ $\therefore \square=2$

04 $2^x \div 2^4=256$에서 $2^{x-4}=2^8$

즉, $x-4=8$이므로 $x=12$

05 (주어진 식)$=(-x)\times x^2 \times(-x^3)\times x^4 \times(-x^5)$

$\qquad\qquad\quad=-x^{1+2+3+4+5}=-x^{15}$

06 $(a^5)^x \times(a^x)^3=a^{5x}\times a^{3x}=a^{5x+3x}=a^{8x}=a^{40}$

이므로 $8x=40$

$\therefore x=5$

07 $4^8\times5^{18}=2^{16}\times5^{18}=25\times(2\times5)^{16}=25\times10^{16}$이므로

$4^8\times5^{18}$은 18자리 수이다.

$\therefore n=18$

08 ㄱ. $2^4+2^4+2^4+2^4=4\times2^4=2^2\times2^4=2^6$

   ㄴ. $2^5\times2^2=2^7$

   ㄷ. $2^{12}\div2^6\times(2^3)^3=2^{12-6+9}=2^{15}$

   ㄹ. $\{(2^2)^2\}^2=2^8$

따라서 계산 결과가 큰 순서대로 나열하면

ㄷ - ㄹ - ㄴ - ㄱ

소단원 테스트 [2회]	025쪽

01 ab^2 **02** 25 **03** 16 **04** 140 **05** $\dfrac{1}{2}$

06 12 **07** 3 **08** $\dfrac{A^3}{27}$

01 $a=2^x$, $b=3^x$일 때,

$18^x=(2\times3^2)^x=2^x\times(3^x)^2=ab^2$

02
$$2 \times 4 \times 6 \times 8 \times 10 \times 12 \times 14 \times 16 \times 18 \times 20$$
$$= 2^{18} \times 3^4 \times 5^2 \times 7^1 = 2^a \times 3^b \times 5^c \times 7^d$$
에서 $a=18$, $b=4$, $c=2$, $d=1$
$$\therefore a+b+c+d=25$$

03 $16^3=(2^4)^3=2^{12}$이므로 $a=4$, $b=12$
$$\therefore a+b=4+12=16$$

04 $5^3+5^3+5^3+5^3+5^3=5 \times 5^3=5^4$ $\quad \therefore a=4$
$6^2 \times 6^2 \times 6^2 \times 6^2 \times 6^2=(6^2)^5=(6^5)^2$ $\quad \therefore b=5$
$a^c \div a^4 \times a^7=a^{c-4+7}=a^{10}$ $\quad \therefore c=7$
$$\therefore a \times b \times c=4 \times 5 \times 7=140$$

05 $\dfrac{3^6+3^6+3^6}{4^4+4^4+4^4+4^4} \times \dfrac{2^8+2^8}{9^3+9^3+9^3}=\dfrac{3 \times 3^6}{4 \times 4^4} \times \dfrac{2 \times 2^8}{3 \times 9^3}$
$$=\dfrac{3^7}{2^{10}} \times \dfrac{2^9}{3^7}=\dfrac{1}{2}$$

06 $2^{10} \times 5^{12} \times 3=3 \times 5^2 \times (2 \times 5)^{10}=75 \times 10^{10}$이므로
$2^{10} \times 5^{12} \times 3$은 12자리 수이다.
$$\therefore n=12$$

07 $(3^2)^x \div 3=3^5$에서 $2x-1=5$
$$\therefore x=3$$

08 $A=3^{x+1}$에서 $A=3^x \times 3$이므로 $3^x=\dfrac{A}{3}$
$$\therefore 27^x=3^{3x}=(3^x)^3=\left(\dfrac{A}{3}\right)^3=\dfrac{A^3}{27}$$

02. 단항식의 곱셈과 나눗셈

소단원 집중 연습			026-027쪽
01 (1) $24xy$	(2) $-48ab$	(3) $18xy$	(4) $-15x^2y$
02 (1) $-45x^8$	(2) $-12a^5$	(3) $18xy^3$	(4) $-30a^3b^5$
03 (1) $3a^4b^7$	(2) $8x^{11}y^5$	(3) $-a^5b^4$	(4) $-60x^8y^9$
04 (1) $5x^3$	(2) $4xy^2$	(3) $9x^2$	(4) $4x^2y^5$
05 (1) $\dfrac{1}{4}x^5y^2$	(2) $-\dfrac{6y^4}{x}$	(3) $36a^2b^5$	(4) $\dfrac{4y}{x^2}$
06 (1) $6x^3$	(2) $-16x^6$	(3) a^4	(4) $-\dfrac{8}{x^2}$
07 (1) $\dfrac{75}{16}a^6b^9$	(2) $18xy^5$	(3) $20xy^4$	(4) $24a^3b^6$
(5) $2ab^2$	(6) $\dfrac{6b^7}{a^2}$	(7) $45a^5b^2$	(8) $-72a^3b^5$

소단원 테스트 [1회]				028쪽
01 ⑤	**02** ⑤	**03** ①	**04** ①	**05** ⑤
06 ⑤	**07** ①	**08** ②		

01 어떤 단항식을 A라 하면
$$4x^3y^6 \div A=-\dfrac{1}{2}xy^2$$에서 $4x^3y^6 \times \left(-\dfrac{2}{xy^2}\right)=A$
$$\therefore A=-8x^2y^4$$
따라서 바르게 계산하면
$$4x^3y^6 \times (-8x^2y^4)=-32x^5y^{10}$$

02 $(-4x^3)^2 \div (-2x^2y)^2 \times 2xy^3$
$$=16x^6 \div 4x^4y^2 \times 2xy^3$$
$$=\dfrac{16x^6 \times 2xy^3}{4x^4y^2}=8x^3y$$

03 $A=\dfrac{3}{7}x^7y^2 \div \dfrac{6}{49}xy^4=\dfrac{3}{7}x^7y^2 \times \dfrac{49}{6xy^4}=\dfrac{7x^6}{2y^2}$
$B=(3x^2y)^2 \div \left(-\dfrac{x^2}{y}\right)^3 \times \left(-\dfrac{x^3}{y^4}\right)$
$$=9x^4y^2 \times \left(-\dfrac{y^3}{x^6}\right) \times \left(-\dfrac{x^3}{y^4}\right)$$
$$=9xy$$
$$\therefore AB=\dfrac{7x^6}{2y^2} \times 9xy=\dfrac{63x^7}{2y}$$

04 $\left(\dfrac{3}{2}xy\right)^3 \times \boxed{} \div \left(\dfrac{5y^3}{4x} \div \dfrac{5y^3}{9x}\right)=1$에서
$$\dfrac{27}{8}x^3y^3 \times \boxed{} \div \left(\dfrac{5y^3}{4x} \times \dfrac{9x}{5y^3}\right)=1$$
$$\therefore \boxed{}=1 \times \dfrac{8}{27x^3y^3} \times \dfrac{9}{4}=\dfrac{2}{3x^3y^3}$$

05 ① $3a^2 \times (-4a^3)=-12a^5$
② $2ax^2 \times (-3ax^2)=-6a^2x^4$
③ $10x^2y \times \left(-\dfrac{1}{5}xy\right)=-2x^3y^2$
④ $(2a^2b)^3 \times (-ab^2)=8a^6b^3 \times (-ab^2)=-8a^7b^5$

06 $(-12xy^2) \div 4x^2y \times \boxed{}=-6x^2y^2$에서
$$(-12xy^2) \times \dfrac{1}{4x^2y} \times \boxed{}=-6x^2y^2$$
$$\dfrac{-3y}{x} \times \boxed{}=-6x^2y^2$$
$$\therefore \boxed{}=-6x^2y^2 \times \dfrac{x}{-3y}=2x^3y$$

07 원기둥의 높이를 h라 하면
$$\pi \times (2a)^2 \times h=28\pi a^3b^3$$
$$\therefore h=28\pi a^3b^3 \times \dfrac{1}{4\pi a^2}=7ab^3$$

08 $(-2x^3y)^3 \div \dfrac{8x^4}{3y^2} \times \dfrac{1}{(-3xy^3)^2}$

$$= (-8x^9y^3) \times \frac{3y^2}{8x^4} \times \frac{1}{9x^2y^6}$$

$$= -\frac{x^3}{3y} = \frac{ax^b}{y^c}$$

따라서 $a=-\dfrac{1}{3}$, $b=3$, $c=1$이므로 $abc=-1$

소단원 테스트 [2회]		029쪽

01 13　　**02** $-\dfrac{16x^2}{9y}$　　**03** $-\dfrac{4}{3}y$

04 $-3xy^3$　　**05** $-6xy^3$　　**06** 29

07 $10x^4y^3$　　**08** $3xy$

01　$(-4x^3y)^2 \div 6x^5y \times 3xy^2 = 16x^6y^2 \times \dfrac{1}{6x^5y} \times 3xy^2$

$$= 8x^2y^3$$
$$= ax^by^c$$

따라서 $a=8$, $b=2$, $c=3$이므로 $a+b+c=13$

02　어떤 식을 A라 하면 $A \times \dfrac{3}{5}xy^2 = -\dfrac{16}{25}x^4y^3$

$$\therefore A = -\frac{16}{25}x^4y^3 \times \frac{5}{3xy^2} = -\frac{16}{15}x^3y$$

따라서 바르게 계산하면

$$-\frac{16}{15}x^3y \div \frac{3}{5}xy^2 = -\frac{16}{15}x^3y \times \frac{5}{3xy^2} = -\frac{16x^2}{9y}$$

03　$5xy^5 \div A = 15x^2y^2$에서 $A = 5xy^5 \times \dfrac{1}{15x^2y^2} = \dfrac{y^3}{3x}$

$-2x^2y^3 \times B = 8x^3y$에서

$$B = 8x^3y \times \left(-\frac{1}{2x^2y^3}\right) = -\frac{4x}{y^2}$$

$$\therefore A \times B = \frac{y^3}{3x} \times \left(-\frac{4x}{y^2}\right) = -\frac{4}{3}y$$

04　$x^4y^2 \times \boxed{} \div (-3x^4y^3) = xy^2$에서

$$x^4y^2 \times \boxed{} \times \left(-\frac{1}{3x^4y^3}\right) = xy^2$$

$$\boxed{} \times \left(-\frac{1}{3y}\right) = xy^2$$

$$\therefore \boxed{} = xy^2 \times (-3y) = -3xy^3$$

05　$(-2x^2y)^3 \div 3x^3y^4 \times \boxed{} = 16x^4y^2$에서

$$-8x^6y^3 \times \frac{1}{3x^3y^4} \times \boxed{} = 16x^4y^2$$

$$-\frac{8x^3}{3y} \times \boxed{} = 16x^4y^2$$

$$\therefore \boxed{} = 16x^4y^2 \times \left(-\frac{3y}{8x^3}\right) = -6xy^3$$

06　$(2x^ay^5)^3 \div \left(\dfrac{x}{y^c}\right)^b \times 3x^2y^3 = cx^9y^{24}$에서

$$8x^{3a}y^{15} \times \frac{y^{3b}}{x^b} \times 3x^2y^3 = cx^9y^{24}$$

$$24x^{3a-b+2}y^{18+3b} = cx^9y^{24}$$

즉, $3a-b+2=9$, $18+3b=24$이므로

$a=3$, $b=2$, $c=24$

$$\therefore a+b+c=29$$

07　삼각형의 높이를 h라 하면

$$\frac{1}{2} \times 7x^4y^3 \times h = 35x^8y^6$$

$$\therefore h = 35x^8y^6 \times \frac{2}{7x^4y^3} = 10x^4y^3$$

08　직육면체의 높이를 h라 하면

$$2x \times y \times h = 6x^2y^2 \qquad \therefore h = 3xy$$

---

03. 다항식의 계산

소단원 집중 연습		030-031쪽

01 (1) $4a+b$　　(2) $5x+y$

　　(3) $2a+3b$　　(4) $-2x-6y$

02 (1) $5x-13y$　　(2) $8a-2b$

　　(3) $\dfrac{7}{12}x - \dfrac{1}{10}y$　　(4) $\dfrac{13a+3b}{12}$

03 (1) ○　　(2) ×　　(3) ×　　(4) ○

04 (1) $4x^2+2x-11$　　(2) $3a^2+a-4$

　　(3) x^2+8x-3　　(4) $2a^2-6a-5$

05 (1) $5x-7y$　　(2) $3x^2-x+5$

　　(3) $11x^2-2x-7$　　(4) $\dfrac{11x^2-29x+25}{24}$

06 (1) $3x^2+6xy$　　(2) $12a^2-4ab$

　　(3) $-12ab-10b^2$　　(4) $\dfrac{3}{2}x^2 + \dfrac{15}{4}xy$

07 (1) $3x+2$　　(2) $-5x+2y$

　　(3) $2xy-3y+1$　　(4) $15a+18b$

08 (1) $-2a^2+9ab$　　(2) $9x^2-4xy-5y^2$

　　(3) $xy+11y$　　(4) $-19b+3$

소단원 테스트 [1회]		032쪽

01 ④　**02** ①　**03** ①　**04** ②　**05** ②

06 ①　**07** ⑤　**08** ④

01
$$10x^2+2x-[3+x-\{8x^2-4x-(3+4x)\}]$$
$$=10x^2+2x-\{3+x-(8x^2-8x-3)\}$$
$$=10x^2+2x-(-8x^2+9x+6)$$
$$=18x^2-7x-6$$
$$=Ax^2+Bx+C$$
따라서 $A=18$, $B=-7$, $C=-6$이므로
$$A-B+C=18-(-7)+(-6)=19$$

02
$3x^2-x+1-\boxed{}=4x^2+3$에서
$$-\boxed{}=4x^2+3-(3x^2-x+1)$$
$$-\boxed{}=4x^2+3-3x^2+x-1$$
$$-\boxed{}=x^2+x+2$$
$$\therefore \boxed{}=-x^2-x-2$$

03
$$\dfrac{6x^2y-4xy^2}{2xy}-\dfrac{9xy+6y^2}{3y}$$
$$=3x-2y-3x-2y=-4y$$

04
ㄱ. $x(-4x+1)=-4x^2+x$
ㄴ. $2(x^2+x)-(6x^2+x)=-4x^2+x$
ㄷ. $(4x^3-x^2)\div(-x)=-4x^2+x$
ㄹ. $(8x^4+2x^3)\div(-2x^2)=-4x^2-x$
ㅁ. $2(x^2-x+1)-(6x^2-2x+3)=-4x^2-1$
따라서 계산 결과가 서로 같은 것은 ㄱ, ㄴ, ㄷ이다.

05
$$3(2x^2+ax-1)-(4x^2+x-5)$$
$$=6x^2+3ax-3-4x^2-x+5$$
$$=2x^2+(3a-1)x+2$$
이때 x^2의 계수와 x의 계수의 합이 -5가 되므로
$$2+(3a-1)=-5 \qquad \therefore a=-2$$

06
$$(16x^2+36xy)\div(-4x)-(27y^2+\boxed{})\div 9y$$
$$=-3x-12y$$
에서 $-4x-9y-3y-\dfrac{\boxed{}}{9y}=-3x-12y$
$$-\dfrac{\boxed{}}{9y}=x \qquad \therefore \boxed{}=-9xy$$

07 어떤 식을 A라 하면
$$A-(2x^2-3x+2)=5x^2-3x-2$$
$$\therefore A=7x^2-6x$$
따라서 바르게 계산하면
$$7x^2-6x+(2x^2-3x+2)=9x^2-9x+2$$

08
$$(\text{넓이})=3a(6a+1)-2a\times a$$
$$=18a^2+3a-2a^2$$
$$=16a^2+3a$$

01 4	**02** $20x^2y-15y^3$	**03** $2x^2+2x+4$
04 $4x^2-6y^2+2y$	**05** 6	**06** $2x^2-3x-2$
07 0	**08** $ab+\dfrac{3}{2}b^2$	

01
$$x^2+\{-2(1-x)+x(4+x)\}-3x+1$$
$$=x^2+(x^2+6x-2)-3x+1$$
$$=2x^2+3x-1$$
$$=ax^2+bx+c$$
따라서 $a=2$, $b=3$, $c=-1$이므로
$$a+b+c=4$$

02 가로의 길이를 A라 하면
$$A\times\dfrac{2}{5}xy=8x^3y^2-6xy^4$$
$$\therefore A=8x^3y^2\times\dfrac{5}{2xy}-6xy^4\times\dfrac{5}{2xy}$$
$$=20x^2y-15y^3$$

03 $A-(-x^2+3x+2)=4x^2-4x$에서
$$A=4x^2-4x+(-x^2+3x+2)$$
$$=4x^2-4x-x^2+3x+2$$
$$=3x^2-x+2$$
따라서 바르게 계산한 식은
$$(3x^2-x+2)+(-x^2+3x+2)$$
$$=3x^2-x+2-x^2+3x+2$$
$$=2x^2+2x+4$$

04 $2x^2-\{6y^2-(2x^2-\boxed{})\}+5y=3y$에서
$$2x^2-(-2x^2+6y^2+\boxed{})+5y=3y$$
$$2x^2+2x^2-6y^2-\boxed{}+5y=3y$$
$$\therefore \boxed{}=4x^2-6y^2+2y$$

05
$$(15x^2-6xy)\div 3x-(20xy-35y^2)\times\dfrac{1}{5y}$$
$$=5x-2y-4x+7y$$
$$=x+5y$$
이때 x의 계수는 1, y의 계수는 5이므로 두 수의 합은 6이다.

06 $A-(2x^2-3x-2)=x^2-1$에서
$$A=3x^2-3x-3$$
이때 바르게 계산한 식을 B라 하면
$$B=3x^2-3x-3+2x^2-3x-2=5x^2-6x-5$$
$$\therefore -A+B=-3x^2+3x+3+5x^2-6x-5$$
$$=2x^2-3x-2$$

07
$$\dfrac{4x^2y-12xy^2+8xy}{-4xy}-\dfrac{2x^2y^2-4x^3y}{2x^2y}$$

$$=-x+3y-2-y+2x$$
$$=x+2y-2$$
이때 $x=-2$, $y=2$를 위 식에 대입하면
$$-2+4-2=0$$

08 색칠한 삼각형의 넓이를 S라 하면
$$S=6ab-\frac{1}{2}\left\{4ab+3b\left(2a-\frac{3}{2}b\right)+\frac{3}{2}b^2\right\}$$
$$=6ab-\frac{1}{2}(10ab-3b^2)$$
$$=ab+\frac{3}{2}b^2$$

중단원 테스트 [1회]　　　　034-037쪽

01 ③	**02** ①	**03** ③	**04** ②	**05** ③
06 ⑤	**07** $-5b$	**08** $18a+2b-2$		**09** ①
10 ④	**11** ②	**12** ②	**13** ②	**14** ④
15 ②	**16** $5ab^3$	**17** ⑤	**18** ⑤	**19** ①
20 ⑤	**21** ③	**22** ③	**23** ③	**24** ④
25 ④	**26** 4	**27** ④	**28** 2	**29** ①
30 ④	**31** ②	**32** $6a^2b^3$		

01 ③ $3a^2b\times(2ab)^2=12a^4b^3$

02 $\dfrac{-6a^2b-3ab}{3b}-\dfrac{20a^2b-25ab^2}{5b}$
$$=-2a^2-a-4a^2+5ab$$
$$=-6a^2-a+5ab$$

03 $\left(\dfrac{3x^b}{y}\right)^2=\dfrac{9x^{2b}}{y^2}=\dfrac{ax^8}{y^c}$이므로
$a=9$, $2b=8$에서 $b=4$, $c=2$
$$\therefore a-b-c=9-4-2=3$$

04 $4a^2+a-2-(a^2-3a+4)=3a^2+4a-6$
이때 a^2의 계수는 3, 상수항은 -6이므로 두 수의 합은 -3이다.

05 $(-6a^4)\times\square=3a^2\times8a^6=24a^8$
$$\therefore \square=24a^8\div(-6a^4)=-4a^4$$

06 어떤 식을 A라 하면
$$x^2-2x-5-A=4x^2-x+6$$
$$\therefore A=-4x^2+x-6+x^2-2x-5$$
$$=-3x^2-x-11$$
따라서 바르게 계산한 식은
$$x^2-2x-5-3x^2-x-11=-2x^2-3x-16$$

07 $-5b(-a+2b)\div\square+2(3a-b)=5a$에서
$$-5b(-a+2b)\div\square=-a+2b$$
$$\therefore \square=-5b$$

08 (둘레의 길이)$=2\times\{(2a+5b-3)+(7a-4b+2)\}$
$$=2(9a+b-1)=18a+2b-2$$

09 $3x^2-[-x^2-\{3x-(-x^2+2x-5)\}]$
$$=3x^2-\{-x^2-(x^2+x+5)\}$$
$$=3x^2-(-2x^2-x-5)$$
$$=5x^2+x+5$$
$$=ax^2+bx+c$$
따라서 $a=5$, $b=1$, $c=5$이므로 $a+b-c=1$

10 ④ $a^3\div a^9=\dfrac{1}{a^6}$

11 $(x^3)^{\square}\times x^2=x^{20}$에서 $(x^3)^{\square}=x^{18}$
$3\times\square=18$　　$\therefore \square=6$

12 $A\times(-4x^2y^5)=24x^3y^4$에서
$$A=\frac{24x^3y^4}{-4x^2y^5}=-\frac{6x}{y}$$

13 $a=2^{x-2}$에서 $a=2^x\times\dfrac{1}{2^2}$이므로 $2^x=4a$
$b=3^{x+1}$에서 $b=3^x\times3$이므로 $3^x=\dfrac{b}{3}$
$$\therefore 12^x=(2^2\times3)^x=(2^x)^2\times3^x$$
$$=16a^2\times\frac{b}{3}=\frac{16}{3}a^2b$$

14 $4x^3\times(-2x^6)=4\times(-2)\times x^{3+6}$
$$=-8x^9=Ax^B$$
따라서 $A=-8$, $B=9$이므로 $A+B=1$

15 $(8^5+8^5+8^5+8^5)\times5^{15}=4\times8^5\times5^{15}$
$$=2^2\times2^{15}\times5^{15}$$
$$=4\times10^{15}$$
따라서 $(8^5+8^5+8^5+8^5)\times5^{15}$은 16자리 수이므로
$n=16$

16 (직육면체의 높이)$=\dfrac{60a^2b^4}{4a\times3b}=\dfrac{60a^2b^4}{12ab}=5ab^3$

17 $3^x\times27=81^4$에서 $3^x\times3^3=(3^4)^4$
$3^x\times3^3=3^{16}$, $x+3=16$
$$\therefore x=13$$

18 $3(2x-5y+2)+(x-4y-7)$
$$=6x-15y+6+x-4y-7$$
$$=7x-19y-1$$
이때 x의 계수는 7, 상수항은 -1이므로 두 수의 합은 6이다.

19 $\left(-\dfrac{3x^b}{y}\right)^3=\dfrac{-27x^{3b}}{y^3}=\dfrac{ax^6}{y^c}$이므로
$a=-27$, $3b=6$에서 $b=2$, $c=3$
$$\therefore \frac{a}{c}+b=\frac{-27}{3}+2=-9+2=-7$$

20 $\square \div 27x^3y^4 = \dfrac{3x^5y^6}{\square}$ 에서

$\square^2 = 3x^5y^6 \times 27x^3y^4 = 81x^8y^{10} = (9x^4y^5)^2$

$\therefore \square = 9x^4y^5$

따라서 $A=9$, $B=4$, $C=5$이므로

$A+B+C=18$

21 $(3x^\square y)^\square \div x^3y^6 = \dfrac{3^4x^9}{y^\square}$ 에서

$(3x^\square y)^{\boxed{4}} \div x^3y^6 = \dfrac{3^4x^9}{y^\square}$

$(3x^{\boxed{3}}y)^{\boxed{4}} \div x^3y^6 = \dfrac{3^4x^9}{y^{\boxed{2}}}$

따라서 $\square$ 안의 값은 순서대로 3, 4, 2이다.

22 한 모서리의 길이를 A라고 하면

$6A^2 = 96x^6y^8$에서 $A^2 = 16x^6y^8 = (4x^3y^4)^2$

$\therefore A = 4x^3y^4$

23 $3^{18} \div 3^{2x} \div 3^3 = 3^{18-2x-3} = 3^9$에서

$15 - 2x = 9$, $2x = 6$

$\therefore x = 3$

24 $A = 2^2$, $B = 5^2$이므로

$80^4 = (2^4 \times 5)^4 = 2^{16} \times 5^4 = (2^2)^8 \times (5^2)^2 = A^8B^2$

25 $2^{x+3} = 2^x \times 2^3 = \square \times 2^x$에서

$\square = 2^3 = 8$

26 (가) $(x^3)^a \div x^{11} = \dfrac{1}{x^2}$에서 $x^{3a} = x^9$

$3a = 9$ $\therefore a = 3$

(나) $(3x^b)^c = 27x^{12}$에서 $3^c x^{bc} = 3^3 x^{12}$

$c = 3$

$bc = 3b = 12$에서 $b = 4$

$\therefore a+b-c = 3+4-3 = 4$

27 $\dfrac{(4^2+4^2+4^2) \times (3^3+3^3+3^3)}{9^2+9^2} \times \dfrac{3^6+3^6}{3 \times (2^8+2^8+2^8)}$

$= \dfrac{(3 \times 4^2) \times (3 \times 3^3)}{2 \times 9^2} \times \dfrac{2 \times 3^6}{3 \times 3 \times 2^8}$

$= \dfrac{2^4 \times 3^5}{2 \times 3^4} \times \dfrac{2 \times 3^6}{2^8 \times 3^2} = \dfrac{3^5}{2^4}$

28 $(-3x^2y^3)^3 \times (2xy^2)^2 \div 18x^5y^8$

$= -27x^6y^9 \times 4x^2y^4 \div 18x^5y^8$

$= -6x^3y^5$

$= ax^by^c$

따라서 $a=-6$, $b=3$, $c=5$이므로 $a+b+c=2$

29 $A = 3x^2+4x-2+2A$에서 $A = -3x^2-4x+2$

$B \div \dfrac{x}{y} = 6xy - 5y - \dfrac{7y}{x}$에서

$B = \left(6xy - 5y - \dfrac{7y}{x}\right) \times \dfrac{x}{y} = 6x^2 - 5x - 7$

$A - [-B - \{2A - 2(B-C)\}]$

$= A - \{-B - (2A - 2B + 2C)\}$

$= A - (-2A + B - 2C)$

$= 3A - B + 2C$

$= x^2 - 5x + 3$

$3(-3x^2 - 4x + 2) - (6x^2 - 5x - 7) + 2C$

$= x^2 - 5x + 3$

$-15x^2 - 7x + 13 + 2C = x^2 - 5x + 3$

$2C = 16x^2 + 2x - 10$

$\therefore C = 8x^2 + x - 5$

30 $(-16a^4) \div \left(-\dfrac{1}{8}a^6\right) \times \square = 32a^5$에서

$\dfrac{128}{a^2} \times \square = 32a^5$

$\therefore \square = 32a^5 \div \dfrac{128}{a^2} = \dfrac{a^7}{4}$

31 어떤 식을 A라 하면

$x^2 + x - 2 + A = -2x^2 + 4x - 5$

$\therefore A = -3x^2 + 3x - 3$

즉, 바르게 계산하면

$x^2 + x - 2 - (-3x^2 + 3x - 3)$

$= x^2 + x - 2 + 3x^2 - 3x + 3$

$= 4x^2 - 2x + 1$

따라서 x의 계수는 -2이다.

32 $\left(\dfrac{1}{2} \times 5ab \times 4b\right) \times (높이) = 60a^3b^5$에서

$10ab^2 \times (높이) = 60a^3b^5$

$\therefore (높이) = 60a^3b^5 \div 10ab^2 = 6a^2b^3$

중단원 테스트 [2회]		038-041쪽
01 ②	**02** $12\pi a^5b^2 + 8\pi a^4b^3$	**03** ②
04 ③	**05** ③	**06** ③ **07** -2
08 $\dfrac{3}{4}x^4$	**09** ④	**10** $72\pi a^7b^8$ **11** $16A^4$
12 ②	**13** ③	**14** -4 **15** ⑤ **16** ③
17 ②	**18** ④	**19** $\dfrac{7x+11y}{12}$ **20** ③
21 36	**22** $-\dfrac{1}{3}x^2$	**23** ④ **24** ②
25 ③	**26** 81	**27** $5x^6y^2$ **28** ③ **29** ④
30 ④	**31** ②	**32** ③

01 (가) $\dfrac{2^{41} \times 45^{20}}{18^{20}} = \dfrac{2^{41} \times 3^{40} \times 5^{20}}{2^{20} \times 3^{40}} = 2^{21} \times 5^{20} = 2 \times 10^{20}$

이므로 21자리 자연수이다.

$\therefore a = 21$

(나) $27^{2b-3}=3^{15}\div\left(\dfrac{1}{3}\right)^6$에서 $3^{6b-9}=3^{15}\times3^6=3^{21}$

$\qquad 6b-9=21 \qquad \therefore b=5$

$\qquad \therefore ab=21\times5=105$

02 (부피)$=\pi\times(2a^2b)^2\times(3a+2b)$

$\qquad\quad =\pi\times4a^4b^2\times(3a+2b)$

$\qquad\quad =12\pi a^5b^2+8\pi a^4b^3$

03 $5x(x+y)-3y(2x+y)$

$\quad =5x^2+5xy-6xy-3y^2$

$\quad =5x^2-xy-3y^2$

$\quad =5\times\left(-\dfrac{6}{5}\right)^2-\left(-\dfrac{6}{5}\right)\times\left(-\dfrac{4}{3}\right)-3\times\left(-\dfrac{4}{3}\right)^2$

$\quad =\dfrac{36}{5}-\dfrac{8}{5}-\dfrac{16}{3}=\dfrac{4}{15}$

04 ㄴ. $\left(\dfrac{x^3}{5}\right)^a=\dfrac{x^{3a}}{5^a}=\dfrac{x^9}{125}$에서 $a=3$

$\quad$ ㄷ. $2^x\times8\div2^4=2^x\times2^3\div2^4=2^{x+3-4}=2^{x-1}=2$에서

$\qquad x-1=1 \qquad \therefore x=2$

05 ① 3 ② 4 ③ 6 ④ 4 ⑤ 5

06 $a^4\div a^3\div a^2=a\div a^2=\dfrac{1}{a}$

$\quad$ ① $a^4\div(a^3\div a^2)=a^4\div a=a^3$

$\quad$ ② $a^4\times a^2\div a^3=a^6\div a^3=a^3$

$\quad$ ③ $a^4\div(a^2\times a^3)=a^4\div a^5=\dfrac{1}{a}$

$\quad$ ④ $a^4\times(a^3\div a^2)=a^4\times a=a^5$

$\quad$ ⑤ $a^4\div a^2\times a^3=a^2\times a^3=a^5$

07 $\left(\dfrac{2x^a}{y^4}\right)^3=\dfrac{8x^{3a}}{y^{12}}=\dfrac{bx^6}{y^c}$이므로

$\quad$ $3a=6$에서 $a=2$, $b=8$, $c=12$

$\quad \therefore a+b-c=2+8-12=-2$

08 $A=4x^6y^2\times3xy^3=12x^7y^5$

$\quad B=(-8x^6y^6)\times\left(-\dfrac{2}{x^3y}\right)=16x^3y^5$

$\quad \therefore A\div B=12x^7y^5\div16x^3y^5=\dfrac{12x^7y^5}{16x^3y^5}=\dfrac{3}{4}x^4$

09 $ab=5^{2x}\times5^{2y}=5^{2x+2y}=5^{2(x+y)}$

$\quad$ 이때 $x+y=2$이므로

$\quad 5^{2(x+y)}=5^{2\times2}=5^4=625$

$\quad \therefore ab=625$

10 구의 겉넓이는 $4\pi\times(3a^2b^3)^2=36\pi a^4b^6$

$\quad$ 원기둥의 높이를 h라고 하면 옆넓이는

$\quad 2\pi\times4a^3b^2\times h=8\pi a^3b^2\times h$

$\quad$ 즉, $36\pi a^4b^6=8\pi a^3b^2\times h$이므로

$\quad h=36\pi a^4b^6\div8\pi a^3b^2=\dfrac{36\pi a^4b^6}{8\pi a^3b^2}=\dfrac{9}{2}ab^4$

따라서 원기둥의 부피는

$\pi\times(4a^3b^2)^2\times\dfrac{9}{2}ab^4=72\pi a^7b^8$

11 $A=2^{x-1}$의 양변에 2를 곱하면

$\quad 2A=2^{x-1}\times2=2^x$

$\quad \therefore 16^x=(2^4)^x=2^{4x}=(2^x)^4=(2A)^4=16A^4$

12 $2^{11}\times5^9=(2^2\times2^9)\times5^9=2^2\times(2^9\times5^9)$

$\qquad\qquad\qquad\qquad =4\times10^9$

따라서 10자리 자연수이므로 $n=10$

13 $A\div\left(-\dfrac{6}{5}a^2b^3\right)=15ab$에서

$\quad A=15ab\times\left(-\dfrac{6}{5}a^2b^3\right)=-18a^3b^4$

따라서 바르게 계산하면

$\quad -18a^3b^4\times\left(-\dfrac{6}{5}a^2b^3\right)=\dfrac{108a^5b^7}{5}$

14 $x(4x-5y)+ay(-x+2y)$

$\quad =4x^2-5xy-axy+2ay^2$

$\quad =4x^2-(5+a)xy+2ay^2$

$\quad xy$의 계수가 -1이므로 $-(5+a)=-1$

$\quad \therefore a=-4$

$\quad$ 이때 y^2의 계수는 $2a=-8$

$\quad$ 따라서 x^2의 계수와 y^2의 계수의 합은

$\quad 4+(-8)=-4$

15 ① $2x(5-3x)=10x-6x^2$

$\quad$ ② $-\dfrac{2}{3}x(6x-5)=-4x^2+\dfrac{10}{3}x$

$\quad$ ③ $2x(x^2-5x+6)=2x^3-10x^2+12x$

$\quad$ ④ $(x+3y-4)\times(-6x)=-6x^2-18xy+24x$

$\quad$ ⑤ $-3x^2y\left(\dfrac{5}{x}-\dfrac{6}{y}\right)=-15xy+18x^2$

$\quad$ 따라서 x^2의 계수가 가장 큰 것은 ⑤이다.

16 $(x+ay)+(2x-7y)=3x+(a-7)y=bx-5y$

$\quad$ 즉, $3=b$, $a-7=-5$이므로 $a=2$, $b=3$

$\quad \therefore a+b=2+3=5$

17 $(-2xy)^3\div\boxed{}\times6x^2y=\dfrac{3x}{2y}$

$\quad \therefore \boxed{}=-8x^3y^3\times6x^2y\times\dfrac{2y}{3x}=-32x^4y^5$

18 어떤 식을 A라 하면

$\quad A-(-2x^2+11x-13)=3x^2-7x+8$

$\quad \therefore A=3x^2-7x+8-2x^2+11x-13$

$\qquad\quad =x^2+4x-5$

$\quad$ 따라서 바르게 계산한 식은

$\quad x^2+4x-5-2x^2+11x-13=-x^2+15x-18$

19
$$x+\frac{x+2y}{3}-\frac{3x-y}{4}$$
$$=\frac{12x+4(x+2y)-3(3x-y)}{12}$$
$$=\frac{12x+4x+8y-9x+3y}{12}$$
$$=\frac{7x+11y}{12}$$

20
$$5x-[2x-y+\{3x-4y-2(x-y)\}]$$
$$=5x-\{2x-y+(3x-4y-2x+2y)\}$$
$$=5x-\{2x-y+(x-2y)\}$$
$$=5x-(3x-3y)$$
$$=5x-3x+3y$$
$$=2x+3y$$

21
$$(-x^3y)^2\div\left(-\frac{1}{2}x^4y^3\right)=x^6y^2\times\left(-\frac{2}{x^4y^3}\right)=-\frac{2x^2}{y}$$
이 식에 $x=6$, $y=-2$를 대입하면
$$-\frac{2x^2}{y}=-\frac{2\times6^2}{-2}=36$$

22
$$(-2x^6y^3)\div\frac{2}{7}x^3y\div21xy^2$$
$$=(-2x^6y^3)\times\frac{7}{2x^3y}\times\frac{1}{21xy^2}$$
$$=-\frac{1}{3}x^2$$

23
$(-9xy^2)\div A\times4x^2y^3=-6xy$에서
$$A=-36x^3y^5\times\left(-\frac{1}{6xy}\right)=6x^2y^4$$

24
$$(-2xy^a)^3\times(x^2y)^b=(-8x^3y^{3a})\times x^{2b}y^b$$
$$=-8x^{3+2b}y^{3a+b}=cx^7y^{11}$$
이므로 $-8=c$, $3+2b=7$, $3a+b=11$
따라서 $a=3$, $b=2$, $c=-8$이므로
$a+b-c=3+2-(-8)=13$

25
$(-2x^a)^b=(-2)^bx^{ab}=16x^{12}$에서 $a=3$, $b=4$이므로
$$3a-[2b-\{3a-5(a+3b)\}-16a]$$
$$=3a-\{2b-(-2a-15b)-16a\}$$
$$=3a-(-14a+17b)$$
$$=17a-17b$$
$$=17\times3-17\times4$$
$$=-17$$

26
$6^5+6^5=2\times6^5=2\times(2\times3)^5=2^6\times3^5$
$8^2+8^2+8^2=3\times8^2=3\times(2^3)^2=3\times2^6$
$$\therefore\frac{6^5+6^5}{8^2+8^2+8^2}=\frac{2^6\times3^5}{3\times2^6}=3^4=81$$

27
(정육면체의 겉넓이) $=6\times$ (한 모서리의 길이)^2
$$=150x^{12}y^4$$

(한 모서리의 길이)$^2=25x^{12}y^4=(5x^6y^2)^2$
$\therefore$ (한 모서리의 길이) $=5x^6y^2$

28
$$(x^2)^3\times x\div(x^\square)^2=x^6\times x\div x^{2\times\square}$$
$$=x^7\div x^{2\times\square}$$
$$=\frac{1}{x^{2\times\square-7}}=\frac{1}{x^3}$$
이므로 $2\times\square-7=3$
$\therefore\square=5$

29
(삼각형의 둘레의 길이)
$$=(2x+3y+1)+(3x-2y+5)+(-x+y-3)$$
$$=4x+2y+3$$

30
$$2x(3x-4)-\left\{(x^3y-3x^2y)\div\left(-\frac{1}{2}xy\right)-7x\right\}$$
$$=6x^2-8x-\left\{(x^3y-3x^2y)\times\left(-\frac{2}{xy}\right)-7x\right\}$$
$$=6x^2-8x-\{(-2x^2+6x)-7x\}$$
$$=6x^2-8x-(-2x^2-x)$$
$$=8x^2-7x$$

31
$$ax(2x-5y-7)=2ax^2-5axy-7ax$$
$$=bx^2+15xy+cx$$
에서 $2a=b$, $-5a=15$, $-7a=c$이므로
$a=-3$, $b=-6$, $c=21$
$\therefore a+b+c=(-3)+(-6)+21=12$

32
원기둥 A의 부피는 $\pi r^2\times2h=2\pi r^2h$
원뿔 B의 높이를 H라 하면
원뿔 B의 부피는 $\frac{1}{3}\times\pi\times(2r)^2\times H=\frac{4}{3}\pi r^2H$
이때 두 입체도형의 부피가 같으므로 $2\pi r^2h=\frac{4}{3}\pi r^2H$
$$\therefore H=2\pi r^2h\times\frac{3}{4\pi r^2}=\frac{3}{2}h$$

중단원 테스트 [서술형] 042-043쪽

01 해설 참조 **02** 7 **03** $\frac{1}{5}$ **04** $\frac{2a^4}{3b}$
05 2배 **06** $\frac{b^4}{a}$ **07** 10 **08** $7x^2+x-6$

01 (1) $A=2^5\times5^8=2^5\times5^5\times5^3$
$$=5^3\times(2\times5)^5=125\times10^5 \quad\cdots\cdots \ \textbf{❶}$$
$\therefore a=125$, $n=5$ $\quad\cdots\cdots \ \textbf{❷}$
(2) $A=125\times10^5=12500000$이므로 8자리 자연수이다. $\quad\cdots\cdots \ \textbf{❸}$

채점 기준	배점
❶ $a \times 10^n$ 꼴로 나타내기	30 %
❷ a, n의 값 각각 구하기	30 %
❸ A가 몇 자리 자연수인지 구하기	40 %

02 $8^a \times 32 = (2^3)^a \times 2^5 = 2^{3a+5} = 2^{14}$

즉, $3a+5=14$에서 $3a=9$

$\therefore a=3$ ...... ❶

$81^b \div 9^3 = (3^4)^b \div (3^2)^3 = 3^{4b} \div 3^6$

$\qquad\qquad\quad = 3^{4b-6} = 3^{10}$

즉, $4b-6=10$에서 $4b=16$

$\therefore b=4$ ...... ❷

$\therefore a+b=3+4=7$ ...... ❸

채점 기준	배점
❶ a의 값 구하기	40 %
❷ b의 값 구하기	40 %
❸ $a+b$의 값 구하기	20 %

03 $\left(\dfrac{x^3 y^a}{2z^4}\right)^b = \dfrac{x^{3b} y^{ab}}{2^b z^{4b}} = \dfrac{x^9 y^6}{cz^{12}}$에서

$3b=9$이므로 $b=3$

$ab=6$이므로 $3a=6$ $\quad \therefore a=2$

$2^b = 2^3 = c$이므로 $c=8$ ...... ❶

$\therefore 25^a \times 5^b \div 5^c = 25^2 \times 5^3 \div 5^8$

$\qquad\qquad = (5^2)^2 \times 5^3 \div 5^8 = \dfrac{1}{5}$ ...... ❷

채점 기준	배점
❶ a, b, c의 값 각각 구하기	70 %
❷ 주어진 식의 값 구하기	30 %

04 $A \times 6a^2 b = -12a^5 b$이므로

$A = -12a^5 b \div 6a^2 b = -2a^3$

$B = -2a^3 \div 6a^2 b = -2a^3 \times \dfrac{1}{6a^2 b} = -\dfrac{a}{3b}$ ...... ❶

$\therefore AB = -2a^3 \times \left(-\dfrac{a}{3b}\right) = \dfrac{2a^4}{3b}$ ...... ❷

채점 기준	배점
❶ A, B 각각 구하기	70 %
❷ AB 간단히 하기	30 %

05 (A의 부피)$= \pi \times a^2 \times 2b = 2\pi a^2 b$ ...... ❶

(B의 부피)$= \pi \times (2a)^2 \times b = 4\pi a^2 b$ ...... ❷

$\therefore \dfrac{(B의 부피)}{(A의 부피)} = \dfrac{4\pi a^2 b}{2\pi a^2 b} = 2$

따라서 B의 부피는 A의 부피의 2배이다. ...... ❸

채점 기준	배점
❶ A의 부피 구하기	30 %
❷ B의 부피 구하기	30 %
❸ B의 부피가 A의 부피의 몇 배인지 구하기	40 %

06 (A의 부피)$=(ab^2)^3 = a^3 b^6$ ...... ❶

두 입체도형의 부피가 같으므로

(B의 부피)$=(a^2 b)^2 \times (높이) = a^3 b^6$

$\therefore (높이) = a^3 b^6 \div (a^2 b)^2 = a^3 b^6 \div a^4 b^2$

$\qquad\qquad = \dfrac{a^3 b^6}{a^4 b^2} = \dfrac{b^4}{a}$

따라서 B의 높이는 $\dfrac{b^4}{a}$이다. ...... ❷

채점 기준	배점
❶ A의 부피 구하기	40 %
❷ B의 높이 구하기	60 %

07 $\dfrac{ax^3 + bx^2 - 8x}{-4x} = \dfrac{ax^3}{-4x} + \dfrac{bx^2}{-4x} + \dfrac{-8x}{-4x}$

$\qquad\qquad = -\dfrac{a}{4}x^2 - \dfrac{b}{4}x + 2$ ...... ❶

즉, $-\dfrac{a}{4} = -3$, $-\dfrac{b}{4} = 1$, $c=2$이므로

$a=12$, $b=-4$, $c=2$ ...... ❷

$\therefore a+b+c = 12+(-4)+2 = 10$ ...... ❸

채점 기준	배점
❶ 좌변 정리하기	40 %
❷ a, b, c의 값 각각 구하기	40 %
❸ $a+b+c$의 값 구하기	20 %

08 어떤 식을 A라고 하면

$A-(2x^2 + x - 5) = 3x^2 - x + 4$이므로

$A = 3x^2 - x + 4 + (2x^2 + x - 5)$

$\quad = 3x^2 - x + 4 + 2x^2 + x - 5$

$\quad = 5x^2 - 1$ ...... ❶

따라서 바르게 계산한 식은

$A + (2x^2 + x - 5)$

$= (5x^2 - 1) + (2x^2 + x - 5)$

$= 5x^2 - 1 + 2x^2 + x - 5$

$= 7x^2 + x - 6$ ...... ❷

채점 기준	배점
❶ 어떤 식 구하기	50 %
❷ 바르게 계산한 식 구하기	50 %

01 ①, ③   **02** ④   **03** $-2ab^4$

04 ③   **05** 3   **06** ②   **07** 5   **08** ②

09 ③, ④   **10** ④   **11** $2ab^2$ **12** $\dfrac{49}{99}$

13 63   **14** ②, ⑤   **15** ④   **16** 48   **17** ①

18 ③   **19** ②   **20** ④   **21** ⑤   **22** ⑤

23 ①, ③ **24** ①   **25** ⑤   **26** ④   **27** ②

28 ①   **29** ⑤   **30** ③   **31** ④   **32** ②

33 ③   **34** ②   **35** ②   **36** 132   **37** ⑤

38 4개   **39** ②   **40** ③   **41** 11   **42** ④

43 $\dfrac{1}{8}a^4b^5$ **44** 21   **45** ⑤   **46** ④

47 ⑤   **48** ③   **49** 11   **50** ④   **51** ②

52 ③   **53** ①   **54** ④   **55** ⑤   **56** ④

57 ②   **58** $6a^2+4ab$ **59** ⑤   **60** ②

61 ②   **62** ③   **63** ①   **64** 7   **65** ①

66 ①   **67** $8x^2-6x-8$ **68** ⑤   **69** ④

70 ②   **71** ⑤   **72** ⑤   **73** ①   **74** ④

75 ②   **76** 2, 3, 4 **77** ④   **78** ⑤   **79** ③

80 $-27x^2y^4+9x^4y^3$

01 ② 유리수를 소수로 나타내면 유한소수 또는 순환소수이다.

④, ⑤ 무한소수는 순환소수와 순환하지 않는 무한소수로 나눌 수 있다. 이때 순환소수는 유리수이다.

02 $4^7 \times 27^6 = (2^2)^7 \times (3^3)^6 = 2^{2 \times 7} \times 3^{3 \times 6}$
$$= 2^{14} \times 3^{18} = 2^a \times 3^b$$
이므로 $a=14$, $b=18$
$$\therefore a+b = 14+18 = 32$$

03 $(-18a^2b^4) \div 3ab^3 \times \square = 12a^2b^5$에서
$$\dfrac{-18a^2b^4}{3ab^3} \times \square = 12a^2b^5$$
$$-6ab \times \square = 12a^2b^5$$
$$\therefore \square = \dfrac{12a^2b^5}{-6ab} = -2ab^4$$

04 ① $\dfrac{6}{11} = 0.545454\cdots$이므로 $0.\dot{5}\dot{4}$이다.

② $\dfrac{11}{3} = 3.666\cdots$이므로 $3.\dot{6}$이다.

③ $\dfrac{4}{27} = 0.148148148\cdots$이므로 $0.\dot{1}4\dot{8}$이다.

④ $\dfrac{5}{6} = 0.8333\cdots$이므로 $0.8\dot{3}$이다.

⑤ $\dfrac{40}{27} = 1.481481481\cdots$이므로 $1.\dot{4}8\dot{1}$이다.

05 $0.\dot{2}\dot{1} = \dfrac{21}{99} = \dfrac{7}{33}$이므로
$$\dfrac{7}{11} = \dfrac{7}{33} \times a$$에서 $a = \dfrac{7}{11} \times \dfrac{33}{7} = 3$

06 $5x-2y-(x+A-3y)$
$$= 5x-2y-x-A+3y$$
$$= 4x+y-A$$
즉, $4x+y-A = 3x+4y$에서
$$A = 4x+y-3x-4y = x-3y$$

07 $0.8333\cdots = 0.8\dot{3} = \dfrac{83-8}{90} = \dfrac{75}{90} = \dfrac{5}{6}$
$$\therefore x = 5$$

08 $9 = 3^2$이므로 $9^4 = (3^2)^4 = 3^8$
$$\therefore \text{(주어진 식)} = 9^4+9^4+9^4 = 3 \times 9^4 = 3 \times 3^8 = 3^9$$
$$\therefore x = 9$$

09 ① $\dfrac{14}{9} = \dfrac{14}{3^2}$

② $\dfrac{5}{24} = \dfrac{5}{2^3 \times 3}$

③ $\dfrac{13}{208} = \dfrac{1}{16} = \dfrac{1}{2^4}$

④ $\dfrac{19}{1024} = \dfrac{19}{2^{10}}$

⑤ $\dfrac{14}{1536} = \dfrac{7}{768} = \dfrac{7}{2^8 \times 3}$

따라서 유한소수로 나타낼 수 있는 것은 ③, ④이다.

10 $32^3 \div 4^5 = (2^5)^3 \div (2^2)^5 = 2^{15} \div 2^{10}$
$$= 2^{15-10} = 2^5 = 2^a$$
$$\therefore a = 5$$

11 (원기둥의 부피)＝(밑넓이)×(높이)이므로
$$18\pi a^5 b^2 = \pi(3a^2)^2 \times \text{(높이)}$$
$$= 9\pi a^4 \times \text{(높이)}$$
$$\therefore \text{(높이)} = 18\pi a^5 b^2 \div 9\pi a^4 = \dfrac{18\pi a^5 b^2}{9\pi a^4}$$
$$= 2ab^2$$

12 $0.\dot{4} \times a = 0.\dot{7}$이므로 $\dfrac{4}{9} \times a = \dfrac{7}{9}$
$$\therefore a = \dfrac{7}{9} \times \dfrac{9}{4} = \dfrac{7}{4}$$
$a \times 0.1\dot{6} = b$이므로 $b = \dfrac{7}{4} \times \dfrac{16}{99} = \dfrac{28}{99}$
$$\therefore a \times b = \dfrac{7}{4} \times \dfrac{28}{99} = \dfrac{49}{99}$$

13 유리수를 기약분수로 나타내었을 때 분모의 소인수가 2나 5뿐이면 유한소수가 된다.

$35 = 5 \times 7$이고 $36 = 2^2 \times 3^2$이므로 $\dfrac{n}{35}$과 $\dfrac{n}{36}$이 유한소수가 되기 위해서는 n은 7과 9의 공배수이어야 한다.
따라서 이를 만족하는 두 자리 자연수 n의 값은 63이다.

14 ① 무한소수 π는 유리수가 아니다.

② 모든 유한소수는 분모를 2 또는 5의 거듭제곱의 곱의 꼴로 나타낼 수 있으므로 유리수이다.

③ 무한소수 π는 유리수가 아니므로 분수로 나타낼 수 없다.

④ 유리수에는 유한소수나 순환하는 무한소수, 즉 순환소수 밖에 없으므로 순환하지 않는 무한소수는 유리수가 아니다.

⑤ 분수는 유한소수나 순환소수로만 나타나므로 유한소수로 나타낼 수 없는 분수는 모두 순환소수로 나타낼 수 있다.

15 ① $0.3\dot{1} = 0.313131\cdots$, $0.\dot{3} = 0.33333\cdots$

$\therefore 0.3\dot{1} < 0.\dot{3}$

② $0.\dot{4}2\dot{5} = 0.425425425\cdots$, $0.4\dot{2}\dot{5} = 0.4252525\cdots$

$\therefore 0.\dot{4}2\dot{5} > 0.4\dot{2}\dot{5}$

③ $0.7\dot{8} = 0.788888\cdots$, $0.\dot{7}\dot{8} = 0.78787878\cdots$

$\therefore 0.7\dot{8} > 0.\dot{7}\dot{8}$

④ $0.\dot{1}\dot{2} = 0.12121212\cdots$, $0.1\dot{2} = 0.122222\cdots$

$\therefore 0.\dot{1}\dot{2} < 0.1\dot{2}$

⑤ $1.1\dot{9} = \dfrac{119-11}{90} = \dfrac{108}{90} = \dfrac{6}{5} = 1.2$

$\therefore 1.2 = 1.1\dot{9}$

16 $\left(\dfrac{a}{b^3}\right)^4 = \dfrac{a^4}{b^{12}}$에서 $x=12$

$\left(\dfrac{b}{a^x}\right)^3 = \left(\dfrac{b}{a^{12}}\right)^3 = \dfrac{b^3}{a^{36}}$에서 $y=36$

$\therefore x+y = 12+36 = 48$

17 $0.\dot{2}1\dot{3} = \dfrac{213}{999} = 213 \times \dfrac{1}{999}$

$\dfrac{1}{999} = 0.\dot{0}0\dot{1}$

즉, $\square$ 안에 알맞은 수는 $0.\dot{0}0\dot{1}$이다.

18 $\dfrac{(x^2 y)^5}{(xy^3)^2} = \dfrac{x^{2\times 5} y^5}{x^2 y^{3\times 2}} = \dfrac{x^{10} y^5}{x^2 y^6} = \dfrac{x^8}{y}$

19 $(-3x^a y) \times (-2x^2 y)^3 = (-3x^a y) \times (-8x^6 y^3)$
$= 24x^{a+6} y^4 = bx^8 y^4$

즉, $24=b$, $a+6=8$이므로 $a=2$, $b=24$

$\therefore a-b = 2-24 = -22$

20 $\dfrac{9}{a} = \dfrac{3^2}{a}$을 기약분수로 나타냈을 때 분모의 소인수에 2나 5뿐이면 유한소수가 된다.

따라서 a가 ④ 18이면 $\dfrac{9}{18} = \dfrac{1}{2}$로 유한소수이다.

21 ① $\dfrac{3\times 7}{2^2 \times 2} = \dfrac{3\times 7}{2^3}$ ② $\dfrac{3\times 7}{2^2 \times 5}$

③ $\dfrac{3\times 7}{2^2 \times 6} = \dfrac{7}{2^3}$ ④ $\dfrac{3\times 7}{2^2 \times 14} = \dfrac{3}{2^3}$

⑤ $\dfrac{3\times 7}{2^2 \times 18} = \dfrac{7}{2^3 \times 3}$

따라서 $x=18$이면 주어진 분수는 유한소수가 될 수 없다.

22 $a=2$, $b=100$, $c=0.14$이므로

$bc-a = 12$

23 $0.3\dot{8} = \dfrac{7}{18}$이므로 a는 18의 배수이어야 한다.

24 $4^5 \div 4^9 = \dfrac{1}{4^4} = \dfrac{1}{(2^2)^4} = \dfrac{1}{(2^4)^2} = \dfrac{1}{A^2}$

25 ① $0.\dot{2}\dot{4} = \dfrac{24}{99} = \dfrac{8}{33}$

② $0.0\dot{4} = \dfrac{4}{90} = \dfrac{2}{45}$

③ $0.3\dot{6} = \dfrac{36-3}{90} = \dfrac{33}{90} = \dfrac{11}{30}$

④ $0.\dot{1}0\dot{5} = \dfrac{105}{999} = \dfrac{35}{333}$

⑤ $1.2\dot{1}\dot{5} = \dfrac{1215-12}{990} = \dfrac{1203}{990} = \dfrac{401}{330}$

26 $(x^5)^2 \div (x^a)^3 \times x^7 = x^{10} \div x^{3a} \times x^7$
$= x^{10-3a+7} = x^2$

이므로 $10-3a+7 = 2$, $-3a = -15$

$\therefore a = 5$

27 $(-2x^2 y^3)^2 \div \dfrac{xy^2}{18} = 4x^4 y^6 \div \dfrac{xy^2}{18}$

$= 4x^4 y^6 \times \dfrac{18}{xy^2}$

$= 72x^3 y^4$

따라서 $(-3xy^2)^2 \times A = 72x^3 y^4$이므로

$A = 72x^3 y^4 \div (-3xy^2)^2$

$= 72x^3 y^4 \div 9x^2 y^4$

$= \dfrac{72x^3 y^4}{9x^2 y^4} = 8x$

28 $1.2\dot{3} = \dfrac{123-12}{90} = \dfrac{111}{90} = \dfrac{37}{30}$

따라서 $a=111$, $b=30$이므로

$\dfrac{a}{b} = \dfrac{111}{30} = \dfrac{37}{10} = 3.7$

29 $(-2x^A y^3)^2 \times (-x^4 y^2)^B = Cx^{18} y^{12}$에서

$4x^{2A} y^6 \times (-1)^B x^{4B} y^{2B} = Cx^{18} y^{12}$

$4 \times (-1)^B x^{2A+4B} y^{6+2B} = Cx^{18} y^{12}$

$6+2B = 12$에서 $2B=6$ $\therefore B=3$

$2A+4B = 18$에서 $2A+12 = 18$ $\therefore A=3$

$C = 4 \times (-1)^3 = -4$

$\therefore A+B+C = 3+3+(-4) = 2$

30 ① $\dfrac{3}{8} = \dfrac{3}{2^3}$ ② $\dfrac{21}{2^2 \times 7} = \dfrac{3}{2^2}$

③ $\dfrac{11}{42} = \dfrac{11}{2 \times 3 \times 7}$ ④ $\dfrac{14}{56} = \dfrac{1}{4} = \dfrac{1}{2^2}$

⑤ $\dfrac{3}{2^4 \times 3 \times 5} = \dfrac{1}{2^4 \times 5}$

따라서 유한소수로 나타낼 수 없는 것은 ③ $\dfrac{11}{42}$이다.

31 $4.\dot{9} = 5$이므로 $5 < x < \dfrac{43}{6}(=7.16\cdots)$

따라서 정수 x는 6, 7이고, 그 합은

$6 + 7 = 13$

32 (주어진 식)$= \dfrac{1}{8}x^2y^3 \div 4x^2y^2 \times (-64x^9y^6)$

$\qquad = \dfrac{y}{32} \times (-64x^9y^6) = -2x^9y^7$

33 $x \times 0.\dot{2} = 2.\dot{3} - 1.\dot{6}$이므로

$x \times \dfrac{2}{9} = \dfrac{7}{3} - \dfrac{5}{3}, \ \dfrac{2}{9}x = \dfrac{2}{3}$

$\therefore x = \dfrac{2}{3} \times \dfrac{9}{2} = 3$

34 $\left(\dfrac{5x^a}{y^{4b}}\right)^3 = \dfrac{5^3x^{a\times3}}{y^{4b\times3}} = \dfrac{125x^{3a}}{y^{12b}}$이므로

$3a = 12, \ 12b = 36 \qquad \therefore a = 4, \ b = 3$

$\therefore a + b = 4 + 3 = 7$

35 $(3xy^2 \div x^3)^a = \left(\dfrac{3y^2}{x^2}\right)^a = \dfrac{3^ay^{2a}}{x^{2a}} = \dfrac{by^c}{x^6}$

이므로 $3^a = b, \ 2a = 6, \ 2a = c$

따라서 $a = 3, \ b = 27, \ c = 6$이므로

$a + b + c = 36$

36 $0.02\dot{4} = \dfrac{24}{990} = \dfrac{4}{165} = \dfrac{4}{3 \times 5 \times 11}$이므로 자연수 a를 곱하여 유한소수가 되게 하려면 a는 33의 배수이어야 한다.

즉, 33의 배수 중 가장 작은 세 자리 자연수는 132이다.

37 $200 = 2^3 \times 5^2$이므로

$200^4 = (2^3 \times 5^2)^4 = 2^{3\times4} \times 5^{2\times4} = 2^{12} \times 5^8$

따라서 $a = 12, \ b = 8$이므로

$a + b = 12 + 8 = 20$

38 $\dfrac{a}{2^2 \times 5 \times 7}$가 유한소수가 되려면 a는 7의 배수이어야 하며 a는 30 이하의 자연수이므로 a의 값이 될 수 있는 수는 7, 14, 21, 28의 4개이다.

39 ① $a^{13} \div a^7 \div a^3 = a^3$

③ $\left(\dfrac{2b^3}{a^4}\right)^2 = \dfrac{2^2b^6}{a^8}$

④ $a^3 \times a^5 = a^{3+5} = a^8$

⑤ $(a^3)^4 = a^{3\times4} = a^{12}$

40 (주어진 식)$= -x^2 + 5x - 5 + 4x^2 - 7x - 6$

$\qquad = 3x^2 - 2x - 11$

따라서 $A = 3, \ B = -2, \ C = -11$이므로

$A - B + C = 3 - (-2) + (-11) = -6$

41 $\dfrac{1}{5} = \dfrac{7}{35}, \ \dfrac{4}{7} = \dfrac{20}{35}$이고 $35 = 5 \times 7$

따라서 조건을 만족하는 수를 $\dfrac{a}{35}$라고 하면

$\dfrac{7}{35} < \dfrac{a}{35} < \dfrac{20}{35}$

a가 7의 배수, 즉 14이면 $\dfrac{14}{35} = \dfrac{1}{5}$로 $\dfrac{a}{35}$는 유한소수로 나타낼 수 있다.

따라서 유한소수로 나타낼 수 없는 분수는

$\dfrac{8}{35}, \ \dfrac{9}{35}, \ \dfrac{10}{35}, \ \dfrac{11}{35}, \ \dfrac{12}{35}, \ \dfrac{13}{35}, \ \dfrac{15}{35}, \ \dfrac{16}{35}, \ \dfrac{17}{35}, \ \dfrac{18}{35},$

$\dfrac{19}{35}$의 11개이다.

42 $(x^3y^2)^2 \times (-2xy^2)^2 \div \dfrac{x^3y}{2}$

$= x^6y^4 \times 4x^2y^4 \times \dfrac{2}{x^3y}$

$= 4x^{6+2}y^{4+4} \times \dfrac{2}{x^3y}$

$= 8x^{8-3}y^{8-1} = 8x^5y^7$

따라서 $a = 8, \ b = 5, \ c = 7$이므로

$abc = 8 \times 5 \times 7 = 280$

43 $A \div \dfrac{1}{4}ab^2 = 2a^2b$이므로

$A = 2a^2b \times \dfrac{1}{4}ab^2 = \dfrac{1}{2}a^3b^3$

따라서 바르게 계산한 식은

$\dfrac{1}{2}a^3b^3 \times \dfrac{1}{4}ab^2 = \dfrac{1}{8}a^4b^5$

44 $0.1\dot{5} = \dfrac{14}{90}, \ 0.0\dot{6} = \dfrac{6}{90}$이므로

$\dfrac{14}{90} \times \dfrac{n}{m} = \dfrac{6}{90}$

즉, $\dfrac{n}{m} = \dfrac{3}{7}$이므로 $m = 7, \ n = 3$

$\therefore mn = 21$

45 (주어진 식)$= 4x^3y^2 \times (-9x^2y^4) \times \dfrac{1}{-12xy^2}$

$\qquad = 3x^4y^4$

46 분모의 소인수가 2 또는 5일 때, 유한소수가 된다.

$\dfrac{x}{140} = \dfrac{x}{2^2 \times 5 \times 7}$를 유한소수로 만들 수 있는 것은 x가 7의 배수일 때이므로 x가 될 수 있는 것은 ④ 28이다.

47 (주어진 식)$= x^4y^4 \times x^2y^4 \times x^6y^3 = x^{12}y^{11}$

48 (주어진 식)$= x - \{7y - 2x - (2x - x + 3y)\}$

$\qquad = x - \{7y - 2x - (x + 3y)\}$

$\qquad = x - (7y - 2x - x - 3y)$

$\qquad = x - (-3x + 4y)$

$\qquad = x + 3x - 4y$

$\qquad = 4x - 4y$

따라서 $a = 4, \ b = -4$이므로 $a + b = 0$

49 $0.1\dot{3}\dot{6}=\dfrac{136-1}{990}=\dfrac{135}{990}=\dfrac{3}{22}=\dfrac{3}{2\times11}$ 이고,

기약분수의 분모의 소인수가 2나 5뿐이면 유한소수로 나타낼 수 있으므로 a의 값은 11의 배수이다.

따라서 a의 값 중 가장 작은 자연수는 11이다.

50 $4^3\times27^4=(2^2)^3\times(3^3)^4$
$\qquad\qquad=2^{2\times3}\times3^{3\times4}=2^6\times3^{12}$

이므로 $a=6$, $b=12$

$\therefore a+b=18$

51 $5a+3b-[-2b-\{a+b-(4a-5b)\}]$
$=5a+3b-\{-2b-(-3a+6b)\}$
$=5a+3b-(3a-8b)$
$=2a+11b$

52 $\dfrac{21}{450}=\dfrac{7}{150}=\dfrac{7}{2\times3\times5^2}$

$\dfrac{45}{2^3\times3^2\times5^2}=\dfrac{1}{2^3\times5}$

$\dfrac{27}{2\times3^2\times5^2}=\dfrac{3}{2\times5^2}$

따라서 유한소수로 나타낼 수 있는 것은

$\dfrac{18}{5}$, $\dfrac{45}{2^3\times3^2\times5^2}$, $\dfrac{27}{2\times3^2\times5^2}$의 3개이다.

53 $(2x^3y)^2\div3xy^2\div\dfrac{3}{2}xy$

$=4x^6y^2\times\dfrac{1}{3xy^2}\times\dfrac{2}{3xy}=\dfrac{8x^4}{9y}$

54 ① 28 　②75 　③21 　⑤07

55 $16x^2y^3\times8x^3y^3\div\boxed{}=4x^4y^2$

$\therefore \boxed{}=\dfrac{16x^2y^3\times8x^3y^3}{4x^4y^2}=32xy^4$

56 (주어진 식)$=\dfrac{6x^2-12xy}{3x}-\dfrac{8xy-16y^2}{-4y}$

$\qquad\qquad=2x-4y+2x-4y$
$\qquad\qquad=4x-8y$

57 $0.1\dot{3}$을 x라고 하면

$x=0.131313\cdots$ 　　　……㉠

$100x=13.131313\cdots$ 　……㉡

㉡$-$㉠을 하면 $99x=13$

따라서 $x=\dfrac{13}{99}$이므로 $\boxed{}$ 안에 들어갈 모든 수들의 합은

$100+99+13+99=311$

58 직사각형의 세로의 길이를 A라 하면

$3b\times A=18a^2b+12ab^2$

$\therefore A=\dfrac{18a^2b+12ab^2}{3b}=6a^2+4ab$

59 $3x-2-[x^2+4x-\{2x^2-x-(x^2+5)\}]$
$=3x-2-\{x^2+4x-(2x^2-x-x^2-5)\}$
$=3x-2-\{x^2+4x-(x^2-x-5)\}$
$=3x-2-(x^2+4x-x^2+x+5)$
$=3x-2-(5x+5)=3x-2-5x-5$
$=-2x-7=ax^2+bx+c$

이므로 $a=0$, $b=-2$, $c=-7$

$\therefore a+b-c=0+(-2)-(-7)=5$

60 $\dfrac{14}{84}=\dfrac{1}{6}=\dfrac{1}{2\times3}$이므로 $\dfrac{14}{84}\times A$가 유한소수가 되려면 A는 3의 배수이어야 한다.

61 $(3x^4y^2)^3\div(xy^4)^3=27x^{12}y^6\div x^3y^{12}$

$\qquad\qquad=\dfrac{27x^{12}y^6}{x^3y^{12}}=\dfrac{27x^9}{y^6}$

$\qquad\qquad=\dfrac{ax^b}{y^c}$

따라서 $a=27$, $b=9$, $c=6$이므로

$a-b-c=27-9-6=12$

62 ① $1.45\dot{3}$ 　　② $0.1\dot{2}\dot{3}$

④ $0.1\dot{0}$ 　　⑤ $1.30\dot{2}\dot{1}$

63 (주어진 식)$=6x-3y+5+2x+y-1$

$\qquad\qquad=8x-2y+4$

따라서 x의 계수는 8, 상수항은 4이므로 구하는 차는

$8-4=4$

64 (주어진 식)$=3y-\{2x-(5x-y)\}$

$\qquad\qquad=3y-(-3x+y)$

$\qquad\qquad=3x+2y$

$\qquad\qquad=3\times1+2\times2=7$

65 $a=2^{x-1}$의 양변에 2를 곱하면 $2a=2^x$

$\therefore 8^x=(2^3)^x=(2^x)^3=(2a)^3=2^3a^3=8a^3$

66 $(-6xy^2)^2\div6xy^2\times\boxed{}$

$=(-6)^2x^2(y^2)^2\div6xy^2\times\boxed{}$

$=\dfrac{36x^2y^4}{6xy^2}\times\boxed{}$

$=6xy^2\times\boxed{}=8x^2y^3$

$\therefore \boxed{}=8x^2y^3\div6xy^2=\dfrac{8x^2y^3}{6xy^2}=\dfrac{4}{3}xy$

67 어떤 식을 A라 하면

$A+(-x^2+5x+3)=6x^2+4x-2$이므로

$A=(6x^2+4x-2)-(-x^2+5x+3)$

$\qquad=7x^2-x-5$

따라서 바르게 계산한 식은

$(7x^2-x-5)-(-x^2+5x+3)=8x^2-6x-8$

68 $x=2.612612612\cdots=2.\dot{6}1\dot{2}$이므로 순환마디가 612인 순환소수이다.

④ $\dfrac{8}{3}=2.666\cdots$이므로 x는 $\dfrac{8}{3}$보다 작은 수이다.

⑤ $60=3\times20$이므로 소수점 아래 60번째 자리 숫자는 순환마디의 세 번째 숫자인 2이다.

69 $\dfrac{x-4y}{3}-\dfrac{3x-2y}{5}$

$=\dfrac{1}{3}x-\dfrac{4}{3}y-\dfrac{3}{5}x+\dfrac{2}{5}y$

$=\left(\dfrac{1}{3}x-\dfrac{3}{5}x\right)+\left(-\dfrac{4}{3}y+\dfrac{2}{5}y\right)$

$=\left(\dfrac{5}{15}-\dfrac{9}{15}\right)x+\left(-\dfrac{20}{15}+\dfrac{6}{15}\right)y$

$=-\dfrac{4}{15}x-\dfrac{14}{15}y$

따라서 $a=-\dfrac{4}{15}$, $b=-\dfrac{14}{15}$이므로

$a-b=-\dfrac{4}{15}+\dfrac{14}{15}=\dfrac{10}{15}=\dfrac{2}{3}$

70 $1.3\dot{5}7\dot{9}$에서 순환마디의 숫자의 개수는 3이고 소수점 아래 첫 번째 자리의 숫자 3은 순환되지 않는다.
소수점 아래 54번째 자리 숫자는 순환하는 부분만으로 53번째 자리 숫자이고 $53=3\times17+2$이므로 순환마디의 두 번째 숫자인 7과 같다.

71 $(6x^2-2xy-4y^2)\times\left(-\dfrac{3}{2}x\right)$

$=6x^2\times\left(-\dfrac{3}{2}x\right)-2xy\times\left(-\dfrac{3}{2}x\right)-4y^2\times\left(-\dfrac{3}{2}x\right)$

$=-9x^3+3x^2y+6xy^2$

따라서 xy^2의 계수는 6이다.

72 (주어진 식)$=(3x-4y)+(2y-3x)=-2y$

이 식에서 $y=\dfrac{1}{2}$을 대입하면 $-2\times\dfrac{1}{2}=-1$

73 (직육면체의 부피)$=a^2\times a^5\times a^3=a^{2+5+3}=a^{10}$

74 $4a^3b\times6ab^2\times$(높이)$=72a^5b^7$이므로
$24a^4b^3\times$(높이)$=72a^5b^7$

$\therefore$ (높이)$=\dfrac{72a^5b^7}{24a^4b^3}=3ab^4$

75 $180=2^2\times3^2\times5$이므로 A는 9의 배수이어야 한다.
따라서 주어진 수 중 9의 배수는 ② 27이다.

76 $\dfrac{1}{5}<\dfrac{a}{9}\leq\dfrac{1}{2}$의 각 변에 9를 곱하면

$\dfrac{9}{5}<a\leq\dfrac{9}{2}$

따라서 이를 만족하는 자연수 a의 값은 2, 3, 4이다.

77 $(2x^2+4x-3)-(5x^2-8x+2)$

$=2x^2+4x-3-5x^2+8x-2$

$=-3x^2+12x-5$

이므로 x^2의 계수는 $a=-3$, 상수항은 $b=-5$

$\therefore ab=(-3)\times(-5)=15$

78 $x=1.5\dot{3}\dot{7}=1.53737\cdots$이므로
$1000x=1537.3737\cdots$
$10x=15.3737\cdots$
따라서 가장 편리한 식은 $1000x-10x$이다.

79 ③ $(-4x^2y+2y^3)\div\dfrac{1}{2}y=-8x^2+4y^2$

80 어떤 다항식을 A라고 하면

$A\div\left(-\dfrac{3}{2}xy\right)=-12y^2+4x^2y$

$\therefore A=(-12y^2+4x^2y)\times\left(-\dfrac{3}{2}xy\right)$

$=18xy^3-6x^3y^2$

따라서 바르게 계산한 결과는

$(18xy^3-6x^3y^2)\times\left(-\dfrac{3}{2}xy\right)=-27x^2y^4+9x^4y^3$

대단원 테스트 [고난도]
054-057쪽

01 71	**02** 21	**03** ④	**04** ④	**05** 273
06 13	**07** ①	**08** 9	**09** 13	**10** 2
11 ④	**12** 2	**13** ⑤	**14** $9a^5b^9$	**15** $18x^3y$
16 $\dfrac{xy^5}{4}$	**17** 12	**18** $7a^6b^{10}$	**19** $27a^9b^6$	
20 $18x^2+2x+6$		**21** $-a^2+a+2$		
22 $x-2y$		**23** $6x-3y^2$		
24 $64ab^2-16b^3+24$				

01 $\dfrac{x}{150}=\dfrac{x}{2\times3\times5^2}$가 유한소수가 되므로 x는 3의 배수이다.

또, 기약분수로 나타내면 $\dfrac{7}{y}$이므로 x는 7의 배수이다.

따라서 x는 3과 7의 공배수, 즉 21의 배수이고
$20<x<30$이므로 $x=21$

즉, $\dfrac{x}{150}=\dfrac{7}{50}$이므로 $y=50$

$\therefore x+y=71$

02 $\dfrac{9}{216}=\dfrac{1}{2^3\times3}$이므로 $\dfrac{1}{2^3\times3}\times a$가 유한소수로 나타내어지려면 a는 3의 배수이어야 한다.

또, $\dfrac{3}{70}=\dfrac{3}{2\times5\times7}$이므로 $\dfrac{3}{2\times5\times7}\times a$가 유한소수로 나타내어지려면 a는 7의 배수이어야 한다.

따라서 a는 3과 7의 공배수이므로 가장 작은 자연수는 21이다.

03 $\dfrac{A}{1750}=\dfrac{A}{2\times5^3\times7}$가 유한소수가 되려면 A는 7의 배수이어야 한다.

또한, (가)에서 A는 9의 배수이므로 A는 7과 9의 공배수이다.

∴ $A=63$

04 $\dfrac{21}{1000x}=\dfrac{21}{2^3\times5^3\times x}$이 유한소수가 되게 하는 x는 소인수가 2나 5로만 이루어진 수 또는 21의 약수 또는 이들의 곱으로 이루어진 수이다.

따라서 x는 두 자리 홀수이므로 15, 21, 25, 35, 75이고, 이 중에서 가장 큰 수는 75이다.

05 (가)에서 $\dfrac{x}{2\times3\times5^3\times7}$가 유한소수가 되기 위해서는 x는 $3\times7=21$의 배수이어야 한다.

(나)에서 x는 13의 배수이므로 x의 값이 될 수 있는 가장 작은 자연수는 21과 13의 최소공배수인 273이다.

06 $\dfrac{3}{7}=0.\dot{4}2857\dot{1}$이므로 순환마디의 숫자의 개수가 6이고, $101=6\times16+5$이므로 소수점 아래 101번째 자리 숫자는 순환마디의 다섯 번째 숫자인 7이다.

∴ $a=7$

$2.16\dot{7}\dot{2}$에서 순환마디의 숫자의 개수가 3이고, $47-1=46=3\times15+1$이므로 소수점 아래 47번째 자리 숫자는 순환마디의 첫 번째 숫자인 6이다.

∴ $b=6$

∴ $a+b=13$

07 $0.58\dot{3}=\dfrac{583-58}{900}=\dfrac{525}{900}=\dfrac{7}{12}$

$\dfrac{7}{12}=\dfrac{49}{84}$, $\dfrac{41}{42}=\dfrac{82}{84}$이고, $84=2^2\times3\times7$이므로 $\dfrac{a}{84}$가 유한소수가 되려면 a가 $3\times7=21$의 배수이어야 한다.

따라서 49와 82 사이의 자연수 a는 63의 1개뿐이다.

08 $0.4\dot{3}=\dfrac{43-4}{90}=\dfrac{39}{90}=\dfrac{13}{30}$

$\dfrac{13}{30}=\dfrac{13}{2\times3\times5}$이므로 n은 3의 배수이어야 한다.

따라서 한 자리 자연수 중 가장 큰 3의 배수는 9이다.

09 $[a,\ b,\ c]=0.\dot{a}+0.0\dot{b}+0.00\dot{c}$

$\quad\quad\quad\quad\ =\dfrac{a}{9}+\dfrac{b}{90}+\dfrac{c}{900}=\dfrac{100a+10b+c}{900}$

이므로

$[1,\ 3,\ 5]+[2,\ 4,\ 6]+[7,\ 8,\ 9]$

$=\dfrac{135}{900}+\dfrac{246}{900}+\dfrac{789}{900}=\dfrac{1170}{900}=\dfrac{13}{10}$

∴ $n=13$

10 $1-\dfrac{1}{1+\dfrac{1}{x}}=1-\dfrac{1}{\dfrac{x+1}{x}}$

$\quad\quad\quad\quad\ =1-\dfrac{x}{x+1}=\dfrac{1}{x+1}$

이때 $0.\dot{8}\dot{1}=\dfrac{81}{99}=\dfrac{9}{11}$이므로

$\dfrac{1}{x+1}=\dfrac{9}{11}$, $9(x+1)=11$, $9x=2$

∴ $x=\dfrac{2}{9}=0.\dot{2}$

∴ $a=2$

11 $5^{x+1}=a$에서 $5^x=\dfrac{a}{5}$

∴ $25^x=(5^2)^x=(5^x)^2=\left(\dfrac{a}{5}\right)^2=\dfrac{a^2}{25}$

12 $\left(\dfrac{1}{8}\right)^a\times2^{2a+4}=\dfrac{1}{2^{3a}}\times2^{2a+4}=\dfrac{2^4}{2^a}=2^a$에서

$2^{2a}=2^4$　　∴ $a=2$

13 $(-8)^3\div4^m=(-2^3)^3\div(2^2)^m=-2^{9-2m}=-2^{n-5}$

에서 $9-2m=n-5$

∴ $2m+n=14$

14 $(ab^3)^3\div\{\square\div(3a^2b)^2\}\times\dfrac{1}{4}ab=\dfrac{1}{4}a^3b^3$에서

$a^3b^9\div\dfrac{\square}{9a^4b^2}\times\dfrac{1}{4}ab=\dfrac{1}{4}a^3b^3$

$a^3b^9\times\dfrac{9a^4b^2}{\square}\times\dfrac{1}{4}ab=\dfrac{1}{4}a^3b^3$

∴ $\square=a^3b^9\times9a^4b^2\times\dfrac{1}{4}ab\div\dfrac{1}{4}a^3b^3$

$\quad\quad\ =\dfrac{9}{4}a^8b^{12}\times\dfrac{4}{a^3b^3}=9a^5b^9$

15 (높이)$=6x^2y\div3x=\dfrac{6x^2y}{3x}=2xy$

따라서 이 용기의 부피는

$3x\times3x\times2xy=18x^3y$

16 $A=(x^2y)^3\div4x^3\div x^3y$

$\quad\ =x^6y^3\times\dfrac{1}{4x^3}\times\dfrac{1}{x^3y}=\dfrac{y^2}{4}$

$B=(-2x^2y^2)\div(-4x^2)\times2xy$

$\quad\ =(-2x^2y^2)\times\dfrac{1}{-4x^2}\times2xy=xy^3$

∴ $AB=\dfrac{y^2}{4}\times xy^3=\dfrac{xy^5}{4}$

17 $20^8\times25=(2^2\times5)^8\times5^2$

$\quad\quad\quad\quad\ =(2^2)^8\times5^8\times5^2=2^{16}\times5^{10}$

$\quad\quad\quad\quad\ =2^6\times(2^{10}\times5^{10})=2^6\times(2\times5)^{10}$

$\quad\quad\quad\quad\ =2^6\times10^{10}$

이때 $2^6=64$이므로 $20^8\times25$는 12자리 자연수가 된다.

∴ $n=12$

18 어떤 단항식을 $\boxed{}$라 하면

$(a^2b^3)^2 \div \boxed{} = \dfrac{a^2b^2}{7}$

$a^4b^6 \times \dfrac{1}{\boxed{}} = \dfrac{a^2b^2}{7}$

$\dfrac{1}{\boxed{}} = \dfrac{a^2b^2}{7} \times \dfrac{1}{a^4b^6} = \dfrac{1}{7a^2b^4}$

$\therefore \boxed{} = 7a^2b^4$

따라서 바르게 계산하면

$a^4b^6 \times 7a^2b^4 = 7a^6b^{10}$

19 (정육면체의 겉넓이)$= 6 \times$(한 면의 넓이)이므로

$54a^6b^4 = 6 \times$(한 면의 넓이)

$\therefore$ (한 면의 넓이)$= 54a^6b^4 \div 6 = 9a^6b^4$

이때 $9a^6b^4 = (3a^3b^2)^2$이므로 정육면체의 한 모서리의 길이는 $3a^3b^2$이다.

$\therefore$ (정육면체의 부피)$= (3a^3b^2)^3 = 3^3 a^{3\times3} b^{2\times3}$
$= 27a^9b^6$

20 어떤 식을 A라 하면

$A - (7x^2 - 2x + 4) = 4x^2 + 6x - 2$이므로

$A = (4x^2 + 6x - 2) + (7x^2 - 2x + 4)$
$= 11x^2 + 4x + 2$

따라서 바르게 계산한 식은

$(11x^2 + 4x + 2) + (7x^2 - 2x + 4)$
$= 18x^2 + 2x + 6$

21 $B = 9a^2 + 12a - 12 - (4a^2 + 5a - 7 + 2a^2 + 3a - 1)$
$= 9a^2 + 12a - 12 - (6a^2 + 8a - 8)$
$= 3a^2 + 4a - 4$

$C = 9a^2 + 12a - 12 - (2a - 1 + 2a^2 + 3a - 1)$
$= 9a^2 + 12a - 12 - (2a^2 + 5a - 2)$
$= 7a^2 + 7a - 10$

$\therefore A = 9a^2 + 12a - 12 - (3a^2 + 4a - 4 + 7a^2 + 7a - 10)$
$= 9a^2 + 12a - 12 - (10a^2 + 11a - 14)$
$= -a^2 + a + 2$

22 $x - \{5x - 3y - (4x + y + \boxed{})\}$
$= x - (5x - 3y - 4x - y - \boxed{})$
$= x - (x - 4y - \boxed{})$
$= 4y + \boxed{}$

즉, $4y + \boxed{} = x + 2y$

$\therefore \boxed{} = x + 2y - 4y = x - 2y$

23 (원뿔의 부피)$= \dfrac{1}{3} \times$(밑넓이)$\times$(높이)이므로

$\dfrac{1}{3} \times \pi \times (2x)^2 \times$(높이)$= 8\pi x^3 - 4\pi x^2 y^2$에서

$\dfrac{4\pi}{3} x^2 \times$(높이)$= 8\pi x^3 - 4\pi x^2 y^2$

$\therefore$ (높이)$= (8\pi x^3 - 4\pi x^2 y^2) \div \dfrac{4\pi}{3} x^2$

$= (8\pi x^3 - 4\pi x^2 y^2) \times \dfrac{3}{4\pi x^2}$

$= 6x - 3y^2$

24 어떤 다항식을 A라 하면

$A = \left(4a^3b^4 - a^2b^5 + \dfrac{3}{2}a^2b^2\right) \div \left(-\dfrac{1}{4}ab\right)$

$= -16a^2b^3 + 4ab^4 - 6ab$

따라서 바르게 계산하면

$(-16a^2b^3 + 4ab^4 - 6ab) \div \left(-\dfrac{1}{4}ab\right)$

$= 64ab^2 - 16b^3 + 24$

Ⅱ. 부등식과 방정식

1. 일차부등식

01. 부등식과 그 해

01 (1) ○ (2) × (3) ○ (4) ○
    (5) × (6) ○

02 (1) ≥ (2) < (3) ≤ (4) ≥

03 (1) ○ (2) ○ (3) × (4) ×

04 (1) ○ (2) ○ (3) ○ (4) ×

05 (1) 9, > (2) 2, > (3) 4, > (4) −5, <

06 (1) > (2) < (3) > (4) <

07 (1) > (2) < (3) < (4) <

08 해설 참조

08 (1) $x < 3$

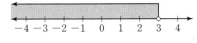

(2) $x \geq -1$

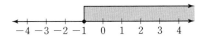

(3) $x \leq -2$

(4) $x < 4$

01 ①, ⑤ **02** ①, ③ **03** ② **04** ② **05** ②
06 ② **07** ① **08** ④

01 ② 등식 ③ 일차식 ④ 일차방정식
    따라서 부등식인 것은 ①, ⑤이다.

02 ① $c < 0$일 때, $\dfrac{a}{c} < \dfrac{b}{c}$이면 $a > b$
    ③ $a < b$이면 $-\dfrac{a}{5} > -\dfrac{b}{5}$

03 ② $6x \leq 3000$

04 ② $x = 1$일 때, $2 - 3 < 3$ (참)

05 ① $6 + 1 \leq 5$ (거짓)

② $4 \times 2 - 3 < 9$ (참)

③ $-3 \times 0 \geq 15$ (거짓)

④ $-2 + 6 < 2 \times 2$ (거짓)

⑤ $5 - 4 \geq \dfrac{3}{2}$ (거짓)

06 $-14 < -3x - 2 \leq 1$의 각 변에 2를 더하면
    $-12 < -3x \leq 3$
    각 변을 -3으로 나누면 $-1 \leq x < 4$

07 $1 < x < 3$의 각 변에 2를 곱하면 $2 < 2x < 6$
    각 변에 1을 더하면 $3 < 2x + 1 < 7$
    이때 $a < 2x + 1 < b$이므로 $a = 3$, $b = 7$
    ∴ $b - a = 4$

08 ① $a = 0$, $b = -1$이면 $3a < -2b$
    ② $-a + 0.5 \leq -b + 0.5$
    ③ $c > 0$이면 $\dfrac{2a}{c} \geq \dfrac{2b}{c}$
    ⑤ $c < 0$이면 $ac \leq bc$이고, $\dfrac{ac}{-5} \geq \dfrac{bc}{-5}$이므로
    $\dfrac{ac}{-5} + 3.\dot{4} \geq \dfrac{bc}{-5} + 3.\dot{4}$

01 $-8 < 1 - 3x \leq 7$ **02** 2
03 $-1, 0, 1$ **04** 2   **05** $x > -a$
06 5   **07** 15   **08** 1

01 $-2 \leq x < 3$의 각 변에 -3을 곱하면
    $-9 < -3x \leq 6$
    각 변에 1을 더하면 $-8 < 1 - 3x \leq 7$

02 주어진 부등식에 $x = -2$를 대입하면
    ㄱ. $-2 - 2 < -5$ (거짓)
    ㄴ. $-2 + 1 > 4$ (거짓)
    ㄷ. $-(-2) - 3 < 0$ (참)
    ㄹ. $2 \times (-2) < -6$ (거짓)
    ㅁ. $-\dfrac{1}{3} \times (-2) < 1$ (참)

03 $x = -1$일 때, $2 \times (-1) - 1 = -3 < 3$ (참)
    $x = 0$일 때, $2 \times 0 - 1 = -1 < 3$ (참)
    $x = 1$일 때, $2 \times 1 - 1 = 1 < 3$ (참)
    $x = 2$일 때, $2 \times 2 - 1 = 3 < 3$ (거짓)

04 ㄴ. $a > b$에서 $\dfrac{a}{2} > \dfrac{b}{2}$
    ∴ $-3 + \dfrac{a}{2} > -3 + \dfrac{b}{2}$ (거짓)
    ㄹ. $0 < a < b$ 또는 $a < b < 0$이면 $\dfrac{1}{a} > \dfrac{1}{b}$,

$a<0<b$이면 $\dfrac{1}{a}<\dfrac{1}{b}$이다. (거짓)

ㅁ. $a<b<0$이면 $a^2>b^2$

$a<0<b$이면 때에 따라 다르다.

$0<a<b$이면 $a^2<b^2$ (거짓)

따라서 옳은 것은 ㄱ, ㄷ의 2개이다.

05 $-\dfrac{x}{a}>1$의 양변에 -1을 곱하면 $\dfrac{x}{a}<-1$

이때 $a<0$이므로 양변에 a를 곱하면 $x>-a$

06 주어진 식에 x의 값을 대입해서 참이 되는지 거짓이 되는지 확인한다.

$x=0$, 1, 2, 3, 4, 5를 모두 대입했을 때 부등식이 성립하므로 부등식을 만족하는 가장 큰 x의 값은 5이다.

07 $-3<x\le2$에서 $-9<3x\le6$

∴ $-4<3x+5\le11$

따라서 구하는 정수는 -3, -2, -1, $\cdots$, 10, 11의 15개이다.

08 ㄱ. $a=2$, $b=1$일 때,

$a>b$이지만 $\dfrac{1}{a}<\dfrac{1}{b}$ (거짓)

ㄴ. $a=1$, $b=-2$일 때,

$a>b$이지만 $a^2<b^2$ (거짓)

ㄷ. $a=2$, $b=1$, $c=-1$일 때,

$a>b$이지만 $a+c<b-c$ (거짓)

ㄹ. $a=2$, $b=1$, $c=-1$일 때,

$a>b$이지만 $ac<bc$ (거짓)

ㅁ. $a>b$일 때 양변에 양수를 곱하면 부등호의 방향이 바뀌지 않으므로 $5a>5b$ (참)

따라서 옳은 것은 ㅁ의 1개이다.

02. 일차부등식

소단원 집중 연습
064-065쪽

01 (1) $x+8>0$, ○ (2) $-x^2-x\le0$, ×

(3) $2\ge0$, × (4) $x-8>0$, ○

02 (1) $x\ge-3$ (2) $x\le4$

(3) $x>-7$ (4) $x<-2$

03 (1) $x<6$ (2) $x<11$

(3) $x<\dfrac{11}{5}$ (4) $x\le\dfrac{33}{5}$

04 (1) $x>0$, 해설 참조 (2) $x\le-\dfrac{3}{2}$, 해설 참조

(3) $x\le-3$, 해설 참조 (4) $x>3$, 해설 참조

05 (1) $1000x$원

(2) 상자, $\le$, $1000x+1500\le8500$

(3) $x\le7$ (4) 7자루

06 (1) 2300

(2) $>$, $1000x>800x+2300$

(3) $x>\dfrac{23}{2}$ (4) 12개

07 (1) 해설 참조

(2) $\le$, $\dfrac{x}{3}+\dfrac{20-x}{4}\le6$

(3) $x\le12$ (4) 12 km

08 (1) 해설 참조

(2) $\le$, $200\times\dfrac{10}{100}+x\times\dfrac{4}{100}\le(200+x)\times\dfrac{7}{100}$

(3) $x\ge200$ (4) 200 g

04 (1)

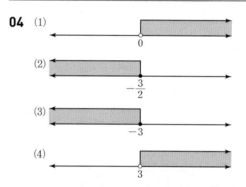

(2)

(3)

(4)

07 (1)

	걸어갈 때	뛸 때
거리(km)	x	$20-x$
속력(km/시)	3	4
시간(시간)	$\dfrac{x}{3}$	$\dfrac{20-x}{4}$

08 (1)

	섞기 전		섞은 후
농도(%)	10	4	7
소금물의 양(g)	200	x	$200+x$
소금의 양(g)	$200\times\dfrac{10}{100}$	$x\times\dfrac{4}{100}$	$(200+x)\times\dfrac{7}{100}$

소단원 테스트 [1회]
066-067쪽

01 ①, ④	02 ③	03 ⑤	04 ②	05 ③
06 ④	07 ③	08 ①	09 ③	10 ②
11 ③	12 ①	13 ⑤	14 ②	15 ②
16 ②				

01 ② $x(x-1)>2$에서 $x^2-x>2$: 일차부등식이 아니다.

③ $-1<3$: 항상 참인 부등식

⑤ $x+3=0$: 일차방정식

02 $x+4>0$에서 $x>-4$

③ $x+2<2x+6$, $-x<4$ ∴ $x>-4$

03 $2(x-3)<7x+a$에서 $-5x<a+6$

∴ $x>-\dfrac{a+6}{5}$

주어진 부등식의 해가 $x>-2$이므로 $-\dfrac{a+6}{5}=-2$

$a+6=10$ ∴ $a=4$

04 $(a+b)x-2a+5b<0$에서 $(a+b)x<2a-5b$

이 부등식의 해가 $x>\dfrac{1}{4}$이므로 $a+b<0$

∴ $x>\dfrac{2a-5b}{a+b}$

즉, $\dfrac{2a-5b}{a+b}=\dfrac{1}{4}$에서 $8a-20b=a+b$

∴ $a=3b$

$(3a-2b)x+2a-3b\geq0$에 $a=3b$를 대입하면

$7bx+3b\geq0$, $7bx\geq-3b$

∴ $x\leq-\dfrac{3}{7}(\because b<0)$

05 삼각형의 가장 긴 변의 길이는 나머지 두 변의 길이의 합보다 짧다.

세 변의 길이가 x cm, $(x+2)$ cm, $(x+5)$ cm인 삼각형에서 x의 값의 범위를 구하면

$x+5<x+x+2$ ∴ $x>3$

06 $3x-2a<3$에서 $x<\dfrac{2a+3}{3}$

이 부등식을 만족하는 자연수 x가 2개이므로 x는 1, 2이다.

따라서 a의 값의 범위는 $2<\dfrac{2a+3}{3}\leq3$

$3<2a\leq6$ ∴ $\dfrac{3}{2}<a\leq3$

07 $-3(x-1)>-x+7$에서

$-3x+3>-x+7$, $-2x>4$

∴ $x<-2$

08 $ax+6>2x+3a$에서 $(a-2)x>3(a-2)$

이때 $a<2$이므로 $x<3$

09 $4x-5\geq5(2x-1)$에서 $4x-5\geq10x-5$

$-6x\geq0$ ∴ $x\leq0$

10 x개월 후라고 하면

$20000+2000x<5000+4000x$

$-2000x<-15000$

∴ $x>\dfrac{15}{2}$

따라서 B의 저금액이 A의 저금액보다 많아지는 것은 최소 8개월 후이다.

11 $\dfrac{2(x-3)}{5}-1>-0.3x+2$의 양변에 10을 곱하면

$4(x-3)-10>-3x+20$

$4x-12-10>-3x+20$

$7x>42$ ∴ $x>6$

12 $4x-3\geq3x-2a$에서 $x\geq3-2a$

이 일차부등식의 해가 $x\geq1$이므로

$3-2a=1$ ∴ $a=1$

13 $1.2x-\dfrac{2}{5}\leq0.7x$의 양변에 10을 곱하면

$12x-4\leq7x$, $5x\leq4$

∴ $x\leq\dfrac{4}{5}$

14 $a-x\leq9$에서 $x\geq a-9$

이 부등식을 만족하는 가장 작은 정수가 -1이므로 상수 a의 값의 범위는

$-2<a-9\leq-1$ ∴ $7<a\leq8$

15 단체 인원 수를 x명이라 하면

$10000x>10000\times\dfrac{80}{100}\times30$에서 $x>24$

따라서 단체 인원이 25명 이상일 때, 30명의 단체 입장권을 사는 것이 유리하다.

16 물건의 원가를 x원, 정가를 $1.2x$원이라 하면

$1.2x-1500\geq x\left(1+\dfrac{5}{100}\right)$

$24x-30000\geq21x$, $3x\geq30000$

∴ $x\geq10000$

따라서 원가를 10000원 이상으로 정해야 한다.

소단원 테스트 [2회] 068-069쪽

01 ㄱ, ㄷ, ㄹ, ㅂ	**02** $x\geq-3$	
03 $\dfrac{2}{3}<a\leq\dfrac{5}{6}$	**04** 5	**05** $x\geq11$
06 $x>2$ **07** 3	**08** 4	**09** $x\geq2$
10 $x>2$ **11** $4\leq a<7$		**12** -3 **13** 200 g
14 $x>9$ **15** 6 km	**16** 23명	

01 (일차식)>0, (일차식)<0, (일차식)≥0, (일차식)≤0의 꼴로 나타낼 수 있는 것을 찾는다.

따라서 일차부등식은 ㄱ, ㄷ, ㄹ, ㅂ이다.

02 $2a(x+3)-1\leq5+2x$에서

$2(a-1)x\leq-6(a-1)$

이때 $a<1$이므로 $x\geq-3$

03 $\dfrac{2x+1}{3}-\dfrac{x}{2}<a$에서 $4x+2-3x<6a$

$\therefore x<6a-2$

주어진 부등식을 만족하는 자연수 x가 2개이므로 x의 값은 1, 2이다.

따라서 상수 a의 값의 범위는 $2<6a-2\leq3$

$4<6a\leq5$　$\therefore \dfrac{2}{3}<a\leq\dfrac{5}{6}$

04 $2x-(x+4)>0$에서 $2x-x-4>0$

$\therefore x>4$

따라서 부등식을 만족하는 가장 작은 정수는 5이다.

05 $0.5x-1\geq1.2+0.3x$의 양변에 10을 곱하면

$5x-10\geq12+3x$, $2x\geq22$

$\therefore x\geq11$

06 $ax+5>2$에서 $ax>-3$

주어진 부등식의 해가 $x<1$이므로 $a<0$

$\therefore x<-\dfrac{3}{a}$

즉, $-\dfrac{3}{a}=1$이므로 $a=-3$

$a=-3$을 $(a+1)x<-4$에 대입하면

$-2x<-4$　$\therefore x>2$

07 각 일차부등식을 풀면

ㄱ. $x\leq3$　ㄴ. $x\geq-3$　ㄷ. $x\leq4$

ㄹ. $x\leq3$　ㅁ. $x<3$　ㅂ. $x\leq3$

따라서 해가 $x\leq3$인 부등식은 ㄱ, ㄹ, ㅂ의 3개이다.

08 $9x-5<a-bx$에서 $(b+9)x<a+5$

주어진 부등식의 해가 $x<1$이므로 $b>-9$

$\therefore x<\dfrac{a+5}{b+9}$

즉, $\dfrac{a+5}{b+9}=1$이므로 $a+5=b+9$

$\therefore a-b=4$

09 $-x+2\leq5(x-2)$에서 $-x+2\leq5x-10$

$-6x\leq-12$　$\therefore x\geq2$

10 $2-\dfrac{3x-2}{2}<\dfrac{2-x}{3}$의 양변에 6을 곱하면

$12-3(3x-2)<2(2-x)$

$-9x+18<4-2x$, $-7x<-14$

$\therefore x>2$

11 $5x-(a+2)\leq2x$에서 $3x\leq a+2$

$\therefore x\leq\dfrac{a+2}{3}$

주어진 부등식을 만족하는 자연수 x가 2개이므로 x의 값은 1, 2이다.

따라서 상수 a의 값의 범위는 $2\leq\dfrac{a+2}{3}<3$

$6\leq a+2<9$　$\therefore 4\leq a<7$

12 $5x\geq3x+8$에서 $x\geq4$

$1+2x\leq3x+a$에서 $-x\leq a-1$

$\therefore x\geq-a+1$

위 두 일차부등식의 해가 같으므로

$-a+1=4$　$\therefore a=-3$

13 넣는 물의 양을 x g이라 하면

$\dfrac{10}{100}\times300\leq\dfrac{6}{100}\times(300+x)$

$3000\leq1800+6x$

$\therefore x\geq200$

따라서 물은 최소한 200 g을 넣어야 한다.

14 삼각형의 가장 긴 변의 길이는 나머지 두 변의 길이의 합보다 짧으므로

$x+6<x-5+x+2$, $-x<-9$

$\therefore x>9$

15 등산로의 길이를 x km라 하면 $\dfrac{x}{2}+\dfrac{x}{3}\leq5$

$3x+2x\leq30$　$\therefore x\leq6$

따라서 등산로의 최대 길이는 6 km이다.

16 단체 인원 수를 x명이라 하면

$3000x>3000\times30\times\dfrac{75}{100}$에서 $x>22.5$

따라서 단체 인원은 최소 23명이어야 한다.

중단원 테스트 [1회]　070-073쪽

01 ④	**02** ⑤	**03** ③	**04** ②	**05** ①
06 ⑤	**07** ①, ⑤		**08** $x<4$	
09 $-5<7-2a\leq15$			**10** $x<-2$	
11 ⑤	**12** ④	**13** ⑤	**14** $x<4$	**15** ③
16 ⑤	**17** ③	**18** ⑤	**19** ④	**20** 5
21 ②, ④		**22** ②, ⑤		**23** ④
24 ①	**25** $\dfrac{4}{3}$	**26** $0<x<\dfrac{1}{2}$		**27** ③
28 ③	**29** 3125원		**30** ⑤	**31** ②
32 31명				

01 부등식은 $x+4\geq5$, $x-1\leq3+x$, $\dfrac{5}{x}<1$, $x^2>x-1$, $2<3$, $2x-1\leq3$, $5>x$이므로 $a=7$

일차부등식은 $x+4\geq5$, $2x-1\leq3$, $5>x$이므로 $b=3$

$\therefore a-b=4$

02 $\dfrac{x-a}{3}<\dfrac{x}{2}+a$에서 $2x-2a<3x+6a$

$\therefore x>-8a$

이때 주어진 부등식의 해가 $x>1$이므로

$-8a=1$ $\therefore a=-\dfrac{1}{8}$

03 $ax-2<6$에서 $ax<8$

이때 부등식의 해가 $x>-4$이므로 $a<0$

$\therefore x>\dfrac{8}{a}$

즉, $-4=\dfrac{8}{a}$이므로 $a=-2$

04 ② $a<b$의 양변에 -3을 더하면

$-3+a<-3+b$

05 $3(x-2)+1\geq 4$에서 $3x\geq 9$

$\therefore x\geq 3$

06 $\dfrac{x-3}{4}\leq\dfrac{x}{6}-\dfrac{1}{3}$에서 $3x-9\leq 2x-4$

$\therefore x\leq 5$

따라서 부등식을 만족시키는 자연수 x는 1, 2, 3, 4, 5

이므로 이 수들의 합은 15이다.

07 ②는 방정식, ③과 ④는 다항식

따라서 부등식은 ①, ⑤이다.

08 $\dfrac{2x+1}{3}<\dfrac{x}{2}+1$의 양변에 6을 곱하면

$4x+2<3x+6$ $\therefore x<4$

09 $-4\leq a<6$의 각 변에 -2를 곱하면

$-12<-2a\leq 8$

각 변에 7을 더하면 $-5<7-2a\leq 15$

10 $ax-a>-3a$에서 $ax>-2a$

이때 $a<0$이므로 $x<-2$

11 $\dfrac{3x+2}{4}-x<-\dfrac{x}{2}+1$에서

$3x+2-4x<-2x+4$ $\therefore x<2$

$3x+1<2x+a$에서 $x<a-1$

두 일차부등식의 해가 같으므로 $a-1=2$

$\therefore a=3$

12 과자의 개수를 x라 하면

$100+80x\leq 800$에서 $x\leq\dfrac{70}{8}$

따라서 최대 8개까지 넣을 수 있다.

13 $-x-a>3$에서 $x<-a-3$

이 부등식을 참이 되게 하는 자연수 x의 값이 1뿐이므로

$1<-a-3\leq 2$, $4<-a\leq 5$

$\therefore -5\leq a<-4$

14 $a(x-4)>2(-4+x)$에서

$(a-2)x>4(a-2)$

이때 $a<2$이므로 일차부등식의 해는 $x<4$

15 ③ $5-8>\dfrac{1}{2}\times 8$ (거짓)

16 $3x+5<2a$에서 $x<\dfrac{2a-5}{3}$

이 부등식을 만족하는 x의 값 중 가장 큰 정수가 1이므로

$1<\dfrac{2a-5}{3}\leq 2$, $8<2a\leq 11$

$\therefore 4<a\leq\dfrac{11}{2}$

17 $4(1-x)>-2x$에서 $x<2$

이때 $|x|\leq 5$이므로 부등식의 해는

1, 0, -1, -2, -3, -4, -5의 7개이다.

18 $-2\leq x<1$에서 $-3<-3x\leq 6$

$\therefore 3<6-3x\leq 12$

따라서 $A=6-3x$의 값 중 정수는 4, 5, $\cdots$, 12의 9개

이다.

19 ④ $x-7\geq 4$

20 $2(7-x)\leq 3(x-2)$에서

$5x\geq 20$ $\therefore x\geq 4$

따라서 $A=2x-3\geq 5$이므로 가장 작은 정수는 5이다.

21 $2-a<2-b$에서 $a>b$

③ $-\dfrac{a}{3}<-\dfrac{b}{3}$

⑤ $5a-2>5b-2$

22 ① $\dfrac{1}{3}x-1<x+1$에서 $x>-3$

② $0.2x+1<2-0.3x$에서 $x<2$

③ $3(x-1)<6$에서 $x<3$

④ $\dfrac{x}{5}>2$에서 $x>10$

⑤ $4x+1<2x+5$에서 $x<2$

따라서 해가 $x<2$인 것은 ②, ⑤이다.

23 ④ $\dfrac{1}{2}x+1\leq\dfrac{1}{2}\left(4+\dfrac{1}{2}x\right)$에서

$\dfrac{1}{4}x\leq 1$ $\therefore x\leq 4$

24 $3(x-2)+2\leq ax+8$에서 $(3-a)x\leq 12$

이때 부등식의 해가 $x\leq 3$이므로 $3-a>0$

$\therefore x\leq\dfrac{12}{3-a}$

즉, $\dfrac{12}{3-a}=3$이므로 $a=-1$

25 $\dfrac{5-2x}{3}\leq a-\dfrac{x}{2}$에서 $10-4x\leq 6a-3x$

$\therefore x\geq 10-6a$

이때 부등식의 해 중 가장 작은 수가 2이므로

$10-6a=2$ $\therefore a=\dfrac{4}{3}$

26 $2x+5$가 가장 긴 변의 길이이므로

$2x+5<(4-x)+(x+2)$에서 $x<\dfrac{1}{2}$

$\therefore\ 0<x<\dfrac{1}{2}$

27 우유를 x개 산다고 하면 빵은 $(35-x)$개 살 수 있으므로

$600(35-x)+800x\le 25000$ $\therefore\ x\le 20$

따라서 우유는 최대 20개까지 살 수 있다.

28 생수를 x통 산다고 하면

$1100x>600x+2000$ $\therefore\ x>4$

따라서 생수를 5통 이상 사야 할인 매장에서 사는 것이 유리하다.

29 빵의 원가를 x원이라 하면

$\dfrac{160}{100}x\times\dfrac{20}{100}\ge 1000$ $\therefore\ x\ge 3125$

따라서 빵의 원가의 최솟값은 3125원이다.

30 역에서 x km 이내에 있는 상점을 이용한다고 하면

$\dfrac{x}{6}+\dfrac{x}{6}+\dfrac{5}{60}\le 1$에서 $20x+5\le 60$

$\therefore\ x\le \dfrac{11}{4}$

따라서 $\dfrac{11}{4}$ km 이내에 있는 상점을 이용할 수 있다.

31 초콜릿의 개수를 x, 껌의 개수를 $(10-x)$라 하면

$700(10-x)+1000x\le 9000$

$\therefore\ x\le \dfrac{20}{3}$

따라서 초콜릿은 최대 6개까지 살 수 있다.

32 인원 수를 x명이라 하면

$800x>600\times 40$ $\therefore\ x>30$

따라서 31명 이상이면 단체 입장권을 사는 것이 유리하다.

중단원 테스트 [2회]   074-077쪽

01 ③	**02** ②	**03** ④	**04** ③	**05** ①
06 ②	**07** 3	**08** ①	**09** ③	
10 $a=1,\ b\ne -10$		**11** ④		**12** ㄱ, ㅁ, ㅂ
13 ①	**14** ②	**15** ②	**16** $\dfrac{2}{5}<a\le \dfrac{3}{5}$	
17 ④	**18** ③	**19** 15	**20** ③	
21 ③, ④		**22** ⑤	**23** 2	**24** ④
25 $x<-\dfrac{3}{4}$		**26** ①	**27** ④	
28 2시간 40분		**29** ①	**30** ③	**31** ③
32 ③				

---

01 $5(x-1)\le -2(x+6)$에서

$5x-5\le -2x-12,\ 7x\le -7$

$\therefore\ x\le -1$

02 $\dfrac{x-2}{4}-\dfrac{2x-3}{5}<1$의 양변에 20을 곱하면

$5(x-2)-4(2x-3)<20$

$5x-10-8x+12<20$

$-3x<18$ $\therefore\ x>-6$

03 ① $x+9\le 7$에서 $x\le -2$

② $x+1\le -1$에서 $x\le -2$

③ $5x-2\le -12$에서 $5x\le -10$ $\therefore\ x\le -2$

④ $2-3x\le 8$에서 $-3x\le 6$ $\therefore\ x\ge -2$

⑤ $2x+4\le 3x+2$에서 $-x\le -2$ $\therefore\ x\ge 2$

04 ① $a<b$이고 $c<0$일 때, $ac>bc$

② $\dfrac{1}{a}\le \dfrac{1}{b}$이고 $a<0,\ b>0$이면 $a\le b$

④ $ac<bc$이고 $c<0$이면 $\dfrac{a}{c}<\dfrac{b}{c}$

⑤ $\dfrac{a}{c}>\dfrac{b}{c}$이고 $c>0$이면 $a>b$

05 $-5<1-3x<4$에서 $-6<-3x<3$

$\therefore\ -1<x<2$

따라서 x의 값의 범위에 속하는 정수는 0, 1로 모두 2개이다.

06 $ax-13>7-x$에서 $(a+1)x-20>0$

따라서 주어진 부등식이 일차부등식이 되려면 $a\ne -1$

이어야 한다.

07 $-4(2x-3)+2x\ge 5-3x$에서

$-8x+12+2x\ge 5-3x$

$-3x\ge -7$ $\therefore\ x\le \dfrac{7}{3}$

따라서 주어진 부등식을 만족시키는 자연수 x의 값은 1, 2이므로 그 합은 $1+2=3$

08 $1-ax<3$에서 $-ax<2$

이때 $a<0$이므로 일차부등식의 해는 $x<-\dfrac{2}{a}$

09 두 정수 중 작은 수를 x라고 하면 큰 수는 $x+9$이므로

$x+(x+9)<30$ $\therefore\ x<10.5$

따라서 두 정수 중 작은 수의 최댓값은 10이다.

10 $ax^2+bx>x^2-10x-8$에서

$(a-1)x^2+(b+10)x+8>0$

이 부등식이 일차부등식이 되려면

$a-1=0,\ b+10\ne 0$

$\therefore\ a=1,\ b\ne -10$

11 $ax+1>bx+2$에서 $(a-b)x>1$

① $a>b$이면 $a-b>0$이므로 $x>\dfrac{1}{a-b}$

② $a<b$이면 $a-b<0$이므로 $x<\dfrac{1}{a-b}$

③ $a=b$이면 $a-b=0$이므로 $0\cdot x>1$

즉, $0>1$이므로 해가 없다.

④ $a=0$, $b<0$이면 $-bx>1$이고, $-b>0$이므로

$x>-\dfrac{1}{b}$

⑤ $a<0$, $b=0$이면 $ax>1$이고, $a<0$이므로

$x<\dfrac{1}{a}$

따라서 옳지 않은 것은 ④이다.

12 $0<a<b$일 때,

ㄴ. $-a+7>-b+7$

ㄷ. $\dfrac{a}{3}-1<\dfrac{b}{3}-1$

ㄹ. $\dfrac{1}{a}>\dfrac{1}{b}$

따라서 옳은 것은 ㄱ, ㅁ, ㅂ이다.

13 $4x-2=a$에서 $4x=a+2$

$\therefore x=\dfrac{a+2}{4}$

이때 해가 3보다 크므로 $\dfrac{a+2}{4}>3$

$a+2>12$ $\therefore a>10$

14 ② $\dfrac{1}{x}$에서 분모에 x가 있으므로 $\dfrac{1}{x}-1>1$은 일차부등식이 아니다.

⑤ $x^2-2x>x^2+x$에서 $-3x>0$이므로 일차부등식이다.

16 $\dfrac{2}{5}x-\dfrac{x-1}{2}\geq\dfrac{a}{2}$의 양변에 10을 곱하여 정리하면

$4x-5(x-1)\geq5a$, $4x-5x+5\geq5a$

$-x\geq5a-5$ $\therefore x\leq-5a+5$

주어진 부등식의 해 중에서 가장 큰 정수가 2이므로

$2\leq-5a+5<3$, $-3\leq-5a<-2$

$\therefore \dfrac{2}{5}<a\leq\dfrac{3}{5}$

17 $0.5x+3\geq\dfrac{6x+2}{5}$에서 $5x+30\geq12x+4$

$-7x\geq-26$ $\therefore x\leq\dfrac{26}{7}$

따라서 자연수 x는 1, 2, 3의 3개이다.

18 $2<x\leq5$의 각 변에 3을 곱하면 $6<3x\leq15$

각 변에서 2를 빼면 $4<3x-2\leq13$

19 $0.2(5x+2)\leq0.3(3x+3)$에서

$10x+4\leq9x+9$ $\therefore x\leq5$

따라서 구하는 모든 자연수 x의 값의 합은

$1+2+3+4+5=15$

20 $\dfrac{-1-3x}{5}+2>0.5(-x+1)$에서

$-2-6x+20>-5x+5$

$-x>-13$ $\therefore x<13$

따라서 부등식을 만족하는 가장 큰 자연수 x는 12이다.

21 ③ 다항식 ④ 등식

22 $2x-3a<-4-x$에서 $3x<3a-4$

$\therefore x<a-\dfrac{4}{3}$

$5x<2x-1$에서 $3x<-1$

$\therefore x<-\dfrac{1}{3}$

이때, 두 일차부등식의 해가 서로 같으므로

$a-\dfrac{4}{3}=-\dfrac{1}{3}$ $\therefore a=1$

23 $x+a\leq-5x+8$에서 $6x\leq8-a$

$\therefore x\leq\dfrac{8-a}{6}$

주어진 수직선으로부터 부등식의 해는 $x\leq1$

즉, $\dfrac{8-a}{6}=1$이므로 $8-a=6$

$\therefore a=2$

24 $ax-a\leq0$에서 $ax\leq a$

이때 $a<0$이므로 $x\geq1$

25 $5(-0.6x-0.5)>0.\dot{3}x$에서

$-3x-2.5>\dfrac{1}{3}x$

양변에 30을 곱하면 $-90x-75>10x$

$-100x>75$ $\therefore x<-\dfrac{3}{4}$

26 $5-2x=-1$에서 $x=3$

① $x<2x-2$에서 $3<2\times3-2$ (참)

27 세 번째까지의 시험 점수의 총합은

$80\times3=240$(점)

네 번째 시험 점수를 x점이라고 하면

$\dfrac{240+x}{4}\geq82$, $240+x\geq328$

$\therefore x\geq88$

따라서 네 번째 시험에서 88점 이상을 받아야 한다.

28 자전거를 x분($x\geq60$) 탄다고 하면

$5000+100(x-60)\leq15000$ $\therefore x\leq160$

따라서 최대 160분, 즉 2시간 40분 탈 수 있다.

29 $x+8<x+(x+6)$ $\quad\therefore x>2$

따라서 x의 값으로 옳지 않은 것은 ①이다.

30 x km까지 올라갔다 내려올 수 있다고 하면

$\dfrac{x}{2}+\dfrac{x}{4}\le 6$ $\quad\therefore x\le 8$

따라서 지수는 최대 8 km까지 올라갔다 내려올 수 있다.

31 사과를 x개 넣는다고 하면

$2000+1500x\le 30000$ $\quad\therefore x\le\dfrac{56}{3}$

따라서 사과는 최대 18개까지 넣을 수 있다.

32 전체 일의 양을 1이라 하고, 남자가 x명, 여자가 $(8-x)$명이라 하면 남녀가 하루 동안 할 수 있는 일의 양은 각각 $\dfrac{1}{7}$, $\dfrac{1}{9}$이므로

$\dfrac{1}{7}x+\dfrac{1}{9}(8-x)\ge 1$

$9x+56-7x\ge 63$

$2x\ge 7$ $\quad\therefore x\ge\dfrac{7}{2}$

따라서 남자는 최소한 4명이 필요하다.

중단원 테스트 [서술형]   078-079쪽

01 $x>-\dfrac{2}{a-3}$ **02** 4 **03** 3 **04** -6

05 $1<a\le 2$ **06** 6명   **07** 6 km   **08** 8개

---

01 $a<3$이므로 $a-3<0$ $\quad$······ ❶

따라서 $(a-3)x<-2$에서

$x>-\dfrac{2}{a-3}$ $\quad$······ ❷

채점 기준	배점
❶ $a-3$의 부호 구하기	50 %
❷ 부등식 풀기	50 %

02 $0.3x+1.5>0.6x-0.6$의 양변에 10을 곱하면

$3x+15>6x-6$, $-3x>-21$

$\therefore x<7$

따라서 가장 큰 정수는 6이므로 $a=6$ $\quad$······ ❶

$\dfrac{x+1}{3}-\dfrac{2x-5}{2}>1$의 양변에 6을 곱하면

$2(x+1)-3(2x-5)>6$, $-4x+17>6$

$-4x>-11$ $\quad\therefore x<\dfrac{11}{4}$

따라서 가장 큰 정수는 2이므로 $b=2$ $\quad$······ ❷

$\therefore a-b=6-2=4$ $\quad$······ ❸

채점 기준	배점
❶ a의 값 구하기	40 %
❷ b의 값 구하기	40 %
❸ $a-b$의 값 구하기	20 %

03 $\dfrac{x}{3}-4<\dfrac{ax-1}{4}$에서 $4x-48<3ax-3$

$(4-3a)x<45$ $\quad$······ ❶

해가 $x>-9$이므로 $4-3a<0$

$\therefore x>\dfrac{45}{4-3a}$ $\quad$······ ❷

즉, $\dfrac{45}{4-3a}=-9$에서 $4-3a=-5$

$\therefore a=3$ $\quad$······ ❸

채점 기준	배점
❶ 일차부등식 간단히 하기	30 %
❷ 일차부등식의 해 구하기	30 %
❸ a의 값 구하기	40 %

04 $2x+10<3x+6$에서 $2x-3x<6-10$

$-x<-4$ $\quad\therefore x>4$ $\quad$······ ❶

$-3x+2(x-1)<a$의 괄호를 풀어 정리하면

$-3x+2x-2<a$, $-x<a+2$

$\therefore x>-a-2$ $\quad$······ ❷

즉, $-a-2=4$이므로 $a=-6$ $\quad$······ ❸

채점 기준	배점
❶ 부등식 $2x+10<3x+6$ 풀기	40 %
❷ 부등식 $-3x+2(x-1)<a$ 풀기	40 %
❸ 상수 a의 값 구하기	20 %

05 $6x-3<3(x+a)$에서 $6x-3<3x+3a$

$3x<3a+3$ $\quad\therefore x<a+1$ $\quad$······ ❶

자연수인 x는 2개이므로

$2<a+1\le 3$ $\quad\therefore 1<a\le 2$ $\quad$······ ❷

채점 기준	배점
❶ 일차부등식의 해 구하기	50 %
❷ a의 값의 범위 구하기	50 %

06 어른이 x명 입장한다고 하면 어린이는 $(30-x)$명 입장할 수 있으므로

$2000x+800(30-x)\le 32000$ $\quad$······ ❶

$2000x+24000-800x\le 32000$

$1200x\le 8000$ $\quad\therefore x\le\dfrac{20}{3}$ $\quad$······ ❷

따라서 어른은 최대 6명까지 입장할 수 있다. $\quad$······ ❸

채점 기준	배점
❶ 일차부등식 세우기	40 %
❷ 일차부등식의 해 구하기	40 %
❸ 최대 입장 가능한 어른 수 구하기	20 %

07 시속 $3\,\mathrm{km}$로 걸은 거리를 $x\,\mathrm{km}$라고 하면

시속 $5\,\mathrm{km}$로 걸은 거리는 $(11-x)\,\mathrm{km}$이므로

$$\frac{11-x}{5}+\frac{x}{3}\leq 3 \qquad \cdots\cdots \text{❶}$$

$3(11-x)+5x\leq 45,\ 2x\leq 12$

$\therefore\ x\leq 6 \qquad\qquad\qquad\cdots\cdots \text{❷}$

시속 $3\,\mathrm{km}$로 걸은 거리는 $6\,\mathrm{km}$ 이하이다. $\quad\cdots\cdots \text{❸}$

채점 기준	배점
❶ 부등식 세우기	40 %
❷ 부등식의 해 구하기	50 %
❸ 시속 3 km로 걸은 거리 구하기	10 %

08 초콜릿을 x개 산다고 하면

$200\times 15+600x+2000\leq 10000 \qquad \cdots\cdots \text{❶}$

$600x\leq 5000 \qquad \therefore\ x\leq \dfrac{25}{3} \qquad \cdots\cdots \text{❷}$

이때 x는 자연수이므로 초콜릿은 최대 8개까지 살 수 있다. $\qquad\qquad\qquad\qquad\qquad\cdots\cdots \text{❸}$

채점 기준	배점
❶ 부등식 세우기	40 %
❷ 부등식의 해 구하기	50 %
❸ 초콜릿의 최대 개수 구하기	10 %

2. 연립일차방정식

01. 연립일차방정식

소단원 집중 연습 080-081쪽

01 (1) ○ (2) × (3) ○ (4) ×

02 (1) 3 (2) $-\dfrac{6}{5}$ (3) -14 (4) 1

03 (1) y, 24, x, y (2) x, 54, x, y

04 (1) $x=1,\ y=4$ (2) $x=3,\ y=4$

05 (1) $a=\dfrac{5}{3},\ b=1$ (2) $a=1,\ b=3$

06 (1) $x=1,\ y=-2$ (2) $x=4,\ y=3$
     (3) $x=1,\ y=8$

07 (1) $x=-1,\ y=-4$ (2) $x=-17,\ y=-6$
     (3) $x=3,\ y=-1$

08 (1) $x=-1,\ y=3$ (2) $x=4,\ y=3$
     (3) $x=2,\ y=-5$

09 (1) $x=-1,\ y=2$ (2) $x=1,\ y=-1$
     (3) $x=\dfrac{1}{6},\ y=1$

소단원 테스트 [1회] 082-083쪽

01 ②	**02** ⑤	**03** ②	**04** ②, ⑤	**05** ①
06 ⑤	**07** ②	**08** ③	**09** ⑤	**10** ⑤
11 ④	**12** ④	**13** ①	**14** ④	**15** ②
16 ⑤				

01 ① 다항식이다.
③ 미지수가 1개이다.
④ 다항식이다.
⑤ 정리하면 $2y=8$이므로 미지수가 1개이다.

02 $x=2,\ y=1$을 대입했을 때 성립하는 것은
⑤ $3x+2y=8$이다.

03 자연수 x, y에 대하여 $2x+3y=21$을 만족하는 x, y는
② $x=3,\ y=5$이다.

04 $x=1,\ y=-2$를 대입하여 두 일차방정식을 모두 만족시키는 것을 고르면 ②, ⑤이다.

05 $\begin{cases} 2x-3y=8 & \cdots\cdots ㉠ \\ ax+by=-4 & \cdots\cdots ㉡ \end{cases}$ $\begin{cases} 2ax-by=-2 & \cdots\cdots ㉢ \\ 3x-y=5 & \cdots\cdots ㉣ \end{cases}$

위의 두 연립방정식의 해가 같으므로
㉠, ㉣을 연립하여 풀면 $x=1,\ y=-2$
이 값을 ㉡, ㉢에 대입하면
$a-2b=-4,\ 2a+2b=-2$
위 두 식을 연립하여 풀면 $a=-2,\ b=1$
$\therefore\ ab=-2$

06 $\begin{cases} 2x+y=a-3 & \cdots\cdots ㉠ \\ x=2(y+1) & \cdots\cdots ㉡ \end{cases}$

x의 값이 y의 값보다 3만큼 크므로
$x-y=3 \qquad \cdots\cdots ㉢$
㉡을 ㉢에 대입하면 $2(y+1)-y=3 \qquad \therefore\ y=1$
$y=1$을 ㉡에 대입하면 $x=4$
$x=4,\ y=1$을 ㉠에 대입하면 $9=a-3 \qquad \therefore\ a=12$

07 $\begin{cases} 0.8x+0.2y-1=x-2 \\ \dfrac{1}{2}x-\dfrac{1}{3}(y+1)=x-2 \end{cases}$ 에서

$\begin{cases} x-y=5 \\ 3x+2y=10 \end{cases}$

위의 연립방정식을 풀면 $x=4,\ y=-1$
따라서 $a=4,\ b=-1$이므로 $a+b=3$

08 $\begin{cases} ax-by=-17 \\ bx-ay=-18 \end{cases}$ 에서 a, b를 바꿔 놓으면

$\begin{cases} bx-ay=-17 \\ ax-by=-18 \end{cases}$

$x=-4,\ y=3$을 대입하여 정리하면
$3a+4b=17,\ 4a+3b=18$

위의 연립방정식을 풀면 $a=3$, $b=2$

따라서 처음 연립방정식은 $\begin{cases} 3x-2y=-17 \\ 2x-3y=-18 \end{cases}$ 이고,

이 연립방정식을 풀면 $x=-3$, $y=4$

09 $2x+y=4x-3y=5$에서

$\begin{cases} 2x+y=5 \\ 4x-3y=5 \end{cases}$

위 연립방정식을 풀면 $x=2$, $y=1$

10 $\begin{cases} 3(x-2y)+7y=-3 \\ 6y-4(x+y)=10 \end{cases}$ 에서

$\begin{cases} 3x+y=-3 \\ 2x-y=-5 \end{cases}$

위 연립방정식을 풀면 $x=-\dfrac{8}{5}$, $y=\dfrac{9}{5}$

11 $\begin{cases} 0.4x+0.3y=3 \\ \dfrac{x}{3}+\dfrac{y-8}{6}=1 \end{cases}$ 에서 $\begin{cases} 4x+3y=30 \\ 2x+y=14 \end{cases}$

위 연립방정식을 풀면 $x=6$, $y=2$

$x=6$, $y=2$가 $2x-ay+6=0$의 해이므로

$12-2a+6=0$ $\therefore a=9$

12 $\begin{cases} ax-y=1 & \cdots\cdots\ \text{㉠} \\ 6x-3y=3 & \cdots\cdots\ \text{㉡} \end{cases}$ 에서

㉡$\times\dfrac{1}{3}$을 하면 $\begin{cases} ax-y=1 \\ 2x-y=1 \end{cases}$

이 연립방정식의 해가 무수히 많으므로 $a=2$

13 $\begin{cases} -3x-4y=-3 \\ ax-12y=2 \end{cases}$ 에서 $\begin{cases} -9x-12y=-9 \\ ax-12y=2 \end{cases}$

연립방정식의 해가 없으려면 x, y의 계수가 각각 같고

상수항이 달라야 하므로 $a=-9$

14 $\begin{cases} y=2x-1 & \cdots\cdots\ \text{㉠} \\ 3x-2y=-3 & \cdots\cdots\ \text{㉡} \end{cases}$

㉠을 ㉡에 대입하면 $3x-2(2x-1)=-3$

$3x-4x+2=-3$ $\therefore x=5$

$x=5$를 ㉠에 대입하면 $y=10-1=9$

따라서 $a=5$, $b=9$이므로 $a-b=-4$

15 $\begin{cases} 2x-5y=10 & \cdots\cdots\ \text{㉠} \\ 3x-ay=32 & \cdots\cdots\ \text{㉡} \end{cases}$

$p:q=5:1$에서 $p=5q$ $\cdots\cdots\ \text{㉢}$

㉢을 ㉠에 대입하면 $10q-5q=10$ $\therefore q=2$

$q=2$를 ㉢에 대입하면 $p=10$

$p=10$, $q=2$를 ㉡에 대입하면

$30-2a=32$ $\therefore a=-1$

16 $\begin{cases} 2x+y=9 & \cdots\cdots\ \text{㉠} \\ 2x-2y=-3a & \cdots\cdots\ \text{㉡} \end{cases}$

㉠에 $x=5$를 대입하면

$2\times5+y=9$ $\therefore y=-1$

$x=5$, $y=-1$을 ㉡에 대입하면

$2\times5-2\times(-1)=-3a$

$12=-3a$ $\therefore a=-4$

---

01 ㄱ, ㄹ	**02** 1	**03** ㄱ, ㅁ	**04** 2 **05** 4
06 $\dfrac{13}{2}$	**07** $-\dfrac{7}{6}$	**08** 1	**09** -2 **10** 1
11 5	**12** 2	**13** 4	**14** 3 **15** 4
16 $x=3$, $y=-1$			

01 ㄴ. xy는 일차가 아니다.

ㄷ. x^2은 2차이다.

ㅁ. 정리하면 x항이 소거되므로 미지수가 2개가 아니다.

따라서 미지수가 2개인 일차방정식은 ㄱ, ㄹ이다.

02 $2x-y=-x+3y=5$에서 $\begin{cases} 2x-y=5 & \cdots\cdots\ \text{㉠} \\ -x+3y=5 & \cdots\cdots\ \text{㉡} \end{cases}$

㉠$\times3+$㉡을 하면 $5x=20$ $\therefore x=4$

이 값을 ㉠에 대입하면 $y=3$

따라서 $a=4$, $b=3$이므로 $a-b=1$

03 ㄱ. $2\times(-1)+2\times3=4$

ㅁ. $(-1)-3\times3=-10$

04 $x=-1$, $y=3$을 $x+ay=5$에 대입하면 $a=2$

05 $\begin{cases} ax+by=2 \\ bx+ay=-10 \end{cases}$ 에서 a, b를 바꿔 놓으면

$\begin{cases} bx+ay=2 \\ ax+by=-10 \end{cases}$

이 연립방정식의 해가 $x=-4$, $y=2$이므로 대입하면

$2a-4b=2$, $-4a+2b=-10$

위의 두 식을 연립하여 풀면 $a=3$, $b=1$

$\therefore a+b=4$

06 $\begin{cases} 2x+y=10 & \cdots\cdots\ \text{㉠} \\ x+3y=a+11 & \cdots\cdots\ \text{㉡} \end{cases}$

y의 값이 x의 값의 2배이므로 $y=2x$ $\cdots\cdots\ \text{㉢}$

㉢을 ㉠에 대입하면 $2x+2x=10$ $\therefore x=\dfrac{5}{2}$

이 값을 ㉢에 대입하면 $y=5$

$x=\dfrac{5}{2}$, $y=5$를 ㉡에 대입하면

$\dfrac{5}{2}+15=a+11$ $\therefore a=\dfrac{13}{2}$

07 주어진 두 연립방정식의 해가 같으므로

$\begin{cases} x-2y=9 & \cdots\cdots\ \text{㉠} \\ 3x-y=-3 & \cdots\cdots\ \text{㉡} \end{cases}$ 에서

㉡$\times2-$㉠을 하면 $5x=-15$ $\therefore x=-3$

$x=-3$을 ㉡에 대입하여 정리하면 $y=-6$

$x=-3$, $y=-6$을 $\begin{cases} ax+by=2 \\ ax-by=4 \end{cases}$ 에 대입하면

$\begin{cases} -3a-6b=2 & \cdots\cdots ㉢ \\ -3a+6b=4 & \cdots\cdots ㉣ \end{cases}$

㉢+㉣을 하면 $-6a=6$ ∴ $a=-1$

$a=-1$을 ㉢에 대입하여 정리하면 $b=\dfrac{1}{6}$

$a-b=-1-\dfrac{1}{6}=-\dfrac{7}{6}$

08 연립방정식 $\begin{cases} ax-2y=3 \\ -3x+by=-4 \end{cases}$ 의 해가 무수히 많으면

두 식은 일치하므로

$\dfrac{a}{-3}=\dfrac{-2}{b}=\dfrac{3}{-4}$에서 $a=\dfrac{9}{4}$, $b=\dfrac{8}{3}$

∴ $4a-3b=9-8=1$

09 $\begin{cases} -\dfrac{x-2}{4}=2+y \\ 3(-x+1)=a(x+y)+3 \end{cases}$ 에서

$\begin{cases} x+4y=-6 & \cdots\cdots ㉠ \\ (a+3)x+ay=0 & \cdots\cdots ㉡ \end{cases}$

이 연립방정식의 해가 $x=p$, $y=q$일 때

$p+q=-3$ $\cdots\cdots ㉢$

p, q를 ㉠에 대입하고 ㉠-㉢을 하면

$3q=-3$ ∴ $q=-1$

$q=-1$을 ㉢에 대입하면 $p=-2$

따라서 ㉡에 $x=p=-2$, $y=q=-1$을 대입하면

$-2a-6-a=0$ ∴ $a=-2$

10 $\begin{cases} x+y=4 & \cdots\cdots ㉠ \\ 2x+ay=5 & \cdots\cdots ㉡ \end{cases}$ 을 만족하는 x의 값이 1이므로

$x=1$을 ㉠에 대입하면 $1+y=4$ ∴ $y=3$

$x=1$, $y=3$을 ㉡에 대입하여 정리하면 $a=1$

11 $\begin{cases} 3x+y=3 & \cdots\cdots ㉠ \\ 3x-2y=12 & \cdots\cdots ㉡ \end{cases}$

㉠-㉡을 하면 $3y=-9$ ∴ $y=-3$

$y=-3$을 ㉠에 대입하여 정리하면 $x=2$

따라서 $a=2$, $b=-3$이므로 $a-b=5$

12 $\begin{cases} \dfrac{3}{4}x+\dfrac{3}{2}y=1 \\ x+ay=-3 \end{cases}$ 에서 $\begin{cases} 3x+6y=4 \\ x+ay=-3 \end{cases}$

이 연립방정식의 해가 없으므로

$\dfrac{3}{1}=\dfrac{6}{a}\neq\dfrac{4}{-3}$ ∴ $a=2$

13 $\begin{cases} x-3y=-2 \\ 2x-5y=1 \end{cases}$ 을 풀면 $x=13$, $y=5$

이 해가 일차방정식 $x-ay+7=0$을 만족하므로

$13-5a+7=0$ ∴ $a=4$

14 $2x+y+7=3x-4y=4x+4y+6$에서

$\begin{cases} 2x+y+7=3x-4y \\ 3x-4y=4x+4y+6 \end{cases}$

간단히 하면 $\begin{cases} x-5y=7 \\ x+8y=-6 \end{cases}$

위 연립방정식을 풀면 $x=2$, $y=-1$

따라서 $a=2$, $b=-1$이므로 $a-b=3$

15 $\begin{cases} 4x+by=6 & \cdots\cdots ㉠ \\ ax+y=5 & \cdots\cdots ㉡ \end{cases}$ 의 해가 $x=1$, $y=2$이므로

㉠에 대입하면 $4+2b=6$

$2b=2$ ∴ $b=1$

㉡에 대입하면 $a+2=5$ ∴ $a=3$

∴ $a+b=3+1=4$

16 $\begin{cases} 3x-4(x+2y)=5 \\ 2(x-y)=3-5y \end{cases}$ 를 정리하면

$\begin{cases} -x-8y=5 & \cdots\cdots ㉠ \\ 2x+3y=3 & \cdots\cdots ㉡ \end{cases}$

㉠×2+㉡을 하면 $-13y=13$ ∴ $y=-1$

㉠에 대입하면 $-x+8=5$ ∴ $x=3$

02. 연립일차방정식의 활용

01 (1) 해설 참조

(2) $\begin{cases} x+y=20 \\ 800x+600y=14400 \end{cases}$

(3) $x=12$, $y=8$ (4) 12개

02 (1) $\begin{cases} x+y=64 \\ x-y=38 \end{cases}$ (2) $x=51$, $y=13$

(3) 51, 13

03 (1) $x+3$, $y+3$ (2) $\begin{cases} x+y=30 \\ x+3=2(y+3) \end{cases}$

(3) $x=21$, $y=9$ (4) 9살

04 (1) $\begin{cases} 2x+2y=42 \\ x=2y-3 \end{cases}$ (2) $x=13$, $y=8$

(3) $104\,\mathrm{cm}^2$

05 (1) 해설 참조 (2) $\begin{cases} x+y=35 \\ \dfrac{x}{4}+\dfrac{y}{5}=8 \end{cases}$

(3) $x=20$, $y=15$ (4) 20 km

06 (1) A가 걸은 시간 x분, B가 달린 시간 y분

(2) 해설 참조, $\begin{cases} x=y+10 \\ 300x=500y \end{cases}$

(3) $x=25$, $y=15$ (4) 15분 후

07 (1) 해설 참조

(2) $\begin{cases} \dfrac{x}{100} \times 200 + \dfrac{y}{100} \times 100 = \dfrac{8}{100} \times 300 \\ \dfrac{x}{100} \times 100 + \dfrac{y}{100} \times 200 = \dfrac{10}{100} \times 300 \end{cases}$

(3) $x=6,\ y=12$

(4) 소금물 A의 농도: 6 %,

소금물 B의 농도: 12 %

01 (1)

	복숭아	자두	전체
개수(개)	x	y	20
가격(원)	$800x$	$600y$	$800x+600y=14400$

05 (1)

	올라갈 때	내려올 때	전체
거리(km)	x	y	35
속력(km/시)	4	5	
시간(시간)	$\dfrac{x}{4}$	$\dfrac{y}{5}$	8

06 (2)

	A	B
시간(분)	x	y
속력(m/분)	300	500
거리(m)	$300x$	$500y$

07 (1) ㉠

	A	B	섞은 후
농도(%)	x	y	8
소금물의 양(g)	200	100	300
소금의 양(g)	$\dfrac{x}{100} \times 200$	$\dfrac{y}{100} \times 100$	$\dfrac{8}{100} \times 300$

㉡

	A	B	섞은 후
농도(%)	x	y	10
소금물의 양(g)	100	200	300
소금의 양(g)	$\dfrac{x}{100} \times 100$	$\dfrac{y}{100} \times 200$	$\dfrac{10}{100} \times 300$

01 ④	**02** ④	**03** ④	**04** ②	**05** ①
06 ①	**07** ①	**08** ④	**09** ④	**10** ⑤
11 ②	**12** ②	**13** ④	**14** ②	**15** ③
16 ④				

01 개의 수를 x마리, 닭의 수를 y마리라고 놓으면

$\begin{cases} x+y=19 \\ 4x+2y=52 \end{cases}$　　$\therefore x=7,\ y=12$

따라서 개는 7마리이다.

02 현재 아버지의 나이를 x살, 아들의 나이를 y살이라 하면

$\begin{cases} x+y=64 \\ x+13=2(y+13) \end{cases}$ 에서 $\begin{cases} x+y=64 \\ x-2y=13 \end{cases}$

위의 연립방정식을 풀면 $x=47,\ y=17$

따라서 현재 아들의 나이는 17살이다.

03 2점 숫을 x개, 3점 숫을 y개 넣었다고 하면

$\begin{cases} x+y=9 \\ 2x+3y=20 \end{cases}$　　$\therefore x=7,\ y=2$

따라서 2점짜리 숫은 7개 넣었다.

04 가로의 길이를 x cm, 세로의 길이를 y cm라고 하면

$\begin{cases} x=y+5 \\ 2(x+y)=30 \end{cases}$　　$\therefore x=10,\ y=5$

따라서 직사각형의 가로의 길이는 10 cm, 세로의 길이는 5 cm이므로 넓이는

$10 \times 5 = 50(\text{cm}^2)$

05 시속 4 km로 걸은 거리를 x km, 시속 8 km로 달린 거리를 y km라 하면

$\begin{cases} x+y=5 \\ \dfrac{x}{4}+\dfrac{y}{8}=1 \end{cases}$　　$\therefore x=3,\ y=2$

따라서 시속 8 km로 달린 거리가 2 km이므로

달린 시간은 $\dfrac{2}{8}=\dfrac{1}{4}$시간$(=15$분$)$

06 자장면 한 그릇의 가격을 x원, 짬뽕 한 그릇의 가격을 y원이라고 하면

$\begin{cases} 3x+2y=16000 \\ y=x+500 \end{cases}$　　$\therefore x=3000,\ y=3500$

따라서 짬뽕 한 그릇의 가격은 3500원이다.

07 A식품과 B식품의 양을 각각 x g, y g이라 할 때, 두 식품 1 g당 열량과 단백질의 양은 다음 표와 같다.

	열량(kcal)	단백질(g)
A식품	1.2	0.09
B식품	0.8	0.1

$\begin{cases} 1.2x+0.8y=240 & \cdots\cdots\ ㉠ \\ 0.09x+0.1y=24 & \cdots\cdots\ ㉡ \end{cases}$ 에서

$㉠×\dfrac{5}{2}$ 를 하면 $3x+2y=600$ ...... ㉢

$㉡×100$을 하면 $9x+10y=2400$ ...... ㉣

$㉢×5-㉣$을 하면 $6x=600$ $\therefore x=100$

$x=100$을 ㉢에 대입하면 $y=150$

따라서 A식품의 양은 100 g, B식품의 양은 150 g이다.

08 처음 수의 십의 자리 숫자를 x, 일의 자리 숫자를 y라 하면

$\begin{cases} x+y=7 \\ 10x+y-27=10y+x \end{cases}$ 에서 $\begin{cases} x+y=7 \\ x-y=3 \end{cases}$

$\therefore x=5,\ y=2$

따라서 처음 수는 $10x+y=52$

09 긴 끈의 길이를 x cm, 짧은 끈의 길이를 y cm라고 하면

$\begin{cases} x+y=300 \\ x=4y \end{cases}$ $\therefore x=240,\ y=60$

따라서 긴 끈의 길이는 240 cm이다.

10 전체 일의 양을 1이라 하고, A와 B가 하루 동안 일한 양을 각각 x, y라 하면

$\begin{cases} 10x+10y=1 \\ 5x+12y=1 \end{cases}$ $\therefore x=\dfrac{1}{35},\ y=\dfrac{1}{14}$

이때 A와 B가 각각 걸리는 날 수를 a, b라 하면

$a=35,\ b=14$

$\therefore a+b=49$

11 입학 당시의 남학생 수를 x명, 여학생 수를 y명이라고 하면

$\begin{cases} x+y=450 \\ -\dfrac{5}{100}x+\dfrac{10}{100}y=9 \end{cases}$ 에서 $\begin{cases} x+y=450 \\ -x+2y=180 \end{cases}$

$\therefore x=240,\ y=210$

따라서 현재 남학생 수는

$240-\dfrac{5}{100}×240=228$(명)

12 주어진 조건을 연립방정식으로 나타내면

$\begin{cases} x+y=2 \\ 2x+y=8 \end{cases}$ $\therefore x=6,\ y=-4$

$\therefore xy=6×(-4)=-24$

13 시속 2 km로 걸은 거리를 a km, 시속 4 km로 걸은 거리를 b km라 하면 연립방정식

$\begin{cases} a+b=9 \\ \dfrac{a}{2}+\dfrac{b}{4}=3 \end{cases}$ $\therefore a=3,\ b=6$

$\therefore a^2+b^2=9+36=45$

14 가위바위보에서 A가 x번 이기고 y번 졌다면, B는 y번 이기고 x번 졌으므로

$\begin{cases} 3x-2y=18 \\ -2x+3y=23 \end{cases}$ $\therefore x=20,\ y=21$

따라서 A가 이긴 횟수는 20회이다.

15 자유형으로 수영한 거리를 x m, 평영으로 수영한 거리를 y m라 하면

$\begin{cases} x+y=500 \\ \dfrac{x}{60}+\dfrac{y}{40}=10 \end{cases}$ $\therefore x=300,\ y=200$

따라서 자유형으로 수영한 거리는 300 m이다.

16 5 %의 소금물의 양을 x g, 8 %의 소금물의 양을 y g 이라고 하면

$\begin{cases} x+y=600 \\ \dfrac{5}{100}x+\dfrac{8}{100}y=\dfrac{7}{100}×600 \end{cases}$

정리하면 $\begin{cases} x+y=500 \\ 5x+8x=4200 \end{cases}$

$\therefore x=200,\ y=400$

따라서 5 %의 소금물은 200 g을 섞으면 된다.

소단원 테스트 [2회] 090-091쪽

01 600 g	**02** 58	**03** 204 cm^2
04 9, 6	**05** 시속 24 km	**06** 4자루
07 12일	**08** 837개	**09** 50 m **10** 30살
11 10 % 소금물 150 g, 30% 소금물 50 g		
12 250 g **13** 88	**14** 7번	**15** 4 km **16** 6 km

01 3 %의 소금물의 양을 x g, 8 %의 소금물의 양을 y g 이라 하면

$\begin{cases} x+y=1000 \\ \dfrac{3}{100}x+\dfrac{8}{100}y=\dfrac{5}{100}×1000 \end{cases}$ 에서

$\begin{cases} x+y=1000 \\ 3x+8y=5000 \end{cases}$ $\therefore x=600,\ y=400$

따라서 3 %의 소금물의 양은 600 g이다.

02 십의 자리 숫자를 x, 일의 자리 숫자를 y라 하면

$\begin{cases} x+y=13 \\ 10y+x=10x+y+27 \end{cases}$ 에서 $\begin{cases} x+y=13 \\ -9x+9y=27 \end{cases}$

$\therefore x=5,\ y=8$

따라서 처음 수는 58이다.

03 직사각형의 가로의 길이를 x cm, 세로의 길이를 y cm 라 하면

$\begin{cases} x-y=5 \\ 2(x+y)=58 \end{cases}$ 에서 $\begin{cases} x-y=5 \\ x+y=29 \end{cases}$

$\therefore x=17,\ y=12$

따라서 직사각형의 넓이는

$xy=17×12=204(\text{cm}^2)$

04 두 자연수를 x, $y\,(x>y)$라고 하면

$$\begin{cases} x+y=15 \\ x-y=3 \end{cases} \quad \therefore x=9,\ y=6$$

따라서 두 자연수는 9, 6이다.

05 배의 속력을 시속 x km, 강물의 속력을 시속 y km라 하면

$$\begin{cases} \dfrac{7}{4}(x-y)=35 \\ \dfrac{5}{4}(x+y)=35 \end{cases} \text{에서} \begin{cases} x-y=20 \\ x+y=28 \end{cases}$$

$$\therefore x=24,\ y=4$$

따라서 배의 속력은 시속 24 km이다.

06 100원짜리 연필을 x자루, 250원짜리 볼펜을 y자루 샀다고 하면

$$\begin{cases} x+y=8 \\ 100x+250y=1400 \end{cases} \quad \therefore x=4,\ y=4$$

따라서 100원짜리 연필은 4자루 샀다.

07 전체 일의 양을 1이라 하고 A, B 두 사람이 하루에 할 수 있는 일의 양을 각각 x, y라고 하면

$$\begin{cases} 8x+8y=1 \\ 4x+10y=1 \end{cases} \quad \therefore x=\dfrac{1}{24},\ y=\dfrac{1}{12}$$

따라서 B 혼자서 하면 12일이 걸린다.

08 두 제품 A, B의 지난해 제품 생산량을 각각 x개, y개라 하면

$$\begin{cases} x+y=2000 \\ 0.06x-0.07y=3 \end{cases} \text{에서} \begin{cases} x+y=2000 \\ 6x-7y=300 \end{cases}$$

$$\therefore x=1100,\ y=900$$

따라서 지난해 B제품의 생산량은 900개이고, 올해는 지난해 생산량의 7 %인 63개가 감소하여 837개를 생산하였다.

09 기차의 길이를 x m, 기차의 속력을 y m/초라 하면

$$\begin{cases} x+250=10y \\ x+1300=45y \end{cases} \quad \therefore x=50,\ y=30$$

따라서 기차의 길이는 50 m이다.

10 현재 삼촌의 나이를 x살, 준희의 나이를 y살이라고 하면

$$\begin{cases} x=2y \\ x-8=6(y-8) \end{cases} \text{에서} \begin{cases} x=2y \\ x-6y=-40 \end{cases}$$

$$\therefore x=20,\ y=10$$

따라서 현재 삼촌과 준희의 나이의 합은

$$20+10=30\text{(살)}$$

11 10 %의 소금물의 양을 x g, 30 %의 소금물의 양을 y g이라고 하면

$$\begin{cases} x+y=200 \\ \dfrac{10}{100}x+\dfrac{30}{100}y=\dfrac{15}{100}\times200 \end{cases} \text{에서} \begin{cases} x+y=200 \\ x+3y=300 \end{cases}$$

$$\therefore x=150,\ y=50$$

따라서 10 %의 소금물은 150 g, 30 %의 소금물은 50 g을 섞어야 한다.

12 두 식품 A, B를 각각 1 g씩 섭취하였을 때, 얻을 수 있는 열량과 탄수화물의 양은 다음 표와 같다.

식품	열량(kcal)	탄수화물(g)
A	3	0.1
B	5	0.16

두 식품 A, B를 각각 x g, y g 섭취한다고 하면

$$\begin{cases} 3x+5y=1000 \\ 0.1x+0.16y=33 \end{cases} \text{에서} \begin{cases} 3x+5y=1000 \\ 10x+16y=3300 \end{cases}$$

$$\therefore x=250,\ y=50$$

따라서 A식품의 양은 250 g이다.

13 a와 b의 합이 116이므로

$$a+b=116 \quad \cdots\cdots \ \bigcirc$$

a를 b로 나누면 몫이 7, 나머지가 4이므로

$$a=7b+4 \quad \cdots\cdots \ \bigcirc$$

$\bigcirc$, $\bigcirc$을 연립하여 풀면 $a=102$, $b=14$

$$\therefore a-b=102-14=88$$

14 A가 이긴 횟수를 x번, 진 횟수를 y번이라고 하면 B가 이긴 횟수는 y번, 진 횟수는 x번이므로

$$\begin{cases} 2x+y=19 \\ 2y+x=17 \end{cases} \quad \therefore x=7,\ y=5$$

따라서 A가 이긴 횟수는 7번이다.

15 걸어간 거리를 x km, 뛰어간 거리를 y km라고 하면

$$\begin{cases} x+y=25 \\ \dfrac{x}{6}+\dfrac{y}{8}=4 \end{cases} \quad \therefore x=21,\ y=4$$

따라서 뛰어간 거리는 4 km이다.

16 올라갈 때 걸은 거리를 x km, 내려올 때 걸은 거리를 y km라고 할 때, 총 이동 거리는 14 km이므로

$$\begin{cases} x+y=14 \\ \dfrac{x}{3}+\dfrac{y}{4}=4 \end{cases} \text{에서} \begin{cases} x+y=14 \\ 4x+3y=48 \end{cases}$$

$$\therefore x=6,\ y=8$$

따라서 올라갈 때 걸은 거리는 6 km이다.

중단원 테스트 [1회]　　092~095쪽

01 ④	**02** ①	**03** ③	**04** ①	**05** ③
06 $x=-3,\ y=5$	**07** ①, ⑤	**08** ①	**09** ④	
10 ④	**11** ③	**12** ①	**13** ①	**14** ①
15 ⑤	**16** ①	**17** ④	**18** ④	**19** -2
20 ②	**21** ②	**22** ②	**23** ①	**24** ①
25 ②	**26** ①	**27** ①	**28** ⑤	**29** ②
30 ③	**31** ③	**32** 300개		

01 $\begin{cases} x+2y=9 & \cdots\cdots \ \text{㉠} \\ x-y=6 & \cdots\cdots \ \text{㉡} \end{cases}$ 에서

㉠$-$㉡을 하면 $3y=3$ $\quad \therefore y=1$

$y=1$을 ㉡에 대입하면 $x-1=6$ $\quad \therefore x=7$

따라서 $a=7$, $b=1$이므로 $a+b=8$

02 $x+2y=ax-4y=5$에서

$x+2y=5$에 $x=-3$을 대입하면

$-3+2y=5$, $2y=8$ $\quad \therefore y=4$

$x=-3$, $y=4$를 $ax-4y=5$에 대입하면

$-3a-4\times4=5$, $-3a=21$ $\quad \therefore a=-7$

03 x, y가 자연수일 때, 일차방정식 $4x+y=13$이 참이
되는 값을 찾으면 $(1,\ 9)$, $(2,\ 5)$, $(3,\ 1)$이므로 해는
모두 3개이다.

04 $\begin{cases} x-y=7 \\ ax+y=3 \end{cases}$ 의 해가 $x+y=3$을 만족하므로

$\begin{cases} x-y=7 \\ x+y=3 \end{cases}$ 을 풀면 $x=5$, $y=-2$

$x=5$, $y=-2$를 $ax+y=3$에 대입하면

$5a+(-2)=3$ $\quad \therefore a=1$

05 $\begin{cases} x-4y=8 & \cdots\cdots \ \text{㉠} \\ 2x-y=23 & \cdots\cdots \ \text{㉡} \end{cases}$ 일 때,

㉠$\times2-$㉡을 하면 $-7y=-7$ $\quad \therefore y=1$

이 값을 ㉠에 대입하면 $x=12$

① 해는 1개이다.

② ㉠$\times2-$㉡을 하면 x가 소거된다.

④ 대입법을 이용하면 해를 구할 수 있다.

⑤ 해를 순서쌍으로 나타내면 $(12,\ 1)$이다.

06 $\begin{cases} y-x=4(x+y) & \cdots\cdots \ \text{㉠} \\ 2x:(1-y)=3:2 & \cdots\cdots \ \text{㉡} \end{cases}$

㉠에서 $5x+3y=0$ $\quad\cdots\cdots \ \text{㉢}$

㉡에서 $4x=3(1-y)$ $\quad \therefore 4x+3y=3$ $\quad\cdots\cdots \ \text{㉣}$

㉢$-$㉣을 하면 $x=-3$

$x=-3$을 ㉢에 대입하면

$-15+3y=0$ $\quad \therefore y=5$

07 미지수가 2개인 일차방정식은

$ax+by+c=0(a,\ b,\ c$는 상수, $a\neq0$, $b\neq0)$과 같이
나타낼 수 있으므로 ①, ⑤이다.

08 $x=-2$, $y=3$을 $2x+ay=11$에 대입하면

$-4+3a=11$ $\quad \therefore a=5$

$2x+5y=11$에 $x=3$, $y=b$를 대입하면

$6+5b=11$ $\quad \therefore b=1$

$\therefore a+b=5+1=6$

09 $\begin{cases} ax+by=5 & \cdots\cdots \ \text{㉠} \\ cx-2y=1 & \cdots\cdots \ \text{㉡} \end{cases}$

갑은 옳게 풀어 그 해가 $x=3$, $y=-2$가 나왔으므로

위 식에 각각 대입하면

$3a-2b=5$ $\quad\cdots\cdots \ \text{㉢}$

$3c+4=1$ $\quad \therefore c=-1$

또, 을은 c를 잘못 봐서 $x=2$, $y=-1$이 나왔으므로

㉠에 대입하면 $2a-b=5$ $\quad\cdots\cdots \ \text{㉣}$

㉢, ㉣을 연립하여 풀면 $a=5$, $b=5$

$\therefore ab+c=24$

10 $x+ay=5$에 $(1,\ -2)$를 대입하면

$1-2a=5$, $-2a=4$ $\quad \therefore a=-2$

$2x-y=b$에 $(1,\ -2)$를 대입하면

$2-(-2)=b$ $\quad \therefore b=4$

$\therefore a+b=(-2)+4=2$

11 $x-3y+4=0$에 $(k,\ 2)$를 대입하면

$k-3\times2+4=0$ $\quad \therefore k=2$

12 y를 소거하여 풀려면 y의 계수를 3으로 만들면 되므로
필요한 식은 ㉠$+$㉡$\times3$이다.

13 일차방정식 $x+2y=9$의 해는 대입하여 식이 참이 되
는 값이다.

① $(-3,\ -6)$을 대입하면 $-3+2\times(-6)\neq9$ (거짓)

14 $\begin{cases} 3x-y=7 & \cdots\cdots \ \text{㉠} \\ 2x+ay=6 & \cdots\cdots \ \text{㉡} \end{cases}$, $\begin{cases} -6x+5y=-17 & \cdots\cdots \ \text{㉢} \\ bx+10y=-8 & \cdots\cdots \ \text{㉣} \end{cases}$

㉠, ㉢을 연립하여 풀면 $x=2$, $y=-1$

이 값을 ㉡과 ㉣에 각각 대입하면

$4-a=6$ $\quad \therefore a=-2$

$2b-10=-8$ $\quad \therefore b=1$

15 $\begin{cases} y=2x-3 & \cdots\cdots \ \text{㉠} \\ x+ay=-2 & \cdots\cdots \ \text{㉡} \end{cases}$ 의 해를 $x=p$, $y=q$라 하고

㉠에 대입하면 $q=2p-3$ $\quad\cdots\cdots \ \text{㉢}$

$x=2p$, $y=2q$가 $\begin{cases} bx+y=4 & \cdots\cdots \ \text{㉣} \\ 4x-y=10 & \cdots\cdots \ \text{㉤} \end{cases}$ 의 해일 때,

㉤에 대입하면 $8p-2q=10$

$\therefore 4p-q=5$ $\quad\cdots\cdots \ \text{㉥}$

㉢, ㉥을 연립하여 풀면 $p=1$, $q=-1$

$x=p=1$, $y=q=-1$을 ㉡에 대입하면

$1-a=-2$ $\quad \therefore a=3$

$x=2p=2$, $y=2q=-2$를 ㉣에 대입하면

$2b-2=4$ $\quad \therefore b=3$

$\therefore a+b=6$

16 $\begin{cases} 2x-y=4 & \cdots\cdots \ \text{㉠} \\ x-3y=-3 & \cdots\cdots \ \text{㉡} \end{cases}$

㉠$-$㉡$\times2$를 하면 $5y=10$ $\quad \therefore y=2$

$y=2$를 ㉠에 대입하면 $2x-2=4$ $\quad \therefore x=3$

따라서 $x=3$, $y=2$를 $x+y+k=0$에 대입하면

$3+2+k=0$ $\quad \therefore k=-5$

17 연립방정식 $\begin{cases} 2x-3y=a \\ -6x+by=3 \end{cases}$ 의 해가 없으려면

$\dfrac{2}{-6}=\dfrac{-3}{b}\neq\dfrac{a}{3}$　　$\therefore b=9,\ a\neq-1$

18 $x+y=5$에 $(2,\ b)$를 대입하면

$2+b=5$　　$\therefore b=3$

$(2,\ 3)$을 $x+ay=8$에 대입하면

$2+a\times3=8$　　$\therefore a=2$

19 $\begin{cases} (a+1)x-2y=3 \\ 3x+by=6 \end{cases}$ 의 해가 무수히 많으므로

$\dfrac{a+1}{3}=\dfrac{-2}{b}=\dfrac{3}{6}$　　$\therefore a=\dfrac{1}{2},\ b=-4$

$\therefore ab=\dfrac{1}{2}\times(-4)=-2$

20 $\begin{cases} x-2y=2 & \cdots\cdots\ \bigcirc \\ x=y-3 & \cdots\cdots\ \bigcirc\!\!\!\!\bigcirc \end{cases}$

$\bigcirc\!\!\!\!\bigcirc$을 $\bigcirc$에 대입하면 $(y-3)-2y=2$

$-y=5$　　$\therefore y=-5$

$y=-5$를 $\bigcirc\!\!\!\!\bigcirc$에 대입하면 $x=-5-3=-8$

$x=-8,\ y=-5$를 $2x-3y=a$에 대입하면

$2\times(-8)-3\times(-5)=a$

$\therefore a=-1$

21 주어진 두 연립방정식의 해가 서로 같으므로

$\begin{cases} 0.7x-0.3y=1.1 \\ \dfrac{x}{4}+\dfrac{y}{3}=\dfrac{5}{6} \end{cases}$ 에서 $\begin{cases} 7x-3y=11 \\ 3x+4y=10 \end{cases}$

위의 연립방정식을 풀면 $x=2,\ y=1$

$x=2,\ y=1$을 $\dfrac{x}{7}-\dfrac{y}{5}=a$에 대입하면

$a=\dfrac{2}{7}-\dfrac{1}{5}=\dfrac{3}{35}$

$x=2,\ y=1$을 $0.1x+0.2y=b$에 대입하면

$b=0.2+0.2=0.4=\dfrac{2}{5}$

$\therefore \dfrac{a}{b}=\dfrac{3}{35}\div\dfrac{2}{5}=\dfrac{3}{35}\times\dfrac{5}{2}=\dfrac{3}{14}$

22 $2x-ay=-4$에 $(a,\ 6)$을 대입하면

$2a-a\times6=-4,\ -4a=-4$　　$\therefore a=1$

$a=1$을 $2x-ay=-4$에 대입하면 $2x-y=-4$

$2x-y=-4$에 $(-4,\ b)$를 대입하면

$2\times(-4)-b=-4$　　$\therefore b=-4$

$\therefore ab=1\times(-4)=-4$

23 $4x+3y=1$에 $x=4$를 대입하면

$4\times4+3y=1,\ 3y=-15$　　$\therefore y=-5$

$x=4,\ y=-5$를 $ax-2y=-2$에 대입하면

$4a-2\times(-5)=-2,\ 4a=-12$

$\therefore a=-3$

24 $x+2y=-(x+y)+13=-2x+3y+3$에서

$\begin{cases} x+2y=-(x+y)+13 \\ x+2y=-2x+3y+3 \end{cases}$

정리하면 $\begin{cases} 2x+3y=13 \\ 3x-y=3 \end{cases}$

위 연립방정식을 풀면 $x=2,\ y=3$

$\therefore y-x=3-2=1$

25 $ax+4y=-6$에 $(-2,\ 1)$을 대입하면

$-2a+4\times1=-6,\ -2a=-10$　　$\therefore a=5$

$a=5$를 $ax+4y=-6$에 대입하면 $5x+4y=-6$

$5x+4y=-6$에 $y=6$을 대입하면

$5x+4\times6=-6,\ 5x=-30$

$\therefore x=-6$

26 4 %의 소금물의 양을 x g, 8 %의 소금물의 양을 y g
이라 하면

$\begin{cases} x+y=1000 \\ \dfrac{4}{100}x+\dfrac{8}{100}y=50 \end{cases}$　　$\therefore x=750,\ y=250$

따라서 4 %의 소금물의 양은 750 g이다.

27 시속 4 km로 걸은 거리를 x km, 시속 3 km로 걸은
거리를 y km라 하면

$\begin{cases} x+y=15 \\ \dfrac{x}{4}+\dfrac{y}{3}=4 \end{cases}$　　$\therefore x=12,\ y=3$

따라서 시속 4 km로 걸은 거리는 12 km이다.

28 저금통에 들어 있는 100원짜리 동전의 개수를 x개,
500원짜리 동전의 개수를 y개라고 하면

$\begin{cases} x+y=30 \\ 100x+500y=4600 \end{cases}$　　$\therefore x=26,\ y=4$

따라서 100원짜리 동전의 개수는 26이다.

29 A열차의 길이를 x m, 속력을 초속 y m라 하면
B열차의 길이는 $(x-40)$ m, 속력은 초속 $(y+10)$ m
이다.

$\begin{cases} x+500=16y \\ x+460=12(y+10) \end{cases}$ 에서 $\begin{cases} x-16y=-500 \\ x-12y=-340 \end{cases}$

$\therefore x=140,\ y=40$

따라서 A열차의 길이는 140 m이고, 속력은 초속
40 m이다.

30 처음 직사각형의 가로와 세로의 길이를 각각 x cm,
y cm라고 하면

$\begin{cases} 2(x+y)=40 \\ 2\{(x+2)+2y\}=40\times\dfrac{3}{2} \end{cases}$ 에서 $\begin{cases} x+y=20 \\ x+2y=28 \end{cases}$

$\therefore x=12,\ y=8$

따라서 처음 직사각형의 가로의 길이는 12 cm이다.

31 자전거의 수를 x대, 자동차의 수를 y대라고 하면

$\begin{cases} x+y=24 \\ 2x+4y=80 \end{cases}$　　$\therefore x=8,\ y=16$

따라서 자전거는 8대, 자동차는 16대이므로 자동차가
자전거보다 8대 더 많다.

32 원가가 1000원인 A제품과 원가가 500원인 B제품을
구입한 개수를 각각 x, y라고 하면

$$\begin{cases} x+y=400 \\ \dfrac{15}{100}\times1000x+\dfrac{20}{100}\times500y=55000 \end{cases}$$

정리하면 $\begin{cases} x+y=400 \\ 3x+2y=1100 \end{cases}$

$\therefore x=300,\ y=100$

따라서 구입한 A제품의 개수는 300이다.

중단원 테스트 [2회]　　　096-099쪽

01 ④	**02** ⑤	**03** ④	**04** ③	**05** ②
06 ④	**07** ②	**08** 0	**09** ⑤	**10** ⑤
11 ②	**12** ②	**13** ④	**14** ⑤	**15** ②
16 ④	**17** 10	**18** ②	**19** ⑤	**20** ③
21 12	**22** 9	**23** ④	**24** 3	**25** 180 g
26 해설 참조		**27** 357명	**28** 해설 참조	
29 15개	**30** ⑤		**31** 1 km	**32** ④

---

01 $\begin{cases} -x+2y=1 \\ 3x-2y=a \end{cases}$ 의 해가 $2x-5y=-5$를 만족하므로

$\begin{cases} -x+2y=1 \\ 2x-5y=-5 \end{cases}$ 를 풀면 $x=5,\ y=3$

$x=5,\ y=3$을 $3x-2y=a$에 대입하면

$3\times5-2\times3=a$ 　 $\therefore a=9$

02 a와 b를 서로 바꾸어 놓은 연립방정식은

$\begin{cases} bx+ay=3 \\ ax+by=-7 \end{cases}$

$x=1,\ y=3$을 대입하면 $\begin{cases} 3a+b=3 \\ a+3b=-7 \end{cases}$

이 연립방정식을 풀면 $a=2,\ b=-3$

$a=2,\ b=-3$을 $\begin{cases} ax+by=3 \\ bx+ay=-7 \end{cases}$ 에 대입하면

$\begin{cases} 2x-3y=3 \\ -3x+2y=-7 \end{cases}$

위의 연립방정식을 풀면 $x=3,\ y=1$

03 ① $\dfrac{2}{4}=\dfrac{-3}{-6}=\dfrac{5}{10}$ 이므로 해가 무수히 많다.

② $\dfrac{3}{-3}=\dfrac{1}{-1}=\dfrac{6}{-6}$ 이므로 해가 무수히 많다.

③ $\dfrac{2}{1}\neq\dfrac{1}{-2}$ 이므로 해가 한 쌍이다.

④ $\dfrac{-1}{2}=\dfrac{3}{-6}\neq\dfrac{1}{3}$ 이므로 해가 없다.

⑤ $\dfrac{1}{3}\neq\dfrac{-4}{-4}$ 이므로 해가 한 쌍이다.

04 $ax-y=2x+y=12$에서 $\begin{cases} ax-y=12 \\ 2x+y=12 \end{cases}$

$(b,\ 6)$을 $2x+y=12$에 대입하면

$2b+6=12$ 　 $\therefore b=3$

또, $(3,\ 6)$을 $ax-y=12$에 대입하면

$3a-6=12$ 　 $\therefore a=6$

$\therefore a+b=6+3=9$

05 $\begin{cases} ax-by=-16 \\ bx+ay=-11 \end{cases}$ 에 $x=-3,\ y=2$를 대입하면

$\begin{cases} -3a-2b=-16 \\ -3b+2a=-11 \end{cases}$ 에서 $\begin{cases} -3a-2b=-16 \\ 2a-3b=-11 \end{cases}$

위 연립방정식을 풀면 $a=2,\ b=5$

$\therefore a-b=2-5=-3$

06 $\begin{cases} x=-2y+8 \\ \dfrac{1}{4}x-0.3y=-2 \end{cases}$ 에서 $\begin{cases} x=-2y+8 & \cdots\cdots\ \bigcirc \\ 5x-6y=-40 & \cdots\cdots\ \bigcirc \end{cases}$

위의 연립방정식을 풀면 $x=-2,\ y=5$

따라서 연립방정식의 해가 $(-2,\ 5)$이므로

$a+b=(-2)+5=3$

07 $x,\ y$가 소수일 때, 방정식 $x+3y=22$의 해는
$(13,\ 3)$, $(7,\ 5)$로 모두 2개이다.

08 주어진 두 연립방정식의 해가 같으므로

$\begin{cases} 2x=-3y+4 \\ 2x=5y-12 \end{cases}$ 를 풀면 $x=-1,\ y=2$

따라서 연립방정식의 해는 $x=-1,\ y=2$

$2ax-3y=-10$에 $x=-1,\ y=2$를 대입하면

$2a\times(-1)-3\times2=-10,\ -2a=-4$

$\therefore a=2$

$x-\dfrac{1}{2}y=b$에 $x=-1,\ y=2$를 대입하면

$-1-\dfrac{1}{2}\times2=b$ 　 $\therefore b=-2$

$\therefore a+b=2+(-2)=0$

09 주어진 문장을 연립방정식으로 나타내면

$\begin{cases} 4x+5y=73 \\ x-y=7 \end{cases}$ 이므로 $a=5,\ b=73,\ c=7$

$\therefore a+b+c=5+73+7=85$

10 주어진 연립방정식을 만족하는 x의 값이 y의 값의 3배
보다 5만큼 작으므로

$x=3y-5$

$\begin{cases} 4(x-y)-3(2x-y)=-11 \\ x=3y-5 \end{cases}$ 에서

$\begin{cases} -2x-y=-11 \\ x=3y-5 \end{cases}$ 　 $\therefore x=4,\ y=3$

따라서 연립방정식의 해는 $x=4,\ y=3$이므로

$\dfrac{1}{4}x - \dfrac{2}{3}y = -a + 6$에 대입하면

$\dfrac{1}{4} \times 4 - \dfrac{2}{3} \times 3 = -a + 6$

$-1 = -a + 6$ $\therefore a = 7$

11 $\begin{cases} 3x - 2y = 5 \\ 2(x-y) - 8x + 6y = a \end{cases}$ 에서 $\begin{cases} 3x - 2y = 5 \\ -6x + 4y = a \end{cases}$

해가 무수히 많으므로 $\dfrac{3}{-6} = \dfrac{-2}{4} = \dfrac{5}{a}$

$\therefore a = -10$

12 $\begin{cases} 3(x-2y) = 4x + 12 \\ 5x : 2y = 3 : 1 \end{cases}$ 을 정리하면

$\begin{cases} -x - 6y = 12 \\ 6y = 5x \end{cases}$ $\therefore x = -2,\ y = -\dfrac{5}{3}$

따라서 y의 값은 $-\dfrac{5}{3}$이다.

13 큰 수를 x, 작은 수를 y라고 하면

$\begin{cases} x - y = 17 \\ 2x = 5y + 1 \end{cases}$ 에서 $\begin{cases} x - y = 17 \\ 2x - 5y = 1 \end{cases}$

위의 연립방정식을 풀면 $x = 28,\ y = 11$

따라서 큰 수는 28이다.

14 $\begin{cases} 0.1x + 0.2y = 0.2 & \cdots\cdots \text{㉠} \\ \dfrac{5}{2}x - \dfrac{1}{3}y = 1 & \cdots\cdots \text{㉡} \end{cases}$ 에서

㉠ $\times 10$, ㉡ $\times 6$을 하면

$x + 2y = 2$ $\cdots\cdots$ ㉢, $15x - 2y = 6$ $\cdots\cdots$ ㉣

㉢ $+$ ㉣을 하면 $16x = 8$ $\therefore x = \dfrac{1}{2}$

이 값을 ㉢에 대입하면 $\dfrac{1}{2} + 2y = 2$ $\therefore y = \dfrac{3}{4}$

15 $\begin{cases} 2(5-y) - (x-3) = 3 \\ 3(x-y) - 2(x+y) + 11 = 0 \end{cases}$ 을 정리하면

$\begin{cases} x + 2y = 10 \\ x - 5y = -11 \end{cases}$

위의 연립방정식을 풀면 $x = 4,\ y = 3$

$x = 4,\ y = 3$을 $ax + 2y = 14$에 대입하면

$4a + 6 = 14$ $\therefore a = 2$

16 6을 a로 잘못 보았다고 하면

$\begin{cases} 2x + 3y = a & \cdots\cdots \text{㉠} \\ x + 2y = 5 & \cdots\cdots \text{㉡} \end{cases}$

$y = 2$를 ㉡에 대입하면 $x + 4 = 5$ $\therefore x = 1$

$x = 1,\ y = 2$를 ㉠에 대입하면 $a = 8$

따라서 6을 8로 잘못 보고 푼 것이다.

17 $\begin{cases} 2x + my = 4 \\ -5x + y = -n \end{cases}$ 에 $x = -1,\ y = 2$를 대입하면

$-2 + 2m = 4$ $\therefore m = 3$

$5 + 2 = -n$ $\therefore n = -7$

$\therefore m - n = 10$

18 $\begin{cases} x + 2y = 1 \\ 3x + ay = 2 \end{cases}$ 의 해가 없으므로

$\dfrac{1}{3} = \dfrac{2}{a} \neq \dfrac{1}{2}$ $\therefore a = 6$

[다른 풀이]

$\begin{cases} x + 2y = 1 \\ 3x + ay = 2 \end{cases}$ 에서 $\begin{cases} 3x + 6y = 3 \\ 3x + ay = 2 \end{cases}$

이 연립방정식의 해가 없으려면 $x,\ y$의 계수는 각각 같고 상수항은 달라야 하므로 $a = 6$

19 $\begin{cases} x + ay = -14 & \cdots\cdots \text{㉠} \\ 2x + 3y = -16 & \cdots\cdots \text{㉡} \end{cases}$

$x,\ y$의 값의 비가 $1 : 2$이므로 $y = 2x$ $\cdots\cdots$ ㉢

㉢을 ㉡에 대입하면 $8x = -16$ $\therefore x = -2$

이 값을 ㉢에 대입하면 $y = -4$

$x = -2,\ y = -4$를 ㉠에 대입하면

$-2 - 4a = -14$ $\therefore a = 3$

20 $\begin{cases} 2x + y = 7 \\ ax - 3y = 3 \end{cases}$ 의 해가 $x = p,\ y = q$이므로

$\begin{cases} 2p + q = 7 & \cdots\cdots \text{㉠} \\ ap - 3q = 3 & \cdots\cdots \text{㉡} \end{cases}$

이때 $p + q = 5$ $\cdots\cdots$ ㉢이므로

㉠ $-$ ㉢을 하면 $p = 2$

이 값을 ㉢에 대입하면 $q = 3$

$p = 2,\ q = 3$을 ㉡에 대입하면

$2a - 9 = 3$ $\therefore a = 6$

21 $x = b,\ y = b - 1$을 $2x + 3y = 17$에 대입하면

$2b + 3(b-1) = 17,\ 5b - 3 = 17$ $\therefore b = 4$

$x = 4,\ y = 3$을 $ax + y = 15$에 대입하면

$4a + 3 = 15$ $\therefore a = 3$

$\therefore ab = 3 \times 4 = 12$

22 연립방정식을 만족시키는 y의 값이 x의 값의 3배이므로 $y = 3x$

$\begin{cases} y = 3x \\ 3x + y = 18 \end{cases}$ 을 풀면 $x = 3,\ y = 9$

$x = 3,\ y = 9$를 $x + 2y = a + 12$에 대입하면

$3 + 18 = a + 12$ $\therefore a = 9$

23 주어진 두 연립방정식의 해가 모두 같으므로

$\begin{cases} 3x - y = 4 \\ 2x - 3y = 5 \end{cases}$ 를 풀면 $x = 1,\ y = -1$

$ax + y = 7$에 $x = 1,\ y = -1$을 대입하면

$a - 1 = 7$ $\therefore a = 8$

$3x - by = 1$에 $x = 1,\ y = -1$을 대입하면

$3 + b = 1$ $\therefore b = -2$

$\therefore a + b = 8 + (-2) = 6$

24 $2x - y + 6 = a$에 $(a,\ 3a)$를 대입하면

$2a - 3a + 6 = a,\ 2a = 6$ $\therefore a = 3$

25 $4\,\%$의 소금물을 $x\,\mathrm{g}$, $9\,\%$의 소금물을 $y\,\mathrm{g}$ 섞었다고 하면

$$\begin{cases} x+y=300 \\ \dfrac{4}{100}x+\dfrac{9}{100}y=\dfrac{5}{100}\times 300 \end{cases}$$ 에서

$$\begin{cases} x+y=300 \\ 4x+9y=1500 \end{cases} \qquad \therefore x=240,\ y=60$$

따라서 $4\,\%$의 소금물은 $240\,\mathrm{g}$, $9\,\%$의 소금물은 $60\,\mathrm{g}$이므로 두 소금물의 양의 차는

$$240-60=180(\mathrm{g})$$

26 열차의 길이를 $x\,\mathrm{m}$, 열차의 속력을 초속 $y\,\mathrm{m}$라고 하면 열차가 터널 안에서 $(600-x)\,\mathrm{m}$를 가는 동안에는 완전히 가려져 보이지 않으므로

$$\begin{cases} 400+x=22y \\ 600-x=18y \end{cases} \qquad \therefore x=150,\ y=25$$

따라서 열차의 길이는 $150\,\mathrm{m}$이고, 열차의 속력은 초속 $25\,\mathrm{m}$이다.

27 작년의 남학생 수를 x명, 여학생 수를 y명이라고 하면

$$\begin{cases} x+y=780+20 \\ -\dfrac{6}{100}x+\dfrac{2}{100}y=-20 \end{cases}$$ 에서 $$\begin{cases} x+y=800 \\ -3x+y=-1000 \end{cases}$$

$$\therefore x=450,\ y=350$$

따라서 작년의 여학생 수는 350명이므로 올해의 여학생 수는

$$350+\dfrac{2}{100}\times 350=357(\text{명})$$

28 올라갈 때 걸은 거리를 $x\,\mathrm{km}$, 내려올 때 걸은 거리를 $y\,\mathrm{km}$라고 하면

$$\begin{cases} y=x-3 \\ \dfrac{x}{4}+\dfrac{y}{5}=3 \end{cases}$$ 에서 $$\begin{cases} y=x-3 \\ 5x+4y=60 \end{cases}$$

$$\therefore x=8,\ y=5$$

따라서 올라갈 때 걸은 거리는 $8\,\mathrm{km}$이고, 내려올 때 걸은 거리는 $5\,\mathrm{km}$이다.

29 영미가 맞힌 문제의 개수를 x개, 틀린 문제의 개수를 y개라고 하면

$$\begin{cases} x+y=20 \\ 5x-3y=60 \end{cases} \qquad \therefore x=15,\ y=5$$

따라서 영미가 맞힌 문제의 개수는 15개이다.

30 큰 수를 x, 작은 수를 y라고 하면

$$\begin{cases} x+y=250 \\ x-y=70 \end{cases} \qquad \therefore x=160,\ y=90$$

따라서 큰 수는 160이다.

31 A가 걸은 거리를 $x\,\mathrm{km}$, B가 걸은 거리를 $y\,\mathrm{km}$라고 하면

$$\begin{cases} x+y=5 \\ \dfrac{x}{6}=\dfrac{y}{4} \end{cases}$$ 에서 $$\begin{cases} x+y=5 \\ x=\dfrac{3}{2}y \end{cases}$$

$$\therefore x=3,\ y=2$$

따라서 A는 $3\,\mathrm{km}$, B는 $2\,\mathrm{km}$를 걸었으므로 A는 B보다 $1\,\mathrm{km}$를 더 걸었다.

32 현재 어머니의 나이를 x살, 아들의 나이를 y살이라고 하면

$$\begin{cases} x-5=4(y-5) \\ x+10=2(y+10)+5 \end{cases}$$ 에서 $$\begin{cases} x-4y=-15 \\ x-2y=15 \end{cases}$$

$$\therefore x=45,\ y=15$$

따라서 현재 어머니의 나이는 45살이다.

중단원 테스트 [서술형]		100-101쪽
01 $(4,\ 1)$	**02** $a=5,\ b=-4$	**03** 1
04 19	**05** 2	**06** 32명 반: 7개, 33명 반: 5개
07 $20\,\mathrm{km}$		**08** 7번

01 x, y가 자연수일 때,

$2x+y=9$는 $y=9-2x$이므로 해는

$(1,\ 7),\ (2,\ 5),\ (3,\ 3),\ (4,\ 1)$ $\cdots\cdots$ ❶

$3x+y=13$은 $y=13-3x$이므로 해는

$(1,\ 10),\ (2,\ 7),\ (3,\ 4),\ (4,\ 1)$ $\cdots\cdots$ ❷

따라서 두 방정식을 모두 만족하는 순서쌍은

$(4,\ 1)$이다. $\cdots\cdots$ ❸

채점 기준	배점
❶ $2x+y=9$의 해 구하기	$40\,\%$
❷ $3x+y=13$의 해 구하기	$40\,\%$
❸ 구하는 순서쌍 구하기	$20\,\%$

02 두 연립방정식의 해가 서로 같으므로

$$\begin{cases} -x+y=4 \\ 2x+y=-5 \end{cases}$$ 를 풀면 $x=-3,\ y=1$ $\cdots\cdots$ ❶

$x+3y=b+4$에 $x=-3,\ y=1$을 대입하면

$-3+3=b+4 \qquad \therefore b=-4$ $\cdots\cdots$ ❷

$3x+ay=b$에 $x=-3,\ y=1,\ b=-4$를 대입하면

$-9+a=-4 \qquad \therefore a=5$ $\cdots\cdots$ ❸

채점 기준	배점
❶ 연립방정식의 해 구하기	$40\,\%$
❷ b의 값 구하기	$30\,\%$
❸ a의 값 구하기	$30\,\%$

03 $x=3,\ y=-2$를 두 일차방정식에 각각 대입하면

$$\begin{cases} 3a+2b=5 & \cdots\cdots\ \text{㉠} \\ 3a-2b=-1 & \cdots\cdots\ \text{㉡} \end{cases}$$ $\cdots\cdots$ ❶

㉠+㉡을 하면 $6a=4 \qquad \therefore a=\dfrac{2}{3}$

$a=\dfrac{2}{3}$를 ㉠에 대입하면 $b=\dfrac{3}{2}$ $\qquad$ ······ ❷

$\therefore ab=\dfrac{2}{3}\times\dfrac{3}{2}=1$ $\qquad$ ······ ❸

채점 기준	배점
❶ a, b에 대한 연립방정식 세우기	30 %
❷ a, b의 값 각각 구하기	60 %
❸ ab의 값 구하기	10 %

04 $y=2x-5$에 $y=3$을 대입하면

$3=2x-5$ $\quad\therefore x=4$

즉, 연립방정식의 해는 $(4, 3)$이다. $\qquad$ ······ ❶

$4x+y=a$에 $x=4$, $y=3$을 대입하면

$4\times4+3=a$ $\quad\therefore a=19$ $\qquad$ ······ ❷

채점 기준	배점
❶ 연립방정식의 해 구하기	50 %
❷ a의 값 구하기	50 %

05 y의 값이 x의 값의 3배보다 1만큼 크므로

$y=3x+1$ $\quad$ ······ ㉢ $\qquad$ ······ ❶

㉢을 ㉠에 대입하면 $7x-(3x+1)=-9$

$4x=-8$ $\quad\therefore x=-2$

$x=-2$를 ㉢에 대입하면

$y=-6+1=-5$ $\qquad$ ······ ❷

㉡에 $x=-2$, $y=-5$를 대입하면

$18-5a=8$, $-5a=-10$

$\therefore a=2$ $\qquad$ ······ ❸

채점 기준	배점
❶ 주어진 조건을 방정식으로 나타내기	20 %
❷ 연립방정식의 해 구하기	40 %
❸ a의 값 구하기	40 %

06 정원이 32명인 반을 x개, 정원이 33명인 반을 y개라 하면

$\begin{cases} x+y=12 & \cdots\cdots ㉠ \\ 32x+33y=389 & \cdots\cdots ㉡ \end{cases}$ $\qquad$ ······ ❶

㉠$\times33-$㉡을 하면 $x=7$

$x=7$을 ㉠에 대입하면 $y=5$ $\qquad$ ······ ❷

따라서 정원이 32명인 반은 7개, 정원이 33명인 반은 5개이다. $\qquad$ ······ ❸

채점 기준	배점
❶ 연립방정식 세우기	20 %
❷ 연립방정식의 해 구하기	60 %
❸ 정원이 32명인 반과 33명인 반의 수 구하기	20 %

07 버스로 간 거리를 x km, 뛰어서 간 거리를 y km라고 하면

$\begin{cases} x+y=24 \\ \dfrac{x}{40}+\dfrac{y}{8}=1 \end{cases}$

즉, $\begin{cases} x+y=24 & \cdots\cdots ㉠ \\ x+5y=40 & \cdots\cdots ㉡ \end{cases}$ $\qquad$ ······ ❶

㉡$-$㉠을 하면 $4y=16$ $\quad\therefore y=4$

$y=4$를 ㉠에 대입하면 $x=20$ $\qquad$ ······ ❷

따라서 버스로 간 거리는 20 km이다. $\qquad$ ······ ❸

채점 기준	배점
❶ 연립방정식 세우기	40 %
❷ 연립방정식 풀기	40 %
❸ 조건에 맞는 답 구하기	20 %

08 A가 이긴 횟수를 x번, 진 횟수를 y번이라고 하면 B가 이긴 횟수는 y번, 진 횟수는 x번이므로

$\begin{cases} 3x-y=5 & \cdots\cdots ㉠ \\ 3y-x=17 & \cdots\cdots ㉡ \end{cases}$ $\qquad$ ······ ❶

㉠$\times3+$㉡을 하면 $8x=32$ $\quad\therefore x=4$

$x=4$를 ㉠에 대입하면

$12-y=5$ $\quad\therefore y=7$ $\qquad$ ······ ❷

따라서 B가 이긴 횟수는 7번이다. $\qquad$ ······ ❸

채점 기준	배점
❶ 연립방정식 세우기	40 %
❷ 연립방정식의 해 구하기	40 %
❸ B가 이긴 횟수 구하기	20 %

대단원 테스트 102-111쪽

01 ⑤	02 ①	03 3	04 ⑤	05 ⑤
06 ③	07 ③	08 ②	09 ①	10 -3
11 ④	12 ③	13 14	14 1	15 -1
16 ⑤	17 ③	18 ⑤	19 ②, ④	20 3 m
21 ③	22 ④	23 ①	24 ③	25 13
26 ①	27 ③	28 ⑤	29 ⑤	30 ⑤
31 ⑤	32 ④	33 $x\le5$	34 ③	35 ②
36 40 km		37 남학생: 22명, 여학생:16명		
38 ④	39 ③	40 ②	41 ④	42 ⑤
43 -6	44 ①	45 ④	46 ⑤	47 14살
48 ⑤	49 2	50 $x=1$, $y=3$		51 ①
52 ⑤	53 해설 참조		54 7쌍	55 ③
56 125 g		57 ④	58 ⑤	59 ③
60 ②	61 ③	62 ④	63 ⑤	64 ⑤
65 9장	66 ①	67 ④	68 ⑤	69 ④
70 ⑤	71 ③	72 ④	73 ⑤	74 ③
75 ⑤	76 ④	77 ③	78 ②	79 ③
80 ④				

01 $-x \geq 8-5x$의 x에 1, 2, 3, 4, 5를 차례로 대입하면

$x=1$일 때, $-1 \geq 8-5 \times 1$ (거짓)

$x=2$일 때, $-2 \geq 8-5 \times 2$ (참)

$x=3$일 때, $-3 \geq 8-5 \times 3$ (참)

$x=4$일 때, $-4 \geq 8-5 \times 4$ (참)

$x=5$일 때, $-5 \geq 8-5 \times 5$ (참)

따라서 부등식의 해는 2, 3, 4, 5의 4개이다.

02 x에 자연수 1, 2, 3, …을 차례로 대입하면 x, y는 자연수이므로 순서쌍은 $(2,\ 14)$, $(4,\ 9)$, $(6,\ 4)$의 3개이다.

03 $x=2$, $y=-3$을 $ax+by=7$에 대입하면

$2a-3b=7$ …… ㉠

$x=1$, $y=2$를 $ax+by=7$에 대입하면

$a+2b=7$ …… ㉡

㉠, ㉡을 연립하여 풀면 $a=5$, $b=1$

$\therefore a-2b=5-2 \times 1=3$

04 x km까지 올라갔다가 내려온다고 하면

$6 \leq \dfrac{x}{3}+\dfrac{x}{4} \leq 7$, $72 \leq 7x \leq 84$

$\therefore \dfrac{72}{7} \leq x \leq 12$

따라서 최대 12 km까지 올라갔다가 내려올 수 있다.

05 $\begin{cases} 2x-y=8 & \cdots\cdots\ ㉠ \\ 0.5x-\dfrac{1}{6}y=1 & \cdots\cdots\ ㉡ \end{cases}$

㉡ $\times 6$을 하면 $3x-y=6$ …… ㉢

㉢$-$㉠을 하면 $x=-2$

$x=-2$를 ㉠에 대입하면 $y=-12$

따라서 $a=-2$, $b=-12$이므로 $ab=24$

06 ① 분모에 x가 있으므로 일차방정식이 아니다.

② 이차식

③ 미지수가 2개인 일차방정식

④ 미지수가 1개인 일차방정식

⑤ 정리하면 $2y=3$이므로 미지수가 1개인 일차방정식

07 $(x-1):(y-1)=2:3$에서

$2(y-1)=3(x-1)$, $-3x+2y=-1$

$\begin{cases} -3x+2y=-1 & \cdots\cdots\ ㉠ \\ -3x+4y=-5 & \cdots\cdots\ ㉡ \end{cases}$

㉠$-$㉡을 하면 $-2y=4$ $\therefore y=-2$

$y=-2$를 ㉠에 대입하면 $x=-1$

$\therefore x-y=1$

08 $-\dfrac{x}{a}>1$의 양변에 -1을 곱하면

$\dfrac{x}{a}<-1$

이때 $a<0$이므로 $\dfrac{x}{a}<-1$의 양변에 a를 곱하면

$x>-a$

09 $x=-2$일 때, $2 \times(-2)+7 \leq 5$ (참)

$x=-1$일 때, $2 \times(-1)+7 \leq 5$ (참)

$x=0$일 때, $2 \times 0+7 \leq 5$ (거짓)

$x=1$일 때, $2 \times 1+7 \leq 5$ (거짓)

따라서 부등식의 해는 -2, -1이므로

$(-2)+(-1)=-3$

10 y의 값이 x의 값의 3배이므로 $y=3x$

$\begin{cases} 3x+2y=9 & \cdots\cdots\ ㉠ \\ y=3x & \cdots\cdots\ ㉡ \end{cases}$ 에서

㉡을 ㉠에 대입하면

$3x+6x=9$ $\therefore x=1$

따라서 $x=1$을 ㉡에 대입하면 $y=3$

$x=1$, $y=3$을 $2x+ay=-7$에 대입하면

$2+3a=-7$ $\therefore a=-3$

11 ① $\dfrac{1}{2}=\dfrac{3}{6} \neq \dfrac{6}{9}$: 해가 없다.

② $\dfrac{-1}{4}=\dfrac{2}{-8} \neq \dfrac{-1}{2}$: 해가 없다.

③ $x=1$, $y=-1$

④ $\dfrac{2}{-1}=\dfrac{-4}{2}=\dfrac{-6}{3}$: 해가 무수히 많다.

⑤ $\dfrac{1}{3}=\dfrac{-4}{-12} \neq \dfrac{5}{-10}$: 해가 없다.

12 어떤 자연수를 x라고 하면

$30<3(x+2)<36$, $10<x+2<12$

$\therefore 8<x<10$

이때 어떤 수 x는 자연수이므로 9이다.

13 $x=2$, $y=-2$를 연립방정식에 대입하면

$\begin{cases} 2a-4b=6 & \cdots\cdots\ ㉠ \\ 2a+2b=18 & \cdots\cdots\ ㉡ \end{cases}$

㉡$-$㉠을 하면 $6b=12$ $\therefore b=2$

$b=2$를 ㉡에 대입하면 $2a+4=18$ $\therefore a=7$

$\therefore ab=14$

14 $y=-5$를 $2x-y=-13$에 대입하면

$2x-(-5)=-13$, $2x=-18$ $\therefore x=-9$

연립방정식의 해는 $x=-9$, $y=-5$이므로

$x-2y=k$에 대입하면

$-9-2 \times(-5)=k$ $\therefore k=1$

15 $\begin{cases} 0.3x-0.2(y-2)=1 & \cdots\cdots\ ㉠ \\ \dfrac{x}{2}-\dfrac{y+1}{4}=0 & \cdots\cdots\ ㉡ \end{cases}$

㉠에 10을 곱하여 정리하면 $3x-2y=6$

㉡에 4를 곱하여 정리하면 $2x-y=1$

두 식을 연립하여 풀면 $x=-4$, $y=-9$

따라서 $2x+ky=1$에 $x=-4$, $y=-9$를 대입하면

$k=-1$

16 $3(x+4)-5x=10$에서

$3x+12-5x=10$ $\therefore x=1$

이를 대입했을 때 성립하는 식은

⑤ $2x-x\leq 5$

17 $-2\leq a<3$의 각 변에 3을 곱하면

$-6\leq 3a<9$

각 변에 1을 더하면 $-5\leq 3a+1<10$

18 $x=2$를 $4x+y=5$에 대입하면

$8+y=5$ $\therefore y=-3$

$x=2,\ y=-3$을 $x-ay=11$에 대입하면

$2+3a=11,\ 3a=9$ $\therefore a=3$

19 ㄴ. $y=-2x+4$에서 $2x+y=4$

① $\dfrac{6}{2}=\dfrac{3}{1}=\dfrac{12}{4}$: 해가 무수히 많다.

② $\dfrac{6}{2}=\dfrac{3}{1}\neq\dfrac{12}{-4}$: 해가 없다.

③ $x=2,\ y=0$

④ $\dfrac{2}{2}=\dfrac{1}{1}\neq\dfrac{4}{-4}$: 해가 없다.

⑤ $x=-14,\ y=24$

20 가로의 길이를 x m라고 하면 세로의 길이는

$(x+2)$ m이므로

$2\{x+(x+2)\}\leq 16,\ 4x+4\leq 16$

$4x\leq 12$ $\therefore x\leq 3$

따라서 꽃밭의 가로의 길이는 3 m 이하이어야 한다.

21 성인을 x명, 청소년을 y명이라고 하면

$\begin{cases} x+y=7 \\ 2200x+1500y=13300 \end{cases}$

즉, $\begin{cases} x+y=7 & \cdots\cdots \text{㉠} \\ 22x+15y=133 & \cdots\cdots \text{㉡} \end{cases}$

㉠$\times 15-$㉡을 하면 $-7x=-28$ $\therefore x=4$

$x=4$를 ㉠에 대입하면

$4+y=7$ $\therefore y=3$

따라서 민서네 가족 중 청소년은 3명이다.

22 $x=a,\ y=b$가 연립방정식의 해이므로

$\begin{cases} 2a+8b=6-m & \cdots\cdots \text{㉠} \\ a-5b=18+m & \cdots\cdots \text{㉡} \end{cases}$

㉠$+$㉡을 하면 $3a+3b=24$

$\therefore a+b=8$

23 $\begin{cases} ax+2y=6 & \cdots\cdots \text{㉠} \\ -4x+y=-1 & \cdots\cdots \text{㉡} \end{cases}$에서

㉡$\times 2$를 하여 계수를 비교하면

$\begin{cases} ax+2y=6 \\ -8x+2y=-2 \end{cases}$에서 $a=-8$일 때, 연립방정식의

해가 없다.

24 $-4x+5\geq -3x+2$를 풀면 $x\leq 3$

따라서 이를 만족하는 자연수는 1, 2, 3이므로 3개이다.

25 $6x-11<2x+a$에서

$4x<a+11$ $\therefore x<\dfrac{a+11}{4}$

이 부등식의 해가 $x<6$이므로

$\dfrac{a+11}{4}=6,\ a+11=24$

$\therefore a=13$

26 $\begin{cases} 3x-2y=14 & \cdots\cdots \text{㉠} \\ 3x+7y=5 & \cdots\cdots \text{㉡} \end{cases}$

㉠$-$㉡을 하면 $-9y=9$ $\therefore y=-1$

$y=-1$을 ㉠에 대입하면 $3x+2=14$

$3x=12$ $\therefore x=4$

$x=4,\ y=-1$을 $ax-y=-3$에 대입하면

$4a+1=-3,\ 4a=-4$

$\therefore a=-1$

27 $\begin{cases} 4x-7y=26 & \cdots\cdots \text{㉠} \\ 4x-9y=30 & \cdots\cdots \text{㉡} \end{cases}$

㉠$-$㉡을 하면 $2y=-4$ $\therefore y=-2$

$y=-2$를 ㉠에 대입하면

$4x+14=26,\ 4x=12$ $\therefore x=3$

따라서 $a=3,\ b=-2$이므로

$a+b=3+(-2)=1$

28 집에서 상점까지의 거리를 x km라고 하면

$\dfrac{x}{3}+\dfrac{1}{6}+\dfrac{x}{3}\leq\dfrac{1}{2},\ 2x+1+2x\leq 3$

$\therefore x\leq\dfrac{1}{2}$

따라서 0.5 km 이내에 있는 상점을 이용하면 된다.

29 현재 누나의 나이를 x살, 동생의 나이를 y살이라고 하면

$\begin{cases} x+y=34 \\ x+5=2(y+5)-7 \end{cases}$

즉, $\begin{cases} x+y=34 & \cdots\cdots \text{㉠} \\ x-2y=-2 & \cdots\cdots \text{㉡} \end{cases}$

㉠$-$㉡을 하면 $3y=36$ $\therefore y=12$

$y=12$를 ㉠에 대입하면

$x+12=34$ $\therefore x=22$

따라서 5년 후의 누나의 나이는 27살이다.

30 $-4<x\leq 6$의 각 변을 -2로 나누면

$-3\leq -\dfrac{x}{2}<2$

각 변에 8을 더하면 $5\leq 8-\dfrac{x}{2}<10$

따라서 $8-\dfrac{x}{2}$의 값이 될 수 없는 것은 ⑤이다.

31 두 자리 자연수의 십의 자리 숫자를 x, 일의 자리 숫자를 y라고 하면

$$\begin{cases} x=y+3 \\ 10x+y=6(x+y)+8 \end{cases} \text{에서} \begin{cases} x=y+3 \\ 4x-5y=8 \end{cases}$$

위의 두 식을 연립하여 풀면 $x=7$, $y=4$
따라서 구하는 두 자리 자연수는 74이다.

32 ① $a>b$에서 $2a>2b$ $\therefore 2a-1>2b-1$

② $a>b$에서 $a\times a>a\times b$ $\therefore a^2>ab$

③ $a>b$에서 $-3a<-3b$ $\therefore 5-3a<5-3b$

④ $\dfrac{a}{b}>\dfrac{b}{b}$에서 $\dfrac{a}{b}>1$

⑤ $a-c>b-c$에서 $\dfrac{a-c}{c}<\dfrac{b-c}{c}$

33 $0.19x-\dfrac{1}{5}\leq\dfrac{7}{100}x+0.4$의 양변에 100을 곱하면

$19x-20\leq 7x+40$, $12x\leq 60$

$\therefore x\leq 5$

34 $\begin{cases} 3(2x-y)=3 \\ -2(x-2y)=5(x-1) \end{cases}$ 에서

괄호를 풀어 정리하면

$\begin{cases} 2x-y=1 &\cdots\cdots ㉠ \\ -7x+4y=-5 &\cdots\cdots ㉡ \end{cases}$

㉠$\times 4$를 하면 $8x-4y=4$ $\cdots\cdots ㉢$

㉡$+㉢$을 하면 $x=-1$

$x=-1$을 ㉠에 대입하면 $-2-y=1$

$-y=3$ $\therefore y=-3$

따라서 $a=-1$, $b=-3$이므로
$a-b=(-1)-(-3)=2$

35 $x=-1$, $y=a$를 $3x+y=1$에 대입하면

$-3+a=1$ $\therefore a=4$

즉, $x=-1$, $y=4$를 $kx-y=6$에 대입하면

$-k-4=6$, $-k=10$ $\therefore k=-10$

36 A지점과 C지점 사이의 거리를 x km, C지점과 B지점 사이의 거리를 y km라고 하면

$\begin{cases} x+y=100 \\ \dfrac{x}{80}+\dfrac{y}{60}=1.5 \end{cases}$ 에서

$\begin{cases} x+y=100 \\ 3x+4y=360 \end{cases}$ $\therefore x=40$, $y=60$

따라서 A지점에서 C지점까지의 거리는 40 km이다.

37 남학생을 x명, 여학생을 y명이라고 하면

$\begin{cases} x+y=38 &\cdots\cdots ㉠ \\ x-y=6 &\cdots\cdots ㉡ \end{cases}$

㉠$+㉡$을 하면 $2x=44$ $\therefore x=22$

$x=22$를 ㉠에 대입하면

$22+y=38$ $\therefore y=16$

따라서 이 반의 남학생 수는 22명, 여학생 수는 16명이다.

38 ① $3x<-21$에서 $x<-7$

② $x+4<-3$에서 $x<-7$

③ $4x-14\geq 2x$에서 $2x\geq 14$ $\therefore x\geq 7$

④ $6x+2\geq 10x+30$에서 $-4x\geq 28$ $\therefore x\leq -7$

⑤ $9x-6\geq 7x-20$에서 $2x\geq -14$ $\therefore x\geq -7$

39 볼펜의 개수를 x, 공책의 개수를 y라고 하면

$\begin{cases} x+y=12 \\ 700x+1500y=14000 \end{cases}$ 에서

$\begin{cases} x+y=12 \\ 7x+15y=140 \end{cases}$

위의 두 식을 연립하여 풀면 $x=5$, $y=7$
따라서 구입한 볼펜의 개수는 5이다.

40 $\dfrac{x-2}{4}-\dfrac{2x+1}{5}<0$의 양변에 20을 곱하여 풀면

$5(x-2)-4(2x+1)<0$

$5x-10-8x-4<0$, $-3x<14$

$\therefore x>-\dfrac{14}{3}$

따라서 주어진 부등식을 만족하는 x의 값 중에서 가장 작은 정수는 -4이다.

41 ① $a-5<b-5$

② $-3a>-3b$

③ $-a-3>-b-3$

⑤ $5a-3<5b-3$

42 $\begin{cases} \dfrac{2x-3y}{4}=\dfrac{7}{2} &\cdots\cdots ㉠ \\ -0.3x-0.7y=0.2 &\cdots\cdots ㉡ \end{cases}$

㉠$\times 4$, ㉡$\times 10$을 하면

$\begin{cases} 2x-3y=14 &\cdots\cdots ㉢ \\ -3x-7y=2 &\cdots\cdots ㉣ \end{cases}$

㉢$\times 3$, ㉣$\times 2$를 하면

$\begin{cases} 6x-9y=42 &\cdots\cdots ㉤ \\ -6x-14y=4 &\cdots\cdots ㉥ \end{cases}$

㉤$+㉥$을 하면 $-23y=46$ $\therefore y=-2$

$y=-2$를 ㉢에 대입하면 $2x+6=14$

$2x=8$ $\therefore x=4$

43 $x=1$, $y=b$를 $5x-y=2$에 대입하면

$5-b=2$ $\therefore b=3$

$x=1$, $y=3$을 $ax+y=1$에 대입하면

$a+3=1$ $\therefore a=-2$

$\therefore ab=(-2)\times 3=-6$

44 떡볶이의 판매량을 x접시, 순대의 판매량을 y접시라고 하면

$\begin{cases} x+y=39 \\ 2000x+2500y=89000 \end{cases}$

두 식을 연립하여 풀면 $x=17$, $y=22$

따라서 떡볶이는 모두 17접시가 팔렸다.

45 십의 자리 숫자를 x, 일의 자리 숫자를 y라고 하면

$$\begin{cases} x+y=7 \\ 10y+x=10x+y-9 \end{cases}$$

즉, $\begin{cases} x+y=7 & \cdots\cdots \text{㉠} \\ -x+y=-1 & \cdots\cdots \text{㉡} \end{cases}$

㉠+㉡을 하면 $2y=6$ $\therefore y=3$

$y=3$을 ㉠에 대입하면 $x+3=7$

$\therefore x=4$

따라서 처음 수는 43이다.

46 ⑤ $a<0<b$이면 $a<0$이고 $a<b$이므로 $a^2>ab$

47 아버지의 나이를 x살, 아들의 나이를 y살이라고 하면

$$\begin{cases} x=y+30 \\ x+16=2(y+16) \end{cases}$$

위의 두 식을 연립하여 풀면 $x=44$, $y=14$

따라서 현재 아들의 나이는 14살이다.

48 정가를 x원이라 한다면 정가를 10 % 할인한 판매가는 $0.9x$원

또, 이익금은 (판매가)-(원가)이므로 x를 포함한 식으로 나타내면 $(0.9x-4500)$원

이때 이익금은 원가의 25 %보다 더 크도록 부등식을 세우면

$0.9x-4500 \geq 4500 \times 0.25$ $\therefore x \geq 6250$

따라서 정가를 6250원 이상으로 정하면 된다.

49 $a(x-3)+5>3x-5$에서

$(a-3)x>3a-10$

이때 해가 $x<4$이므로 $a-3<0$

$x<\dfrac{3a-10}{a-3}$에서 $\dfrac{3a-10}{a-3}=4$

$\therefore a=2$

50 $5x-y+2=3x+y-2=4$에서

$$\begin{cases} 5x-y+2=4 \\ 3x+y-2=4 \end{cases}$$

즉, $\begin{cases} 5x-y=2 & \cdots\cdots \text{㉠} \\ 3x+y=6 & \cdots\cdots \text{㉡} \end{cases}$

㉠+㉡을 하면 $8x=8$ $\therefore x=1$

$x=1$을 ㉡에 대입하면

$3+y=6$ $\therefore y=3$

51 $$\begin{cases} \dfrac{x}{6}-\dfrac{y}{10}=\dfrac{2}{5} & \cdots\cdots \text{㉠} \\ -\dfrac{2}{5}x+ay=\dfrac{4}{5} & \cdots\cdots \text{㉡} \end{cases}$$

㉠×30, ㉡×5를 하면

$\begin{cases} 5x-3y=12 & \cdots\cdots \text{㉢} \\ -2x+5ay=4 & \cdots\cdots \text{㉣} \end{cases}$

$x=3$, $y=b$를 ㉢에 대입하면

$15-3b=12$, $-3b=-3$ $\therefore b=1$

$x=3$, $y=1$을 ㉣에 대입하면

$-6+5a=4$, $5a=10$ $\therefore a=2$

$\therefore a-b=2-1=1$

52 작은 수를 x, 큰 수를 y라고 하면

$$\begin{cases} y-x=14 & \cdots\cdots \text{㉠} \\ 3x-y=8 & \cdots\cdots \text{㉡} \end{cases}$$

㉠+㉡을 하면 $2x=22$ $\therefore x=11$

$x=11$을 ㉠에 대입하면 $y-11=14$

$\therefore y=25$

따라서 두 수의 합은 $11+25=36$

53 올라갈 때 걸은 거리를 x km, 내려올 때 걸은 거리를 y km라고 하면

$$\begin{cases} y=x-1 \\ \dfrac{x}{3}+\dfrac{y}{5}=\dfrac{7}{5} \end{cases}$$

즉, $\begin{cases} y=x-1 & \cdots\cdots \text{㉠} \\ 5x+3y=21 & \cdots\cdots \text{㉡} \end{cases}$

㉠을 ㉡에 대입하면 $5x+3(x-1)=21$

$8x=24$ $\therefore x=3$

$x=3$을 ㉠에 대입하면 $y=3-1=2$

따라서 유림이가 올라갈 때 걸은 거리는 3 km, 내려올 때 걸은 거리는 2 km이다.

54 연속한 세 홀수를 x, $x+2$, $x+4$라고 하면 세 홀수의 평균이 16 이하이므로

$$\dfrac{x+(x+2)+(x+4)}{3} \leq 16$$

$3x+6 \leq 48$, $3x \leq 42$ $\therefore x \leq 14$

따라서 조건을 만족하는 홀수 x는

1, 3, 5, 7, 9, 11, 13

이고 연속한 세 홀수는

(1, 3, 5), (3, 5, 7), (5, 7, 9), (7, 9, 11),

(9, 11, 13), (11, 13, 15), (13, 15, 17)

로 7쌍이다.

55 $-3<x \leq 2$에서 $-9<3x \leq 6$

$\therefore -4<3x+5 \leq 11$

따라서 구하는 정수는 -3, -2, -1, $\cdots$, 10, 11의 15개이다.

56 2 %의 소금물의 양을 x g, 6 %의 소금물의 양을 y g이라고 하면

$$\begin{cases} x+y=500 \\ \dfrac{2}{100}x+\dfrac{6}{100}y=\dfrac{5}{100} \times 500 \end{cases}$$

즉, $\begin{cases} x+y=500 \\ x+3y=1250 \end{cases}$

위의 두 식을 연립하여 풀면 $x=125$, $y=375$

따라서 2 %의 소금물 125 g을 섞으면 된다.

57 매달 x원씩 예금한다고 하면

$23000+12x\geq50000$

$12x\geq27000$ $\quad\therefore x\geq2250$

따라서 매달 최소 2250원을 예금해야 한다.

58 $\begin{cases} y=-2x+4 & \cdots\cdots\ \bigcirc \\ y=3x-6 & \cdots\cdots\ \bigcirc\!\!\!\bigcirc \end{cases}$

$\bigcirc$을 $\bigcirc\!\!\!\bigcirc$에 대입하면 $-2x+4=3x-6$

$-5x=-10$ $\quad\therefore x=2$

$x=2$를 $\bigcirc$에 대입하면 $y=-4+4=0$

따라서 $a=2$, $b=0$이므로

$a+b=2+0=2$

59 $3x-y=2(x-y)=x+ay+7$에서

$\begin{cases} 3x-y=2(x-y) & \cdots\cdots\ \bigcirc \\ 2(x-y)=x+ay+7 & \cdots\cdots\ \bigcirc\!\!\!\bigcirc \end{cases}$

$x=1$을 $\bigcirc$에 대입하면 $3-y=2-2y$ $\quad\therefore y=-1$

$\therefore b=-1$

$x=1$, $y=-1$을 $\bigcirc\!\!\!\bigcirc$에 대입하면

$4=1-a+7$ $\quad\therefore a=4$

$\therefore a+b=4+(-1)=3$

60 빵 한 개의 가격을 x원, 쿠키 한 개의 가격을 y원이라고 하면

$\begin{cases} 3x+4y=3400 & \cdots\cdots\ \bigcirc \\ 6x+3y=4800 & \cdots\cdots\ \bigcirc\!\!\!\bigcirc \end{cases}$

$\bigcirc\times2-\bigcirc\!\!\!\bigcirc$을 하면 $5y=2000$

$\therefore y=400$

$y=400$을 $\bigcirc$에 대입하면

$3x+1600=3400$

$3x=1800$ $\quad\therefore x=600$

따라서 빵 한 개와 쿠키 한 개의 가격의 합은

$600+400=1000$(원)

61 ① $-2x-8\leq14$에서 $-2x\leq22$ $\quad\therefore x\geq-11$

② $4x+15\geq x-18$에서 $3x\geq-33$ $\quad\therefore x\geq-11$

③ $12(x+4)\leq3(x-17)$에서

$12x+48\leq3x-51$

$9x\leq-99$ $\quad\therefore x\leq-11$

④ $\dfrac{x+5}{8}\geq-\dfrac{3}{4}$의 양변에 8을 곱하면

$x+5\geq-6$ $\quad\therefore x\geq-11$

⑤ $1.2x+0.8\leq1.6x+5.2$의 양변에 10을 곱하면

$12x+8\leq16x+52$

$-4x\leq44$ $\quad\therefore x\geq-11$

62 $2x+1\leq a$에서 $x\leq\dfrac{a-1}{2}$

이 부등식을 참이 되게 하는 자연수 x의 값이 1, 2, 3이므로

$3\leq\dfrac{a-1}{2}<4$ $\quad\therefore 7\leq a<9$

63 $-3a+3b<0$, 즉 $a>b$일 때 옳은 식은

③ $a-b>0$이다.

64 $3x-5(x-1)>-4x+13$에서

$3x-5x+5>-4x+13$

$2x>8$ $\quad\therefore x>4$ $\quad\cdots\cdots\ \bigcirc$

$ax-3(x+3)>3$에서

$ax-3x-9>3$

$\therefore (a-3)x>12$ $\quad\cdots\cdots\ \bigcirc\!\!\!\bigcirc$

이때 $\bigcirc$, $\bigcirc\!\!\!\bigcirc$이 같으므로 $a-3>0$이고 $x>\dfrac{12}{a-3}$

즉, $4=\dfrac{12}{a-3}$에서 $a-3=3$

$\therefore a=6$

65 티셔츠를 x장 산다고 하면

$9300x+6000<10000x$

$-700x<-6000$ $\quad\therefore x>\dfrac{60}{7}$

이때 x는 자연수이므로 티셔츠를 9장 이상 살 경우 도매 시장에서 사는 것이 더 유리하다.

66 $y=-5$를 $2x+3y=-3$에 대입하면

$2x-15=-3$, $2x=12$ $\quad\therefore x=6$

$x=6$, $y=-5$를 $-x+2y+k=-11$에 대입하면

$-6-10+k=-11$ $\quad\therefore k=5$

67 $\begin{cases} 4x+7(y+2)=-3 \\ 3(x+3y)=y-10 \end{cases}$ 에서

$\begin{cases} 4x+7y=-17 & \cdots\cdots\ \bigcirc \\ 3x+8y=-10 & \cdots\cdots\ \bigcirc\!\!\!\bigcirc \end{cases}$

$\bigcirc\times3-\bigcirc\!\!\!\bigcirc\times4$를 하면 $-11y=-11$

$\therefore y=1$

$y=1$을 $\bigcirc\!\!\!\bigcirc$에 대입하면 $3x+8=-10$

$3x=-18$ $\quad\therefore x=-6$

$x=-6$, $y=1$을 $ax+5y=-7$에 대입하면

$-6a+5=-7$, $-6a=-12$

$\therefore a=2$

$a=2$, $x=-6$, $y=1$을 $ax+by=-2$에 대입하면

$-12+b=-2$ $\quad\therefore b=10$

$\therefore ab=2\times10=20$

68 $-2<x<3$의 각 변에 -2를 곱하면

$-6<-2x<4$

각 변에 5를 더하면 $-1<-2x+5<9$

따라서 $a=-1$, $b=9$이므로

$b-a=9-(-1)=10$

69 $-2x+9\geq x-3$에서

$-3x\geq -12$ ∴ $x\leq 4$

따라서 자연수 x는 1, 2, 3, 4의 4개이다.

70 ㉠$\times 3+$㉡$\times 2$를 하면

$\begin{cases}3(3x+2y)=3\\2(4x-3y)=14\end{cases}$

즉, $\begin{cases}9x+6y=3\\8x-6y=14\end{cases}$ 에서 $x=1$

따라서 y가 소거된다.

71 $\dfrac{x}{2}-\dfrac{x-4}{3}>\dfrac{1}{6}$의 양변에 6을 곱하면

$3x-2(x-4)>1$ ∴ $x>-7$

따라서 이를 만족하는 가장 작은 정수는 -6이다.

72 큰 정수를 x라고 하면 작은 정수는 $x-4$이므로

$x+x-4\leq 16,\ 2x\leq 16+4$

∴ $x\leq 10$

따라서 큰 정수의 최댓값은 10이다.

73 x명이 입장한다고 하면

$12000x>12000\times\dfrac{90}{100}\times 30$

$12000x>324000$ ∴ $x>27$

따라서 28명 이상부터 단체 입장권을 사는 것이 유리하다.

74 $\begin{cases}\dfrac{x}{2}-\dfrac{y}{4}=\dfrac{1}{2} & \cdots\cdots ㉠\\0.4x+0.1y=1 & \cdots\cdots ㉡\end{cases}$

㉠$\times 4$, ㉡$\times 10$을 하면

$\begin{cases}2x-y=2 & \cdots\cdots ㉢\\4x+y=10 & \cdots\cdots ㉣\end{cases}$

㉢$+$㉣을 하면 $6x=12$ ∴ $x=2$

$x=2$를 ㉢에 대입하면 $y=2$

따라서 $a=2,\ b=2$이므로 $a-b=0$

75 $\begin{cases}-3x+y=7 & \cdots\cdots ㉠\\2x-y=-5 & \cdots\cdots ㉡\end{cases}$

㉠$+$㉡을 하면 $-x=2$ ∴ $x=-2$

$x=-2$를 ㉠에 대입하면 $y=1$

$x=-2,\ y=1$을 $x+ay=3$에 대입하면

$-2+a=3$ ∴ $a=5$

76 $a-7\leq b-7$의 양변에 7을 더하면 $a\leq b$

① $a\leq b$의 양변에 2를 더하면 $a+2\leq b+2$

② $a\leq b$의 양변에 -1을 곱하면 $-a\geq -b$

③ $a\leq b$의 양변을 3으로 나누면 $\dfrac{a}{3}\leq\dfrac{b}{3}$

④ $a\leq b$의 양변에 4를 곱하면 $4a\leq 4b$

　양변에서 1을 빼면 $4a-1\leq 4b-1$

⑤ $a\leq b$의 양변을 -8로 나누면 $-\dfrac{a}{8}\geq -\dfrac{b}{8}$

양변에 9를 더하면 $-\dfrac{a}{8}+9\geq -\dfrac{b}{8}+9$

따라서 옳은 것은 ④이다.

77 $2+ax<5$에서 $ax<3$

이때 $a<0$이므로 $x>\dfrac{3}{a}$

78 $\begin{cases}y=2x-7 & \cdots\cdots ㉠\\5x-4y=9 & \cdots\cdots ㉡\end{cases}$에서

㉠을 ㉡에 대입하면

$5x-4(2x-7)=9,\ -3x=-19$

∴ $a=-3$

79 $-2<a<1$이므로 $-4<2a<2$

$-1<b<3$이므로 $1>-b>-3$

즉, $-3<-b<1$

따라서 $-7<2a-b<3$이므로 구하는 정수는

$-6,\ -5,\ -4,\ -3,\ -2,\ -1,\ 0,\ 1,\ 2$이고

그 합은 -18이다.

80 시속 4 km로 걸은 거리를 x km라 하면

시속 6 km로 걸은 거리는 $(15-x)$ km이므로

$\dfrac{15-x}{6}+\dfrac{x}{4}\leq 3$

양변에 12를 곱하면 $2(15-x)+3x\leq 36$

$-2x+3x\leq 36-30$ ∴ $x\leq 6$

따라서 시속 4 km로 최대 6 km를 걸어야 한다.

대단원 테스트 [고난도]　　112-115쪽

01 ⑤	**02** ⑤	**03** $-2\leq a<3$	**04** ②
05 1	**06** 13	**07** ①	**08** 8
09 $1<a\leq\dfrac{5}{4}$	**10** 시속 13 km	**11** 81명	
12 2.5 km	**13** 71	**14** 11	
15 $x=-1,\ y=2$	**16** -2	**17** -10	**18** 2
19 12	**20** ①	**21** ①	**22** 22만 원
23 ③	**24** ①		

01 $ax+5>bx+3$에서 $(a-b)x>-2$

⑤ $a<0,\ b=0$이면 $ax>-2$

　∴ $x<-\dfrac{2}{a}$

02 $-6\leq 3x\leq 3,\ -5\leq -y\leq -3$이므로

$-6+(-5)\leq 3x-y\leq 3+(-3)$

∴ $-11\leq A\leq 0$

03 $4-3x>\dfrac{a-x}{2}$의 양변에 2를 곱하면

$8-6x>a-x,\ -5x>a-8$

$$\therefore x < \frac{-a+8}{5}$$

그런데 부등식을 만족하는 자연수가 1뿐이므로

$$1 < \frac{-a+8}{5} \le 2$$ 이어야 한다.

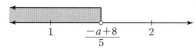

$1 < \dfrac{-a+8}{5} \le 2$ 에서 $5 < -a+8 \le 10$

$-3 < -a \le 2$ $\quad \therefore -2 \le a < 3$

04 $5 - ax \ge -3$ 에서 $-ax \ge -8$

이 부등식의 해가 $x \le 4$ 이어야 하므로 $-a < 0$

따라서 $x \le \dfrac{8}{a}$ 이므로 $\dfrac{8}{a} = 4$

$\therefore a = 2$

05 $x + 2a > 3x$ 에서 $-2x > -2a$ $\quad \therefore x < a$

이 부등식을 만족하는 자연수가 존재하지 않으려면

$a \le 1$

따라서 a의 최댓값은 1이다.

06 $-4 \le x \le 2$ 의 각 변에 $-\dfrac{3}{2}$ 을 곱하면

$$-3 \le -\frac{3}{2}x \le 6$$

각 변에 5를 더하면

$$2 \le -\frac{3}{2}x + 5 \le 11$$

따라서 $a = 2$, $b = 11$ 이므로

$a + b = 13$

07 $3 + 5x < -2a + 3x$ 에서 $2x < -2a - 3$

$$\therefore x < \frac{-2a-3}{2}$$

이때 부등식을 만족하는 자연수 x가 4개가 되려면

$$4 < \frac{-2a-3}{2} \le 5$$

즉, $-\dfrac{13}{2} \le a < -\dfrac{11}{2}$ 이므로 정수 a는 -6의 1개이다.

08 $-5 \le x \le 7$ 에서 $b < 0$ 이므로

$7b \le bx \le -5b$

$\therefore a + 7b \le a + bx \le a - 5b$

이때 $a + bx$의 최댓값은 15, 최솟값은 -6이므로

$\begin{cases} a - 5b = 15 \\ a + 7b = -6 \end{cases}$ $\quad \therefore a = \dfrac{25}{4}, b = -\dfrac{7}{4}$

$\therefore a - b = 8$

09 $\dfrac{x-1}{4} < a$ 에서 $x - 1 < 4a$ $\quad \therefore x < 4a + 1$

이 부등식을 만족하는 자연수

x가 5개이므로

$5 < 4a + 1 \le 6$, $4 < 4a \le 5$

$\therefore 1 < a \le \dfrac{5}{4}$

10 내려갈 때 배 자체의 속력을 시속 x km라 하면

내려갈 때 배의 속력은 시속 $(x+2)$ km이고,

올라올 때 배의 속력은 시속 10 km이므로

$$\frac{24}{x+2} + \frac{24}{10} \le 4$$

$240 + 24(x+2) \le 40(x+2)$

$24x + 288 \le 40x + 80$, $-16x \le -208$

$\therefore x \ge 13$

따라서 내려갈 때 배 자체의 속력은 시속 13 km 이상 이어야 한다.

11 입장하는 학생 수를 x명이라 하면

$5000 \times 0.8 \times 100 < 5000x$

$\therefore x > 80$

따라서 81명 이상이면 단체 입장료를 지불하는 것이 유리하다.

12 역에서 마트까지의 거리를 x km라 하면 왕복하는 데 걸리는 시간은 $\left(\dfrac{x}{3} \times 2\right)$시간이고, 마트에 머무는 시간 은 20분$\left(=\dfrac{1}{3}\text{시간}\right)$이다.

열차 출발 시각까지 2시간의 여유가 있으므로

$$\frac{x}{3} \times 2 + \frac{1}{3} \le 2$$

위의 부등식을 풀면 $x \le 2.5$

따라서 마트는 역에서 2.5 km 이내에 있어야 한다.

13 $5x + 4y = 63$ 에서 $y = \dfrac{63 - 5x}{4}$ 이므로

(x, y)는 $(3, 12)$, $(7, 7)$, $(11, 2)$

따라서 xy의 값은 36, 49, 22이므로 가장 큰 수와 가장 작은 수의 합은

$49 + 22 = 71$

14 x와 y의 값의 합이 5이므로 $x + y = 5$

$x + y = 5$ 에서 $y = -x + 5$

$y = -x + 5$를 $2x - y = 4$에 대입하면

$2x - (-x + 5) = 4$, $3x = 9$

$\therefore x = 3$

$x = 3$을 $y = -x + 5$에 대입하면

$y = -3 + 5 = 2$

$x = 3$, $y = 2$를 $3x + y = a$에 대입하면

$9 + 2 = a$ $\quad \therefore a = 11$

15 $\begin{cases} ax - by = 5 \\ bx + ay = -3 \end{cases}$ 에서 $\begin{cases} -bx + ay = 5 \\ ax + by = -3 \end{cases}$

이 연립방정식의 해가 $x = 2$, $y = -1$이므로

$\begin{cases} -a - 2b = 5 \\ 2a - b = -3 \end{cases}$

이 연립방정식을 풀면 $a = -\dfrac{11}{5}$, $b = -\dfrac{7}{5}$

따라서 처음 연립방정식은

$$\begin{cases} -\dfrac{11}{5}x + \dfrac{7}{5}y = 5 \\ -\dfrac{7}{5}x - \dfrac{11}{5}y = -3 \end{cases}$$

즉, $\begin{cases} -11x + 7y = 25 \\ 7x + 11y = 15 \end{cases}$

따라서 연립방정식의 해는 $x = -1$, $y = 2$

16 $x : y = 1 : 2$이므로 $y = 2x$를 주어진 연립방정식에 대입하면

$$\begin{cases} -2x = 4a \\ -2x = -a - 10 \end{cases}$$

즉, $4a = -a - 10$에서 $a = -2$

17 $\begin{cases} 2x + y = a \\ (b-1)x + 2y = -10 \end{cases}$

이 연립방정식의 해가 무수히 많으므로

$$\dfrac{2}{b-1} = \dfrac{1}{2} = \dfrac{a}{-10}$$

$\dfrac{2}{b-1} = \dfrac{1}{2}$에서 $4 = b - 1$ $\quad \therefore b = 5$

$\dfrac{1}{2} = \dfrac{a}{-10}$에서 $a = -5$

$\therefore a - b = -5 - 5 = -10$

18 $\begin{cases} \dfrac{x}{2} + \dfrac{y}{10} = 1 & \cdots\cdots ㉠ \\ 0.3x + 0.1y = 0.4 & \cdots\cdots ㉡ \end{cases}$

㉠$\times 10$, ㉡$\times 10$을 하면

$$\begin{cases} 5x + y = 10 & \cdots\cdots ㉢ \\ 3x + y = 4 & \cdots\cdots ㉣ \end{cases}$$

㉢$-$㉣을 하면 $2x = 6$ $\quad \therefore x = 3$

$x = 3$을 ㉣에 대입하면

$9 + y = 4$ $\quad \therefore y = -5$

$x = 3$, $y = -5$를 $\begin{cases} mx + ny = 22 \\ -mx + ny = -2 \end{cases}$에 대입하면

$$\begin{cases} 3m - 5n = 22 & \cdots\cdots ㉤ \\ -3m - 5n = -2 & \cdots\cdots ㉥ \end{cases}$$

㉤$+$㉥을 하면 $-10n = 20$ $\quad \therefore n = -2$

$n = -2$를 ㉤에 대입하면

$3m + 10 = 22$ $\quad \therefore m = 4$

$\therefore m + n = 4 - 2 = 2$

19 x, y가 음이 아닌 정수일 때, $3x + y = 12$의 해 (a, b)는

$(0, 12)$, $(1, 9)$, $(2, 6)$, $(3, 3)$, $(4, 0)$

또, (a, b)는 $kx - y = 2$ $\quad \cdots\cdots ㉠$의 해이다.

(i) $(0, 12)$는 ㉠의 해가 될 수 없다.

(ii) $(1, 9)$를 ㉠에 대입하면 $k = 11$

(iii) $(2, 6)$을 ㉠에 대입하면 $k = 4$

(iv) $(3, 3)$을 ㉠에 대입하면 $k = \dfrac{5}{3}$

(v) $(4, 0)$을 ㉠에 대입하면 $k = \dfrac{1}{2}$

이때 k는 10보다 작은 자연수이므로 $k = 4$

$\therefore a + b + k = 2 + 6 + 4 = 12$

20 시속 3 km로 걸은 거리를 x km, 시속 5 km로 뛴 거리를 y km라 하면

$$\begin{cases} x + y = 5 \\ \dfrac{x}{3} + \dfrac{y}{5} = \dfrac{3}{2} \end{cases}$$

이 연립방정식을 풀면 $x = \dfrac{15}{4}$, $y = \dfrac{5}{4}$

따라서 시속 5 km로 뛴 시간은 $\dfrac{5}{4} \div 5 = \dfrac{1}{4}$(시간)

즉, $\dfrac{1}{4} \times 60 = 15$(분)이다.

21 배의 속력을 시속 x km, 강물의 속력을 시속 y km라 하면

$$\begin{cases} \dfrac{3}{2}(x-y) = 12 \\ \dfrac{1}{2}(x+y) = 12 \end{cases}$$

이 연립방정식을 풀면 $x = 16$, $y = 8$

따라서 강물의 속력은 시속 8 km이다.

22 제품 Ⅰ, Ⅱ를 각각 x톤, y톤 만들었다고 하면

$$\begin{cases} 2x + 5y = 30 \\ 4x + 3y = 32 \end{cases}$$

이 연립방정식을 풀면 $x = 5$, $y = 4$

따라서 총 이익은 $2 \times 5 + 3 \times 4 = 22$(만 원)

23 A의 속력을 분속 x m, B의 속력을 분속 y m라고 하면

$$\begin{cases} 10x + 10y = 2000 \\ 50x - 50y = 2000 \end{cases}$$

즉, $\begin{cases} x + y = 200 & \cdots\cdots ㉠ \\ x - y = 40 & \cdots\cdots ㉡ \end{cases}$

㉠$+$㉡을 하면 $2x = 240$ $\quad \therefore x = 120$

$x = 120$을 ㉠에 대입하면

$120 + y = 200$ $\quad \therefore y = 80$

따라서 B의 속력은 분속 80 m이다.

24 전체 일의 양을 1로 놓고, 형과 동생이 1분 동안 할 수 있는 일의 양을 각각 x, y라고 하면

$$\begin{cases} 20x + 20y = 1 & \cdots\cdots ㉠ \\ 15x + 30y = 1 & \cdots\cdots ㉡ \end{cases}$$

㉠$\times 3 -$㉡$\times 2$를 하면 $30x = 1$ $\quad \therefore x = \dfrac{1}{30}$

$x = \dfrac{1}{30}$을 ㉡에 대입하면 $\dfrac{1}{2} + 30y = 1$

$30y = \dfrac{1}{2}$ $\quad \therefore y = \dfrac{1}{60}$

따라서 형이 혼자 하면 30분이 걸린다.

Ⅲ. 일차함수

1. 일차함수와 그래프

01. 일차함수와 그 그래프

소단원 집중 연습	118-119쪽

01 (1) × (2) × (3) ○ (4) ○ (5) × (6) ○

02 (1) $f(4)=12$, $f(-2)=-6$

(2) $f(4)=2$, $f(-2)=-4$

(3) $f(4)=5$, $f(-2)=-7$

(4) $f(4)=-7$, $f(-2)=11$

03 (1) ○ (2) × (3) × (4) ○ (5) ○

04 (1) 3, 해설 참조 (2) -2, 해설 참조

05 (1) $y=3x+5$ (2) $y=\dfrac{2}{9}x-3$

06 (1) 3, -6 (2) -6, 4

07 (1) $-\dfrac{5}{2}$ (2) 3 (3) -3 (4) 6

08 (1) 2 (2) $\dfrac{2}{3}$

09 (1) -5 (2) 3

10 (1) $a=4$, $b=-3$ (2) $a=-\dfrac{4}{3}$, $b=-6$

04
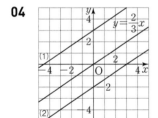

소단원 테스트 [1회]	120-121쪽

01 ②	02 ③	03 ②	04 ⑤	05 ②
06 ②	07 ⑤	08 ①	09 ⑤	10 ④
11 ②	12 ②	13 ③	14 ①	15 ②
16 ①				

01 ① $y=4x$

② 자연수 x의 약수는 여러 개가 나올 수 있으므로 함수가 아니다.

③ $y=500x$

④ $y=\dfrac{10}{100}\times x=\dfrac{1}{10}x$

⑤ $xy=80$에서 $y=\dfrac{80}{x}$

02 세 점 $(-1, 4)$, $(2, -5)$, $(k, k+3)$이 한 직선 위에 있을 때, 어느 두 점을 잇는 직선의 기울기는 모두 같으므로

$$\frac{-5-4}{2-(-1)}=\frac{k+3-4}{k-(-1)}$$

$$-3=\frac{k-1}{k+1}, \quad -3k-3=k-1$$

$$\therefore k=-\frac{1}{2}$$

03 $f(0)=b=-5$

$f(3)=3a+b=3a-5=4$ ∴ $a=3$

∴ $a+b=3+(-5)=-2$

04 $g(3)=3-2=a$ ∴ $a=1$

∴ $f(a)=f(1)=2+3=5$

05 $y=x+4$, $y=\dfrac{1}{3}x+1$의 그래프와 x축과의 교점의 좌표는 각각

$(-4, 0)$, $(-3, 0)$

y축과의 교점은 각각

$(0, 4)$, $(0, 1)$

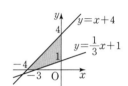

따라서 두 직선과 x축, y축으로 둘러싸인 도형의 넓이를 구하면

$$\frac{1}{2}\times 4\times 4-\frac{1}{2}\times 3\times 1=8-\frac{3}{2}=\frac{13}{2}$$

06 일차함수 $y=-2x+6$의 그래프를 y축의 방향으로 k만큼 평행이동하면

$$y=-2x+6+k$$

이 그래프가 $y=mx-2$의 그래프와 일치하므로

$$m=-2, \quad k=-8$$

$$\therefore k+m=-10$$

07 일차함수 $y=ax+2$의 그래프를 y축의 방향으로 b만큼 평행이동하면

$$y=ax+2+b$$

이때 기울기는 변하지 않으므로 주어진 그래프에서

$$a=-\frac{3}{2}$$

또, 평행이동한 그래프의 y절편이 -3이므로

$$2+b=-3 \qquad \therefore b=-5$$

$$\therefore ab=\left(-\frac{3}{2}\right)\times(-5)=\frac{15}{2}$$

08 $y=2x$의 그래프를 y축의 방향으로 -3만큼 평행이동하면 $y=2x-3$

이 그래프가 점 $(-1, k)$를 지나므로
$k=2\times(-1)-3=-2-3=-5$

09 $y=-2x+2$의 그래프의 y절편은 2이고
$y=-x+a$의 그래프의 x절편은 a이다.
이때 x절편과 y절편이 서로 같으므로 $a=2$

10 두 점 $(-1, 2)$, $(3, k)$를 지나는 직선의 기울기가
-3일 때,
$$\dfrac{k-2}{3-(-1)}=-3,\ k-2=-12$$
$$\therefore k=-10$$

11 $y=3x-2$의 그래프를 y축의 방향으로 a만큼 평행이동
하면 $y=3x-2+a$
이 그래프가 점 $(1, -3)$을 지나므로
$-3=3-2+a$　　$\therefore a=-4$

12 두 점 $(0, 3)$, $(4, 0)$을 지나는 직선의 기울기는
$$\dfrac{0-3}{4-0}=-\dfrac{3}{4}$$

13 ③ 그래프가 오른쪽 아래로 향
해 있다.

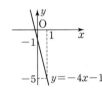

14 일차함수 $y=\dfrac{2}{3}x+b$의 그래프를 y축의 방향으로 -2
만큼 평행이동한 그래프의 식은
$$y=\dfrac{2}{3}x+b-2$$
이 식이 $y=\dfrac{2}{3}x+1$과 일치하므로 $b=3$
또, $y=ax+2$와 평행하므로 $a=\dfrac{2}{3}$
$$\therefore ab=2$$

15 $a<0$, $b>0$일 때,
① $y=-ax$의 그래프는 제1, 3사분면을 지난다.
② $y=-ax-b$의 그래프는 제1, 3, 4사분면을 지난다.
③ $y=-ax+b$의 그래프는 제1, 2, 3사분면을 지난다.
④ $y=ax-b$의 그래프는 제2, 3, 4사분면을 지난다.
⑤ $y=ax+b$의 그래프는 제1, 2, 4사분면을 지난다.

16 $y=-\dfrac{1}{3}x+2$에서
$y=0$일 때, $0=-\dfrac{1}{3}x+2$이므로 $x=6$
즉, x절편은 6이므로 $a=6$
$x=0$일 때, $y=2$
즉, y절편은 2이므로 $b=2$
$$\therefore ab=12$$

---

01 1	**02** ㄱ, ㄷ, ㄹ, ㅁ	**03** 15	**04** $-\dfrac{4}{3}$
05 ㄱ, ㄹ	**06** 8	**07** $y=3x+4$	**08** -6
09 ㄷ, ㄹ	**10** 3	**11** -2	**12** 4
13 제4사분면		**14** -3	**15** -3	**16** -2

01 세 점 $(1, 7)$, $(2, -3)$, $(3, k)$가 한 직선 위에 있을
때, 어느 두 점을 잇는 직선의 기울기는 모두 같으므로
$$\dfrac{-3-(-7)}{2-1}=\dfrac{k-(-3)}{3-2}$$
$4=k+3$　　$\therefore k=1$

02 ㄴ. $x=5$일 때, 5보다 작은 소수는 2, 3이므로 y는 x의
함수가 아니다.

03 일차함수 $f(x)=-kx+2(k+3)$의 그래프가
점 $(3, 5)$를 지날 때,
$5=-3k+2k+6$　　$\therefore k=1$
따라서 일차함수의 식은 $f(x)=-x+8$이므로
$f(-2)+f(3)=10+5=15$

04 $y=3x+1$의 그래프와 평행한 일차함수의 그래프의 기
울기는 3이므로 $y=3x+b$라 하자.
$y=-\dfrac{1}{2}x+4$와 y절편이 같으므로 $b=4$
즉, 일차함수의 식은 $y=3x+4$이다.
따라서 $y=0$일 때, x절편은 $-\dfrac{4}{3}$이다.

05 $y=ax+b$ ($a\neq0$, a, b는 상수)로 나타내어지는 것이
일차함수이므로 ㄱ, ㄹ이다.

06 일차함수 $y=ax$의 그래프를 y축의 방향으로 -4만큼
평행이동하면 $y=ax-4$
이 식이 $y=-2x+b$와 같으므로 $a=-2$, $b=-4$
$$\therefore ab=8$$

07 $y=3x-5$의 그래프를 y축의 방향으로 9만큼 평행이동
하면
$y=3x-5+9$　　$\therefore y=3x+4$

08 일차함수 $y=3x+a-7$의 그래프의 기울기는 3이므로
x의 값이 -1에서 3까지 4만큼 증가할 때, y의 값은
12만큼 증가한다.
$$\therefore p=12$$
또, $y=3x+a-7$의 그래프가 점 $(1, 2)$를 지나므로
$2=3+a-7$　　$\therefore a=6$
$$\therefore a-p=6-12=-6$$

09 일차함수 $y=-2x+3$의 그래프를 y축의 방향으로
-7만큼 평행이동한 식은 $y=-2x-4$

ㄱ. x절편은 -2이다.

ㄴ. 제 1사분면은 지나지 않는다.

ㄷ. x의 값이 2만큼 증가할 때, y의 값은 4만큼 감소한다.

10 일차함수 $y=ax+b$의 그래프에서 y절편이 -2이면 $b=-2$

$y=ax-2$의 그래프가 점 $(4, 2)$를 지나므로

$2=4a-2$ $\therefore a=1$

$\therefore a-b=3$

11 일차함수 $y=f(x)$에 대하여

$(기울기)=\dfrac{f(-3)-f(4)}{-3-4}=\dfrac{14}{-7}=-2$

따라서 이 일차함수의 그래프의 기울기는 -2이다.

12 일차함수 $y=-2x+4$의 그래프의 x절편은 2, y절편은 4이다.

이 그래프와 좌표축으로 둘러싸인 도형의 넓이는

$\dfrac{1}{2}\times 4\times 2=4$

13 일차함수 $y=ax-b$의 그래프는 오른쪽 아래로 향하고, y절편은 양수이다.

즉, $a<0$, $b<0$이다.

이때 $y=-bx-a$의 그래프는 오른쪽 위로 향하고, y절편은 양수이다.

따라서 이 그래프는 제4사분면을 지나지 않는다.

14 일차함수 $y=ax+6$에 $y=0$을 대입하면

$0=ax+6$, $x=-\dfrac{6}{a}$

$\therefore (x절편)=-\dfrac{6}{a}$

그래프의 x절편이 2이므로 $-\dfrac{6}{a}=2$

$\therefore a=-3$

15 일차함수 $y=-x$의 그래프를 y축의 방향으로 -3만큼 평행이동하면 $y=-x-3$

$y=0$을 대입하면 $x=-3$이므로 x절편은 -3이다.

16 $(기울기)=\dfrac{(y의\ 값의\ 증가량)}{(x의\ 값의\ 증가량)}$

$=\dfrac{a-2}{1-3}=2$

에서 $a-2=-4$

$\therefore a=-2$

02. 일차함수의 식과 활용

소단원 집중 연습   124-125쪽

01 (1) $y=-5x+4$ (2) $y=\dfrac{1}{4}x-\dfrac{3}{7}$

(3) $y=\dfrac{7}{3}x-6$ (4) $y=x+\dfrac{1}{2}$

(5) $y=8x-6$

02 (1) $y=2x+1$ (2) $y=7x-33$

(3) $y=-3x+5$ (4) $y=-\dfrac{4}{5}x+2$

03 (1) $y=-\dfrac{1}{3}x+4$ (2) $y=\dfrac{7}{2}x-\dfrac{2}{3}$

(3) $y=2x+6$

04 (1) $y=2x-3$ (2) $y=-\dfrac{3}{2}x+\dfrac{5}{2}$

(3) $y=-4x+14$

05 (1) $y=-4x+8$ (2) $y=\dfrac{4}{3}x+4$

(3) $y=\dfrac{3}{2}x-6$

06 (1) $y=\dfrac{2}{3}x-6$ (2) $y=-\dfrac{1}{2}x+1$

(3) $y=\dfrac{1}{2}x-2$ (4) $y=-\dfrac{3}{5}x+13$

07 (1) $y=0.6x+331$ (2) 초속 340 m

(3) $10\,°C$

08 (1) $y=12x\ (0\le x\le 5)$

(2) $36\ cm^2$ (3) 4초 후

소단원 테스트 [1회]   126-127쪽

01 ③	**02** ④	**03** ⑤	**04** ③	**05** ④
06 ③	**07** ⑤	**08** ②	**09** ④	**10** ⑤
11 ③	**12** ③	**13** ⑤	**14** ④	**15** ④
16 ①				

01 x절편이 -2, y절편이 3이므로 두 점 $(-2, 0)$, $(0, 3)$을 지난다.

$(기울기)=\dfrac{3-0}{0-(-2)}=\dfrac{3}{2}$ $\therefore y=\dfrac{3}{2}x+3$

$y=\dfrac{3}{2}x+3$에 $x=2$, $y=k$를 대입하면

$k=\dfrac{3}{2}\times 2+3=6$

02 $y=3x+6$의 그래프와 평행하므로 기울기는 3이고, y절편이 4이므로 구하는 식은 $y=3x+4$

03 기울기가 2인 일차함수의 식을 $y=2x+b$라 하면

점 $(2, 5)$를 지나므로 $5=4+b$ $\quad \therefore b=1$
따라서 구하는 일차함수의 식은 $y=2x+1$

04 가로의 길이가 $(6+x)$ cm, 세로의 길이가 5 cm이므로 직사각형의 넓이 y cm^{2}는
$$y=(6+x)\times 5 \quad \therefore y=5x+30$$

05 $(기울기)=\dfrac{5-2}{-2-1}=-1$이므로 $y=-x+b$
이 직선이 점 $(1, 2)$를 지나므로
$2=-1+b$ $\quad \therefore b=3$
$y=-x+3$에 $(2, a)$를 대입하면
$a=-2+3=1$

06 x km 높이에서의 기온이 y ℃라고 하면
x, y의 관계식은 $y=20-6x$
기온이 -4 ℃이므로 $y=-4$를 대입하면
$-4=20-6x$ $\quad \therefore x=4(\text{km})$

07 일차함수 $y=ax+b$의 그래프의 x절편이 3, y절편이 -6이면 두 점 $(3, 0)$, $(0, -6)$을 지나므로
$0=3a+b$, $-6=b$ $\quad \therefore a=2,\ b=-6$
따라서 구하는 일차함수의 식은 $y=2x-6$

08 물이 1분마다 5 L씩 빠져나갈 때, x분 후에 빠져나간 물의 양은 $5x$ L이다.
물통에 300 L의 물이 들어 있을 때, x분 후에 남은 물의 양을 y L라 하면 x, y의 관계식은
$y=-5x+300$
이때 $y=240$이면 $240=-5x+300$ $\quad \therefore x=12$
따라서 물이 240 L 남았다면 12분 동안 물이 빠져나갔다.

09 x, y의 관계식은 $y=-5x+500$
$y=100$일 때, $100=-5x+500$ $\quad \therefore x=80$
따라서 열차가 B역까지 100 km 남은 지점을 통과하는 것은 A역을 출발하고 80분 후이다.

10 두 점 $(1, 2)$, $(5, -2)$를 지나는 직선의 방정식을 $y=ax+b$라 하면
$a=\dfrac{-2-2}{5-1}=-1$
또, $y=-x+b$에 $(1, 2)$를 대입하면 $b=3$
따라서 일차함수의 식은 $y=-x+3$
⑤ x의 값이 증가하면 y의 값은 감소한다.

11 $a=\dfrac{-4}{2}=-2$이므로 $y=-2x+b$에 $(-2, 10)$을 대입하면
$10=-2\times(-2)+b$ $\quad \therefore b=6$
즉, 주어진 일차함수의 식은 $y=-2x+6$이다.
$y=-2x+6$에 $y=0$을 대입하여 x절편을 구하면
$0=-2x+6$ $\quad \therefore x=3$

12 $y=\dfrac{1}{3}x-\dfrac{1}{3}$의 그래프와 평행하므로 기울기는 $\dfrac{1}{3}$이다.
$y=\dfrac{1}{3}x+b$에 $(3, 0)$을 대입하면 $b=-1$
따라서 구하는 일차함수의 식은 $y=\dfrac{1}{3}x-1$

13 기울기가 5이므로 $y=5x+b$
이 그래프가 점 $(3, -1)$을 지나므로
$-1=5\times 3+b$ $\quad \therefore b=-16$
따라서 구하는 일차함수의 식은 $y=5x-16$

14 두 점 $(1, 0)$, $(-5, -8)$을 지나는 일차함수의 그래프의 식을 구하면 $y=\dfrac{4}{3}x-\dfrac{4}{3}$
이 그래프가 점 $(3, t)$를 지나므로 $t=\dfrac{8}{3}$

15 x의 값이 1씩 증가할 때, y의 값은 0.5씩 감소하므로 구하는 관계식을 $y=ax+b$라 하면
$a=\dfrac{-0.5}{1}=-0.5$
또, $x=0$일 때, $y=30$이므로 $b=30$
따라서 구하는 관계식은
$y=-0.5x+30\ (0\le x\le 60)$

16 $(기울기)=\dfrac{-6}{2}=-3$이므로 $y=-3x+b$라 하면
그래프가 점 $(-2, 0)$을 지나므로
$0=-3\times(-2)+b$ $\quad \therefore b=-6$
따라서 구하는 일차함수의 식은 $y=-3x-6$

소단원 테스트 [2회]   128-129쪽

01 1	**02** -25	**03** 2	**04** 110분	**05** 46분
06 15	**07** $y=-\dfrac{8}{3}x-4$		**08** $y=3x-2$	
09 250 g	**10** $y=2-0.01x$		**11** $-\dfrac{2}{3}$	
12 24초 후		**13** 14시간 후		**14** $\dfrac{2}{3}$
15 $y=\dfrac{1}{2}x+\dfrac{3}{2}$		**16** $y=-\dfrac{1}{2}x-4$		

01 기울기가 4이므로 $y=4x+b$ $\quad \therefore a=4$
$y=4x+b$에 $x=-1$, $y=-7$을 대입하면
$-7=4\times(-1)+b$ $\quad \therefore b=-3$
$\therefore a+b=4-3=1$

02 $(기울기)=\dfrac{5-0}{0-2}=-\dfrac{5}{2}$이므로 $y=-\dfrac{5}{2}x+b$
$\therefore a=-\dfrac{5}{2}$

y절편이 5이므로 $b=5$

$\therefore 2ab=2\times\left(-\dfrac{5}{2}\right)\times5=-25$

03 ㄱ. 일차함수 $y=-2x+3$의 그래프는 오른쪽 아래로 향하고 y절편이 양수이므로 제1, 2, 4사분면을 지난다.

ㄷ. 기울기가 -5, y절편이 2인 직선 $y=-5x+2$는 오른쪽 아래로 향하고 y절편이 양수이므로 제 1, 2, 4사분면을 지난다.

따라서 제3사분면을 지나지 않는 직선은 ㄱ, ㄷ의 2개이다.

04 10분마다 5 ℃씩 내려가므로 1분마다 0.5 ℃씩 내려간다.

따라서 x분 후에 물의 온도는 $0.5x$ ℃가 내려가고, 처음 물의 온도는 100 ℃이므로

$y=100-0.5x$

$y=45$를 대입하면 $45=100-0.5x$이므로

$55=0.5x$ $\therefore x=110$

따라서 110분 동안 식혀야 한다.

05 링거 주사약이 x분 동안 $10x$ mL씩 환자의 몸에 들어간다.

환자가 1000 mL 들이의 링거 주사를 x분 동안 맞은 후 남은 링거 주사약의 양을 y mL라 할 때,

x, y의 관계식은 $y=-10x+1000$

이때 주사약이 540 mL 남았다면

$540=-10x+1000$ $\therefore x=46$

따라서 주사를 맞은 시간은 46분이다.

06 두 점 $(0, 2)$, $(4, 0)$을 지나는 일차함수의 그래프의 기울기는 $-\dfrac{1}{2}$

위 그래프와 평행한 일차함수의 식을 $y=-\dfrac{1}{2}x+b$라 하면

점 $(2, 4)$를 지나므로 $4=-1+b$ $\therefore b=5$

따라서 일차함수의 식은 $y=-\dfrac{1}{2}x+5$

이때 x절편은 10, y절편은 5이므로 그 합은

$10+5=15$

07 (기울기)$=-\dfrac{8}{3}$이므로 $y=-\dfrac{8}{3}x+b$

y절편이 -4이므로 $b=-4$

$\therefore y=-\dfrac{8}{3}x-4$

08 기울기가 3이므로 $y=3x+b$

이 식에 $x=2$, $y=4$를 대입하면

$4=3\times2+b$ $\therefore b=-2$

따라서 구하는 일차함수의 식은 $y=3x-2$

09 처음의 길이가 30 cm인 용수철에 50 g의 추를 달았더니 용수철 길이가 35 cm가 되어 5 cm가 늘어났으므로 1 g의 추를 달면 $\dfrac{1}{10}$ cm가 늘어난다.

x g의 추를 달았을 때 용수철의 길이를 y cm라 하면

x, y의 관계식은 $y=\dfrac{1}{10}x+30$

용수철의 길이가 55 cm일 때, $55=\dfrac{1}{10}x+30$

$\therefore x=250$

따라서 용수철에 250 g의 추를 달아야 한다.

10 10 mL$=0.01$ L이므로 $y=2-0.01x$

11 $y=\dfrac{1}{2}x-3$의 그래프와 x축에서 만나는 점의 좌표는 $(6, 0)$이고, $y=3x-2$의 그래프와 y축에서 만나는 점의 좌표는 $(0, -2)$이다.

두 점 $(6, 0)$, $(0, -2)$를 지나는 일차함수의 식을 $y=ax+b$라 하면 $a=\dfrac{1}{3}$, $b=-2$

$\therefore ab=-\dfrac{2}{3}$

12 점 P가 4초에 1 cm씩 움직이므로 1초에 $\dfrac{1}{4}$ cm씩 움직인다.

점 P가 움직인지 x초 후에는

$\overline{BP}=\dfrac{1}{4}x$ cm, $\overline{PC}=\left(12-\dfrac{1}{4}x\right)$ cm

$\triangle ABP+\triangle DPC=42$ cm^{2}에서

$\dfrac{1}{2}\times8\times\dfrac{1}{4}x+\dfrac{1}{2}\times6\times\left(12-\dfrac{1}{4}x\right)=42$

$x+36-\dfrac{3}{4}x=42$

$\therefore x=24$

따라서 출발한 지 24초 후이다.

13 가습기를 가동하여 x시간 후에 남아 있는 물의 양을 y mL라 하면

$x=4$일 때 $y=400$, $x=7$일 때 $y=280$

x, y의 관계식을 $y=ax+b$라 하면

$a=\dfrac{280-400}{7-4}=-40$

또, $y=-40x+b$에 $x=4$, $y=400$을 대입하면

$400=-160+b$ $\therefore b=560$

즉, x, y의 관계식은 $y=-40x+560$

이때 가습기의 물이 남아 있지 않으면 $y=0$이므로

$0=-40x+560$ $\therefore x=14$

따라서 14시간 후에 가습기의 물은 남아 있지 않다.

14 두 점 $(-1, -1)$, $(2, 1)$을 지나는 그래프를 $y=ax+b$라 하면

$a=\dfrac{1-(-1)}{2-(-1)}=\dfrac{2}{3}$

$y=\dfrac{2}{3}x+b$에 $(2, 1)$을 대입하면

$1=\dfrac{4}{3}+b$ $\therefore b=-\dfrac{1}{3}$

따라서 $f(x)=\dfrac{2}{3}x-\dfrac{1}{3}$이므로

$f\left(\dfrac{3}{2}\right)=\dfrac{2}{3}\times\dfrac{3}{2}-\dfrac{1}{3}=\dfrac{2}{3}$

15 기울기가 $\dfrac{2}{3}$, y절편이 2인 그래프의 식은

$y=\dfrac{2}{3}x+2$

이 그래프가 x축과 만나는 점 $A(2a, 0)$의 좌표가 $(-3, 0)$이므로

$2a=-3$ $\therefore a=-\dfrac{3}{2}$

즉, 두 점 $A(-3, 0)$, $B\left(-4, -\dfrac{1}{2}\right)$을 지나는 그래프

의 식을 $y=mx+n$이라 하면 $m=\dfrac{1}{2}$

$y=\dfrac{1}{2}x+n$에 $(-3, 0)$을 대입하면

$0=-\dfrac{3}{2}+n$ $\therefore n=\dfrac{3}{2}$

따라서 일차함수의 식은 $y=\dfrac{1}{2}x+\dfrac{3}{2}$

16 주어진 그래프가 두 점 $(0, 1)$, $(2, 0)$을 지나므로

$(\text{기울기})=\dfrac{0-1}{2-0}=-\dfrac{1}{2}$

이때 y절편이 -4이므로 구하는 일차함수의 식은

$y=-\dfrac{1}{2}x-4$

중단원 테스트 [1회]

130-133쪽

01 ④	**02** ①	**03** -3	**04** ⑤	**05** ②
06 ②	**07** ②	**08** -3	**09** ⑤	**10** ③
11 ②	**12** ①	**13** ②	**14** 1	**15** ③
16 제2, 3, 4사분면	**17** ①	**18** ⑤		**19** ②
20 ①	**21** $a>0, b>0$		**22** ③	**23** ⑤
24 ⑤	**25** ④	**26** 30분 후		**27** ④
28 제2사분면	**29** ③		**30** ④	**31** 48
32 $y=5x+20$				

01 일차함수 $y=mx$의 그래프를 y축의 방향으로 n만큼 평행이동한 그래프의 식은 $y=mx+n$

두 점 $(1, 1)$, $(-1, -7)$의 좌표를 대입하면

$1=m+n$, $-7=-m+n$

위의 두 식을 연립하여 풀면 $m=4$, $n=-3$

$\therefore 2m+n=5$

02 $y=2x+b$에서 x절편이 -3이므로

$0=2\times(-3)+b$ $\therefore b=6$

따라서 일차함수 $y=2x+6$의 그래프에서 y절편은 6이다.

03 $y=-\dfrac{1}{2}x+3$의 그래프를 y축의 방향으로 m만큼 평행이동하면

$y=-\dfrac{1}{2}x+3+m$

$y=-\dfrac{1}{2}x+3+m$에 $x=2$, $y=-1$을 대입하면

$-1=-\dfrac{1}{2}\times2+3+m$, $-1=2+m$

$\therefore m=-3$

04 기울기가 $\dfrac{1}{2}$인 그래프와 평행한 그래프의 식을

$y=\dfrac{1}{2}x+b$라 하면

점 $(-4, 6)$을 지나므로 $6=-2+b$ $\therefore b=8$

즉, 일차함수의 식은 $y=\dfrac{1}{2}x+8$

⑤ 일차함수 $y=\dfrac{1}{2}x-1$의 그래프를 y축의 방향으로 9만큼 평행이동한 것이다.

05 $y=3x+7$의 그래프가 점 $(1, k)$를 지나므로

$k=3\times1+7=10$

$y=3x+7$의 그래프가 점 $(l, -2)$를 지나므로

$-2=3\times l+7$ $\therefore l=-3$

$\therefore k-l=10-(-3)=13$

06 직선이 서로 평행하면 기울기는 같고, y절편은 다르다.

① 기울기: -2, y절편: 1

② 기울기: 2, y절편: -4

③ 기울기: -2, y절편: -1

④ 기울기가 -2이므로 $y=-2x+b$라 하고

$(-1, 2)$를 대입하면 $2=2+b$ $\therefore b=0$

즉, y절편은 0이다.

⑤ 기울기: -2, y절편: -2

따라서 서로 평행하지 않은 직선은 ②이다.

07 $y=0$을 대입하면 $0=\dfrac{1}{3}(x+3)$ $\therefore x=-3$

$x=0$을 대입하면 $y=\dfrac{1}{3}(0+3)$ $\therefore y=1$

따라서 x절편과 y절편의 합은 $-3+1=-2$

08 $y=-\dfrac{k}{2}x+1$의 그래프는 x의 값이 2만큼 증가할 때,

y의 값은 3만큼 증가하므로

$\dfrac{3}{2}=-\dfrac{k}{2}$ $\therefore k=-3$

09 두 점 $(2, 0)$, $(4, -3)$을 지나는 일차함수의 그래프의 식을 $y=ax+b$라 하면

$$a=\frac{-3}{4-2}=-\frac{3}{2}$$

$y=-\frac{3}{2}x+b$에 $(2, 0)$을 대입하면 $b=3$

즉, 일차함수의 식은 $y=-\frac{3}{2}x+3$

이때 x절편을 p, y절편을 q라 하면 $p=2$, $q=3$

$$\therefore a+p+q=-\frac{3}{2}+2+3=\frac{7}{2}$$

10 $y=ax+b$의 그래프의 y절편이 3이므로 $b=3$

이 그래프가 점 $(2, 1)$을 지나므로

$1=a\times2+3$ $\therefore a=-1$

$$\therefore a-b=-1-3=-4$$

11 일차함수 $y=2x-6$의 그래프를 y축의 방향으로 4만큼 평행이동하면

$y=2x-6+4$ $\therefore y=2x-2$

이 그래프가 점 $(a, -2)$를 지나므로

$-2=2\times a-2$ $\therefore a=0$

12 주어진 그래프에서 x절편은 -3, y절편은 -2이므로

$a=-3$, $b=-2$

$$\therefore 2a-b=-4$$

13 $y=x+5$의 그래프를 y축의 방향으로 -7만큼 평행이동한 그래프의 식은

$y=x+5-7=x-2$

따라서 $m=1$, $n=-2$이므로 $m+n=-1$

14 구하는 일차함수의 식을 $y=ax+b$라고 하면

기울기가 4이므로 $a=4$

$y=4x+b$의 그래프가 점 $(-1, -3)$을 지나므로

$-3=4\times(-1)+b$ $\therefore b=1$

따라서 구하는 일차함수의 식은 $y=4x+1$이므로

이 직선의 y절편은 1이다.

15 세 점 $(2, 5)$, $(-1, a)$, $(4, 1)$이 한 직선 위에 있을 때, 어느 두 점을 잇는 직선의 기울기는 모두 같으므로

$$\frac{a-5}{-1-2}=\frac{1-5}{4-2}, \frac{a-5}{-3}=-2$$

$$\therefore a=11$$

16 그래프가 오른쪽 위로 향하므로 $a>0$

y절편이 음수이므로 $ab<0$ $\therefore b<0$

$ab<0$, $b<0$이므로 $y=abx+b$의 그래프는 기울기와 y절편이 모두 음수이다.

따라서 오른쪽 그림과 같이 제2, 3, 4사분면을 지난다.

17 일차함수 $y=ax+b$의 그래프와 $y=-2x+6$의 그래프가 x축에서 만날 때, 점 $(3, 0)$을 지난다.

즉, $3a+b=0$ ······ ㉠

또, $y=3x-6$의 그래프와 y축에서 만날 때, 점 $(0, -6)$을 지난다.

즉, $b=-6$ ······ ㉡

㉡을 ㉠에 대입하면 $a=2$

$$\therefore a+b=-4$$

18 일차함수 $y=ax+b$의 그래프는 x의 값이 3만큼 증가할 때, y의 값은 6만큼 감소하므로

$$a=-\frac{6}{3}=-2$$

또, $y=-2x+b$의 그래프가 점 $(0, 4)$를 지나므로

$b=4$

즉, 일차함수의 식은 $y=-2x+4$이고,

x절편은 2, y절편은 4이다.

따라서 x절편과 y절편의 합은 6이다.

19 $(기울기)=\frac{-4-5}{1-(-2)}=-3$

20 주어진 일차함수의 그래프는 x의 값이 3만큼 증가할 때, y의 값은 -3만큼 증가하므로

$$(기울기)=\frac{-3}{3}=-1$$

따라서 주어진 일차함수의 그래프와 평행한 일차함수의 식은 ① $y=-x+2$이다.

21 $y=ax-b$의 그래프가 오른쪽 위로 향하고 y절편은 음수이다.

$$\therefore a>0, b>0$$

22 $y=\frac{1}{2}x+1$의 그래프를 y축의 방향으로 p만큼 평행이동하면 $y=\frac{1}{2}x+1+p$

이 그래프가 점 $(4, 5)$를 지나므로

$5=\frac{1}{2}\times4+1+p$ $\therefore p=2$

23 주어진 일차함수의 그래프의 식은 $y=\frac{3}{2}x+3$이다.

① 기울기는 $\frac{3}{2}$이다.

② 점 $(2, 6)$을 지난다.

③ $2x+3y=1$의 그래프와 평행하지 않다.

④ x의 값이 3만큼 증가할 때, y의 값은 $\frac{9}{2}$만큼 증가한다.

24 ⑤ $y=x^2-x(x-3)$을 정리하면 $y=3x$이므로 일차함수이다.

25 두 일차함수의 그래프가 일치하려면 기울기와 y절편이 같아야 하므로

$2a+b=6a$, $-10a=-(2b+1)$

두 식을 연립하여 풀면 $a=\dfrac{1}{2}$, $b=2$

$\therefore ab=1$

26 지수가 집에서 출발하여 x분 동안 간 거리는 $50x$ m이 므로 지수가 집에서 출발한 지 x분 후에 공원까지의 남 은 거리를 y m라고 하면

$y=2000-50x$

이 식에 $y=500$을 대입하면

$500=2000-50x$ $\therefore x=30$

따라서 공원까지의 남은 거리가 500 m가 되는 것은 30분 후이다.

27 ④ $y=3x-1$의 그래프는 점 $\left(\dfrac{1}{3},\,0\right)$을 지난다.

28 $y=\dfrac{1}{2}x+1$의 그래프를 y축의 방향으로 -5만큼 평행 이동하면

$y=\dfrac{1}{2}x+1-5$에서 $y=\dfrac{1}{2}x-4$

이 그래프는 x절편이 8, y 절편이 -4이므로 오른쪽 그림과 같이 제1, 3, 4사분면을 지난다. 따라서 제2사분면을 지나지 않는다.

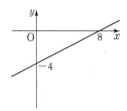

29 $\overline{CP}=x$ cm이므로 사각형 ABCP의 넓이를 y cm²이 라 하면

x, y 사이의 관계식은 $y=(x+12)\times20\div2$

$\therefore y=10x+120$

30 수영장에 물을 5 cm 채우는데 2.5분이 걸리면 1분 동안 물을 2 cm 채울 수 있다. 수면의 높이가 40 cm일 때부터 물을 넣기 시작하여 x분 후의 물의 높이를 y cm라 하면 x, y의 관계식은

$y=2x+40$

따라서 $y=200$이면 $x=80$이므로 물을 가득 채우는데 걸리는 시간은 80분이다.

31 $y=-\dfrac{3}{2}x+12$의 그래프는 오른쪽 그림과 같다. 따라서 삼각형의 넓이는

$\dfrac{1}{2}\times8\times12=48$

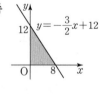

32 2분마다 물의 온도가 10 ℃씩 올라가므로 1분마다 5 ℃씩 올라간다. 즉, x분마다 온도가 $5x$ ℃씩 올라가므로

$y=5x+20$

---

01 ②	**02** ⑤	**03** 24	**04** 5	**05** ②, ④
06 7	**07** ②	**08** -4	**09** ⑤	**10** 6
11 제1, 2, 4사분면	**12** 2		**13** $a\ge4$	**14** ④
15 $-\dfrac{1}{2}$	**16** ④	**17** 15	**18** ③	**19** ①
20 -48		**21** $y=-\dfrac{1}{3}x-2$		**22** 7
23 ④	**24** $y=x+1$		**25** ④	**26** ⑤
27 10	**28** $\dfrac{1}{2}$	**29** $y=\dfrac{1}{4}x+20$		**30** ⑤
31 ③	**32** $y=\dfrac{5}{3}x+5$			

01 기울기가 $-\dfrac{1}{2}$인 그래프의 식을 $y=-\dfrac{1}{2}x+b$라 하면

점 $(4,\,0)$을 지나므로 $0=-2+b$ $\therefore b=2$

즉, 일차함수의 식은 $y=-\dfrac{1}{2}x+2$

이 직선을 y축의 방향으로 -4만큼 평행이동한 그래프 의 식은 $y=-\dfrac{1}{2}x-2$

02 주어진 일차함수의 그래프는 기울기가 음수이므로

$a<0$

또한 y절편이 양수이므로 $b>0$

따라서 일차함수 $y=bx+a$의 그래 프는 오른쪽 그래프와 같다. 이때 이 그래프가 지나는 사분면은 제1, 3, 4사분면이다.

03 $y=-\dfrac{3}{4}x+6$의 그래프의 x절편은 8, y절편은 6이다.

이 그래프와 x축, y축으로 둘러싸인 삼각형의 넓이는

$\dfrac{1}{2}\times8\times6=24$

04 $y=3x+k$의 그래프를 y축의 방향으로 -2만큼 평행 이동하면 $y=3x+k-2$

이 그래프의 y절편이 n이므로 $n=k-2$

$y=3x+k-2$에 $y=0$을 대입하면

$0=3x+k-2$, $x=\dfrac{2-k}{3}$

$\therefore (x$절편$)=\dfrac{2-k}{3}$

이 그래프의 x절편이 m이므로 $m=\dfrac{2-k}{3}$

이때 $m+n=2$이므로 $\dfrac{2-k}{3}+k-2=2$

$\therefore k=5$

06 세 점이 한 직선 위에 있으면 두 점 $(2,\,1)$,

$(-2, -7)$을 지나는 직선의 기울기와 두 점 $(2, 1)$,
$(5, k)$를 지나는 직선의 기울기는 같으므로
$$\frac{-7-1}{-2-2}=\frac{k-1}{5-2} \qquad \therefore k=7$$

07 $y=3x-1$의 그래프를 y축의 방향으로 b만큼 평행이동
하면 $y=3x-1+b$
$y=3x-1+b$에 $x=7$, $y=13$을 대입하면
$13=3\times7-1+b \qquad \therefore b=-7$

08 주어진 직선을 그래프로 하는 일차함수의 식을
$y=ax+c$라 하면
이 직선은 두 점 $(-4, 0)$, $(-2, -3)$을 지나므로
$$(\text{기울기})=a=\frac{-3-0}{-2-(-4)}=-\frac{3}{2}$$
$$\therefore y=-\frac{3}{2}x+c$$
이 직선이 점 $(-4, 0)$을 지나므로
$$0=-\frac{3}{2}\times(-4)+c \qquad \therefore c=-6$$
x절편은 -4이므로 $b=-4$
$$\therefore 4a-2b+c=4\times\left(-\frac{3}{2}\right)-2\times(-4)+(-6)$$
$$=-4$$

09 두 점 $(3, 1)$, $(6, 0)$을 지나는 직선의 기울기는
$$(\text{기울기})=\frac{1-0}{3-6}=-\frac{1}{3}$$
$y=-\frac{1}{3}x+b$라 하면 점 $(3, 1)$을 지나므로
$$1=-\frac{1}{3}\times3+b \qquad \therefore b=2$$
즉, 주어진 그래프의 식은 $y=-\frac{1}{3}x+2$
① x절편은 6이다.
② y절편은 2이다.
③ 기울기는 $-\frac{1}{3}$이다.
④ $y=-\frac{1}{3}x+2$의 그래프이다.

10 $y=-x+2$의 그래프의 x절편은 2, y절편은 2이고,
$y=\frac{1}{2}x+2$의 그래프의 x절편은 -4, y절편은 2이다.
따라서 구하는 삼각형의 넓이는 $\frac{1}{2}\times6\times2=6$

11 주어진 그래프의 x절편은 음수, y절편은 양수이므로
$m<0$, $n>0$
따라서 $y=mx+n$의 그래프는 기
울기가 음수, y절편이 양수이므로
오른쪽 그림과 같이 제1, 2, 4사분
면을 지난다.

12 네 일차함수의 그래프를 한
좌표평면에 그리면 오른쪽
그림과 같다.
따라서 구하는 넓이는
($\triangle$ABD의 넓이)$+$($\triangle$BCD의 넓이)
$$=\frac{1}{2}\times2\times1+\frac{1}{2}\times2\times1=2$$

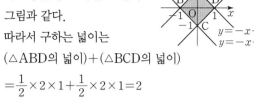

13 $y=ax+b$에 $(1, 4)$를 대입하면 $4=a+b$
$$\therefore b=-a+4$$
이때 $b\leq0$이므로 $-a+4\leq0$
$$\therefore a\geq4$$

14 주어진 그래프의 기울기는 음수이므로 $a<0$
y절편이 양수이므로 $\frac{b}{a}>0$
$$\therefore a<0, b<0$$

15 두 점 $(0, -1)$, $(2, 0)$을 지나므로
$$(\text{기울기})=a=\frac{0-(-1)}{2-0}=\frac{1}{2}$$
$$(y\text{절편})=b=-1$$
$$\therefore a+b=\frac{1}{2}+(-1)=-\frac{1}{2}$$

16 두 점 $(4, -2)$, $(8, -5)$를 지나는 그래프의 식을
$y=ax+b$라 하면
$$a=\frac{-5-(-2)}{8-4}=-\frac{3}{4}$$
$y=-\frac{3}{4}x+b$에 $(4, -2)$를 대입하면
$$-2=-3+b \qquad \therefore b=1$$
즉, 일차함수의 식은 $y=-\frac{3}{4}x+1$
① 점 $(-4, 4)$를 지난다.
② 제1, 2, 4사분면을 지난다.
③ x축과 만나는 점의 좌표는 $\left(\frac{4}{3}, 0\right)$이다.
⑤ $y=-\frac{3}{4}x$의 그래프를 y축의 방향으로 1만큼 평행
이동한 그래프이다.

17 $f(2)=a$이므로 $a=\frac{6}{2}=3$
$f(b)=\frac{1}{2}$이므로 $\frac{1}{2}=\frac{6}{b} \qquad \therefore b=12$
$$\therefore a+b=3+12=15$$

18 두 점 $(-2, 3)$, $(4, 9)$를 지나는 그래프의 식을
$y=ax+b$라 하면
$$a=\frac{9-3}{4-(-2)}=1$$
$y=x+b$에 $(-2, 3)$을 대입하면
$$3=-2+b \qquad \therefore b=5$$
즉, 일차함수의 식은 $y=x+5$

이 그래프를 y축의 방향으로 -3만큼 평행이동하면
$y=x+2$
이 그래프가 점 $(-2, k)$를 지나므로 $k=0$

19 $y=ax+b$의 그래프의 기울기는 $-\dfrac{1}{2}$이므로 $a=-\dfrac{1}{2}$
$y=-\dfrac{1}{2}x+b$에 $(2, 0)$을 대입하면 $b=1$
$\therefore a-b=-\dfrac{1}{2}-1=-\dfrac{3}{2}$

20 $y=ax$에 $(-1, 4)$를 대입하면
$4=a\times(-1)$ $\quad\therefore a=-4$
$y=-4x$에 $(-3, b)$를 대입하면
$b=-4\times(-3)=12$
$\therefore ab=(-4)\times12=-48$

21 (기울기)$=\dfrac{-1}{2-(-1)}=-\dfrac{1}{3}$, ($y$절편)$=-2$이므로
구하는 일차함수의 식은 $y=-\dfrac{1}{3}x-2$

22 (기울기)$=\dfrac{4-6}{2-(-2)}=-\dfrac{1}{2}$
$y=-\dfrac{1}{2}x+b$로 놓고 $x=2$, $y=4$를 대입하면
$4=-\dfrac{1}{2}\times2+b$ $\quad\therefore b=5$
$y=-\dfrac{1}{2}x+5$의 그래프를 y축의 방향으로 2만큼 평행
이동하면
$y=-\dfrac{1}{2}x+5+2=-\dfrac{1}{2}x+7$
따라서 y절편은 7이다.

23 $y=ax+1$의 그래프를 y축의 방향으로 -5만큼 평행
이동하면 $y=ax-4$
이 식이 $y=-2x+b$와 일치하므로
$a=-2$, $b=-4$
$\therefore a-b=2$

24 기울기와 y절편이 같으므로 구하는 일차함수의 식을
$y=ax+a$라고 하자.
이 그래프가 점 $(4, 5)$를 지나므로
$5=4a+a$, $5a=5$ $\quad\therefore a=1$
따라서 구하는 일차함수의 식은 $y=x+1$

25 ① x의 값이 증가할 때, y의 값도 증가한다.
② x절편은 $-\dfrac{1}{2}$이고, y절편은 2이다.
③ $y=-4x+2$의 그래프와 기울
기가 다르므로 평행하지 않다.
⑤ 일차함수 $y=4x+2$의 그래프는
오른쪽 그림과 같고, 제1, 2, 3
사분면을 지난다.

26 $y=ax+4$의 그래프의 x절편은 $-\dfrac{4}{a}$, y절편은 4이다.

이 그래프와 x축, y축으로 둘러싸인 삼각형의 넓이가
8이므로
$\dfrac{1}{2}\times\left(-\dfrac{4}{a}\right)\times4=8$, $-\dfrac{8}{a}=8$
$\therefore a=-1$

27 두 일차함수의 그래프가 일치하려면 기울기, y절편이
각각 서로 같아야 하므로 $a=4$, $b=6$
$\therefore a+b=10$

28 두 점 $(-2, 3)$, $(2, -5)$를 지나는 직선의 기울기는
$\dfrac{-5-3}{2-(-2)}=-2$
$y=-2x+b$로 놓고 $x=-2$, $y=3$을 대입하면
$3=-2\times(-2)+b$ $\quad\therefore b=-1$
$\therefore y=-2x-1$
따라서 점 $(k, -2)$가 $y=-2x-1$의 그래프 위에 있
으므로
$-2=-2k-1$, $2k=1$ $\quad\therefore k=\dfrac{1}{2}$

29 4 g인 물체를 달 때마다 길이가 1 cm씩 늘어나므로
물체의 무게가 1 g씩 늘어날 때마다 용수철의 길이는
$\dfrac{1}{4}$ cm씩 늘어난다.
$\therefore y=\dfrac{1}{4}x+20$

30 100 m 높아질 때마다 기온이 0.6 ℃씩 내려가므로
1 m 높아질 때마다 기온이 $\dfrac{0.6}{100}=0.006$(℃)씩 내려
간다.
지면으로부터 높이가 x m인 지점의 기온을 y ℃라고
하면
$y=25-0.006x$
이 식에 $y=-5$를 대입하면
$-5=25-0.006x$ $\quad\therefore x=5000$
따라서 구하는 높이는 5000 m이다.

31 30 L의 물이 들어 있는 수조에 1분에 0.6 L씩 물이 들
어가고, 수질 유지를 위해 1분에 0.2 L씩의 물이 빠져
나갈 때, 결과적으로 1분에 0.4 L씩 물이 들어간다.
x분 후 수조에 들어 있는 물의 양을 y L라 하면
x, y의 관계식은 $y=0.4x+30$
최대 용량 120 L를 채우기 위해 필요한 시간은
$120=0.4x+30$ $\quad\therefore x=225$(분)
따라서 225분 후 수조에 물이 가득 찬다.

32 $y=\dfrac{1}{3}x+1$의 그래프의 x절편이 -3이고
$y=-\dfrac{1}{2}x+5$의 그래프의 y절편이 5이므로
구하는 직선은 두 점 $(-3, 0)$, $(0, 5)$를 지난다.

즉, (기울기)$=\dfrac{5-0}{0-(-3)}=\dfrac{5}{3}$

따라서 구하는 일차함수의 식은 $y=\dfrac{5}{3}x+5$

중단원 테스트 [서술형]	138-139쪽

01 제2사분면　　**02** -2　**03** 1　**04** -1

05 $-\dfrac{9}{2}$　　　　**06** $y=-x+4$　**07** $\dfrac{5}{2}$

08 60g

---

01 오른쪽 아래로 향하는 그래프이므로 $a<0$

y축의 양의 부분을 지나므로 $b>0$ ...... ❶

$a<0$, $b>0$이므로 $-ab>0$ ...... ❷

일차함수 $y=-abx+a$의 그래
프는 오른쪽 그림과 같으므로 제2
사분면을 지나지 않는다. ...... ❸

채점 기준	배점
❶ a, b의 부호 각각 구하기	30 %
❷ $-ab$의 부호 구하기	30 %
❸ 그래프가 지나지 않는 사분면 구하기	40 %

02 $y=4x+a$에 $x=0$을 대입하면 $y=a$이므로

y절편은 a ...... ❶

$y=x+2a+6$에 $y=0$을 대입하면

$0=x+2a+6$에서 $x=-2a-6$이므로

x절편은 $-2a-6$ ...... ❷

일차함수 $y=4x+a$의 그래프의 y절편과 일차함수
$y=x+2a+6$의 그래프의 x절편이 서로 같으므로

$a=-2a-6$, $3a=-6$

$\therefore a=-2$ ...... ❸

채점 기준	배점
❶ $y=4x+a$의 그래프의 y절편 구하기	30 %
❷ $y=x+2a+6$의 그래프의 x절편 구하기	30 %
❸ a의 값 구하기	40 %

03 $y=-\dfrac{a}{3}x+2$에서 $y=0$일 때 $\dfrac{a}{3}x=2$

즉, $x=\dfrac{6}{a}$이므로 점 A의 좌표는 $\left(\dfrac{6}{a},\ 0\right)$이고, 점 B의

좌표는 $(0,\ 2)$이다. ...... ❶

$\triangle OAB=\dfrac{1}{2}\times 2\times\dfrac{6}{a}=\dfrac{6}{a}=6$

$\therefore a=1$ ...... ❷

04 $a=3$이므로 $y=3x+b$에 $x=-2$, $y=4$를 대입하면

$4=3\times(-2)+b$　$\therefore b=10$ ...... ❶

$y=3x+10$의 그래프를 y축의 방향으로 -3만큼 평행
이동하면 $y=3x+10-3$

$\therefore y=3x+7$ ...... ❷

$y=3x+7$에 $x=2k$, $y=k+2$를 대입하면

$k+2=3\times 2k+7$　$\therefore k=-1$ ...... ❸

채점 기준	배점
❶ a, b의 값 각각 구하기	30 %
❷ 평행이동한 일차함수의 식 구하기	30 %
❸ k의 값 구하기	40 %

05 $y=ax+6$에 $x=-3$, $y=2$를 대입하면

$2=-3a+6$　$\therefore a=\dfrac{4}{3}$ ...... ❶

$y=\dfrac{4}{3}x+6$에 $y=0$을 대입하면

$0=\dfrac{4}{3}x+6$　$\therefore x=-\dfrac{9}{2}$

따라서 x절편은 $-\dfrac{9}{2}$이다. ...... ❷

채점 기준	배점
❶ a의 값 구하기	50 %
❷ x절편 구하기	50 %

06 $y=x+2$에 $y=3$을 대입하면 $x=1$

$\therefore A(1,\ 3)$

$y=x-2$에 $x=3$을 대입하면 $y=1$

$\therefore B(3,\ 1)$ ...... ❶

따라서 두 점 A, B를 지나는 일차함수의 그래프에서

(기울기)$=\dfrac{1-3}{3-1}=-1$이므로

$y=-x+b$에 $x=1$, $y=3$을 대입하면

$3=-1+b$　$\therefore b=4$

$\therefore y=-x+4$ ...... ❷

채점 기준	배점
❶ 두 점 A, B의 좌표 구하기	50 %
❷ 일차함수의 식 구하기	50 %

07 $y=ax+3$의 그래프가 점 $(4,\ -3)$을 지나므로

$-3=4a+3$, $4a=-6$

$\therefore a=-\dfrac{3}{2}$ ...... ❶

$y=-\dfrac{3}{2}x+3$의 그래프의 x절편은

$0=-\dfrac{3}{2}x+3$　$\therefore x=2$

$y=2x+b$의 그래프가 점 $(2, 0)$을 지나므로

$0=4+b$ $\therefore b=-4$ ······ ❷

$\therefore a-b=-\dfrac{3}{2}-(-4)=\dfrac{5}{2}$ ······ ❸

채점 기준	배점
❶ a의 값 구하기	40 %
❷ b의 값 구하기	40 %
❸ $a-b$의 값 구하기	20 %

08 1 g당 용수철이 늘어난 길이는 $\dfrac{2}{15}$ cm이므로

$y=\dfrac{2}{15}x+20$ ······ ❶

$y=28$일 때, $28=\dfrac{2}{15}x+20$ $\therefore x=60$

따라서 용수철의 길이가 28 cm일 때의 물체의 무게는

60 g이다.   ······ ❷

채점 기준	배점
❶ x와 y 사이의 관계식 구하기	50 %
❷ 물체의 무게 구하기	50 %

2. 일차함수와 일차방정식의 관계

01. 일차함수와 일차방정식

소단원 집중 연습   140-141쪽

01 (1) $5, 3, 1, -1, -3$ (2) 해설 참조

(3) 해설 참조

02 (1) $y=x-5$ (2) $y=-3x+6$

(3) $y=\dfrac{1}{2}x+2$ (4) $y=-\dfrac{4}{3}x+4$

03 (1) $y=-x+4, -1, 4, 4,$ 해설 참조

(2) $y=-\dfrac{2}{3}x-2, -\dfrac{2}{3}, -3, -2,$ 해설 참조

(3) $y=\dfrac{1}{3}x+1, \dfrac{1}{3}, -3, 1,$ 해설 참조

(4) $y=2x+8, 2, -4, 8,$ 해설 참조

04 (1) $4, 2,$ 해설 참조   (2) $-3, -4,$ 해설 참조

05 해설 참조

06 (1) $y=2$ (2) $x=3$ (3) $x=-4$

(4) $y=-6$ (5) $x=5$

07 (1) $x=1$ (2) $y=-2$

(3) $y=4$ (4) $x=-3$

01 (2)
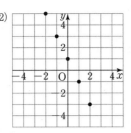

(3)
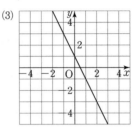

03
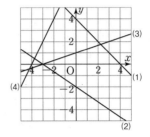

04 (1)
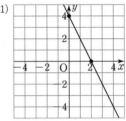

(2)
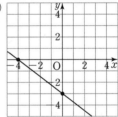

05

소단원 테스트 [1회]   142쪽

01 ①	**02** ②	**03** ④	**04** ①	**05** ②, ⑤
06 ②	**07** ③	**08** ④		

01 점 $(a+3, 1)$이 $2x+y=9$의 그래프 위에 있으므로
$x=a+3$, $y=1$을 대입하면
$2(a+3)+1=9$, $2a+6+1=9$, $2a=2$
$\therefore a=1$

02 두 점 $(-2, -5)$, $(3, 5)$를 지나는 직선의 방정식을
$y=mx+n$이라 하면
$m=\dfrac{5-(-5)}{3-(-2)}=2$
$y=2x+n$에 $(3, 5)$를 대입하면
$5=6+n$ $\therefore n=-1$
즉, 직선의 방정식은 $y=2x-1$
이 직선의 방정식이 $ax+by+c=0$이면
$y=-\dfrac{a}{b}x-\dfrac{c}{b}$에서 $-\dfrac{a}{b}=2$, $\dfrac{c}{b}=1$이므로
$a=-2b$, $b=c$
$\therefore \dfrac{b}{a}=\dfrac{b}{-2b}=-\dfrac{1}{2}$

03 세 직선을 좌표평면에 나타
내면 오른쪽 그림과 같다.
따라서 구하는 넓이는
$\dfrac{1}{2}\times(8+2)\times3=15$

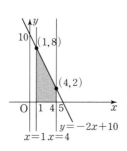

04 일차방정식 $ax+by-12=0$의 그래프가 직선 $x=4$와
같으므로 $a=3$, $b=0$
$\therefore a-2b=3$

05 ① $2x-5y=10$에서 $y=\dfrac{2}{5}x-2$
③ y절편은 -2이다.
④ 기울기는 $\dfrac{2}{5}$이다.

06 일차방정식 $ax-3y+b=0$을 일차함수의 꼴로 나타내면
$y=\dfrac{a}{3}x+\dfrac{b}{3}$
이 그래프의 기울기는 $\dfrac{5}{3}$, y절편이 -3이므로
$a=5$, $b=-9$
$\therefore 2a+b=1$

07 $-2x+4y-5=0$에서 $y=\dfrac{1}{2}x+\dfrac{5}{4}$
$\therefore a+b+c=\left(-\dfrac{5}{2}\right)+\dfrac{5}{4}+\dfrac{1}{2}=-\dfrac{3}{4}$

08 y축에 수직인 직선은 x축에 평행한 직선이므로
직선의 방정식은 $y=a$
이 직선이 점 $(-3, 2)$를 지나므로 $y=2$

<table>
<tr><td colspan="4">소단원 테스트 [2회]</td><td>143쪽</td></tr>
<tr><td>**01** $y=-7$</td><td>**02** 1</td><td>**03** 3</td><td colspan="2">**04** -2</td></tr>
<tr><td>**05** $a<0$, $b<0$</td><td>**06** 8</td><td colspan="3">**07** ㄴ</td></tr>
<tr><td colspan="5">**08** $x-2y+6=0$</td></tr>
</table>

01 x축에 평행한 직선은 $y=k$ (k는 상수)로 나타낸다.
즉, 두 점 $(-2, a-4)$, $(4, 2a-1)$을 지나는 직선이
x축에 평행할 때, $a-4=2a-1$ $\therefore a=-3$
따라서 구하는 직선의 방정식은 $y=-7$

02 $2x-3y+13=0$에 $x=k$, $y=5$를 대입하면
$2k=2$ $\therefore k=1$

03 직선 $x+ay=2$가 점 $(-1, 1)$을 지나므로
$-1+a=2$ $\therefore a=3$

04 $ax+by+8=0$에서 $y=-\dfrac{a}{b}x-\dfrac{8}{b}$
이 그래프가 x축에 평행하면 $y=k$ (k는 상수)로 나타
내어지므로 $a=0$
그래프가 점 $(3, 4)$를 지나므로 $-\dfrac{8}{b}=4$ $\therefore b=-2$
$\therefore a+b=-2$

05 $ax+by+1=0$에서 $y=-\dfrac{a}{b}x-\dfrac{1}{b}$
이 그래프가 제1, 2, 4사분면을 지나므로
$-\dfrac{a}{b}<0$, $-\dfrac{1}{b}>0$ $\therefore a<0$, $b<0$

06 오른쪽 그림에서
두 직선
$x+y=1$과 $x=6$의
교점 A의 좌표는
$(6, -5)$
점 B의 좌표는
$(6, -1)$이고, 두 직선 $x+y=1$과 $y=-1$의 교점 C
의 좌표는 $(2, -1)$
따라서 구하는 도형의 넓이는 $\dfrac{1}{2}\times4\times4=8$

07 ㄱ. $a\neq0$, $b\neq0$일 때, $ax+by+c=0$은 일차함수의
그래프이다.
ㄷ. $b=0$, $a\neq0$이면 $ax+by+c=0$은 y축에 평행한
직선이다.
ㄹ. $a=0$, $b\neq0$이면 $ax+by+c=0$은 x축에 평행한
직선이다.

08 $-x+2y+1=0$에서 $y=\dfrac{1}{2}x-\dfrac{1}{2}$
$\therefore (기울기)=\dfrac{1}{2}$

$y=\dfrac{1}{2}x+b$에 $(0, 3)$을 대입하면 $y=\dfrac{1}{2}x+3$

$\therefore x-2y+6=0$

02. 연립일차방정식과 그래프

01 (1) $x=1$, $y=3$ (2) $x=2$, $y=-2$

     (3) $x=2$, $y=1$

02 (1) $x=1$, $y=2$, 해설 참조

     (2) $x=-3$, $y=1$, 해설 참조

     (3) $x=1$, $y=-2$, 해설 참조

03 (1) 해가 없다, 해설 참조

     (2) 해가 무수히 많다, 해설 참조

     (3) 해가 없다, 해설 참조

04 (1) $a=-2$, $b=-2$ (2) $a=-1$, $b=9$

05 (1) $a=-2$, $b\neq6$ (2) $a=-12$, $b\neq2$

02 (1)

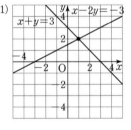

(2)

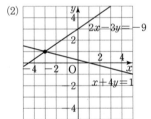

(3)

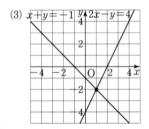

03 (1)

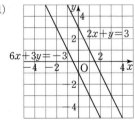

(2)

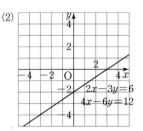

(3)

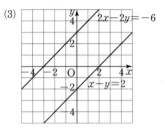

01 ⑤   **02** ②   **03** ④   **04** ①   **05** ③

06 ④   **07** ⑤   **08** ⑤

01 $\begin{cases} 2x+y=2 \\ -3x-y=-6 \end{cases}$ 을 연립하여 풀면

$x=4$, $y=-6$

$y=3x+b$에 $(4, -6)$을 대입하면

$-6=12+b$ $\therefore b=-18$

따라서 구하는 일차함수의 식은 $y=3x-18$

02 두 직선이 x축 위에서 만나려면 x절편이 같아야 한다.

$x-2y=4$의 x절편은 4이므로 $(4, 0)$을

$ax-2y=-6$에 대입하면 $a=-\dfrac{3}{2}$

03 연립방정식 $\begin{cases} y=\dfrac{a}{3}x-\dfrac{1}{3} \\ y=\dfrac{2}{b}x-\dfrac{1}{b} \end{cases}$ 의 해가 없어야 하므로

$\dfrac{a}{3}=\dfrac{2}{b}$, $-\dfrac{1}{3}\neq-\dfrac{1}{b}$

즉, $ab=6$에서

$(a, b)=(1, 6), (2, 3), (3, 2), (6, 1)$

이때 $b\neq3$이므로 가능한 b의 값은 1, 2, 6으로

그 합은 $1+2+6=9$

04 $(3, 2)$가 두 직선의 교점의 좌표이므로

연립방정식 $\begin{cases} y=ax+5 \\ y=2x+b \end{cases}$ 의 해이다.

각 방정식에 $x=3$, $y=2$를 대입하면

$2=3a+5$ $\therefore a=-1$

$2=2\times3+b$ $\therefore b=-4$

$\therefore a+b=-1+(-4)=-5$

05 두 점 $P(-3, 4)$, $Q(1, 2)$를 지나는 직선의 방정식을 $y=mx+n$이라 하면

$$m=\frac{2-4}{1-(-3)}=-\frac{1}{2}$$

또, $y=-\frac{1}{2}x+n$에 $(1, 2)$를 대입하면

$$2=-\frac{1}{2}+n \qquad \therefore n=\frac{5}{2}$$

즉, 일차함수의 식은 $y=-\frac{1}{2}x+\frac{5}{2}$ ...... ㉠

이때 $\begin{cases} -2x+y=a & \cdots\cdots ㉡ \\ x-y=-4 & \cdots\cdots ㉢ \end{cases}$ 의 해가 직선 ㉠ 위에 있

으므로

㉠을 ㉢에 대입하면

$$x+\frac{1}{2}x-\frac{5}{2}=-4$$

$$2x+x-5=-8 \qquad \therefore x=-1$$

이 값을 ㉢에 대입하면 $y=3$

따라서 x, y의 값을 ㉡에 대입하면 $a=5$

06 $\begin{cases} x+y=4 \\ x+2y=1 \end{cases}$ 을 풀면 $x=7, y=-3$

$x=7, y=-3$을 $3x+ay=3$에 대입하면

$$21-3a=3 \qquad \therefore a=6$$

07 두 그래프의 교점의 좌표가 연립방정식의 해이므로

$x=b, y=1$을 $3x+4y=1$에 대입하면

$$3b+4=1 \qquad \therefore b=-1$$

즉, $x=-1, y=1$을 $ax-3y=-5$에 대입하면

$$-a-3=-5 \qquad \therefore a=2$$

$$\therefore a-b=2-(-1)=3$$

08 두 직선의 교점은 연립방정식 $\begin{cases} 2x-y=-3 \\ x+y=6 \end{cases}$ 의 해와

같다.

위 연립방정식을 풀면 $x=1, y=5$

따라서 점 $(1, 5)$를 지나고 x축에 평행한 직선의 방정

식은 $y=5$

---

01 $y=\frac{5}{2}$	**02** $\frac{3}{2}$	**03** -1	**04** 1개
05 3	**06** 4	**07** -60	**08** 5

01 $\begin{cases} y=1-3x \\ y=x+3 \end{cases}$ 을 풀면 $x=-\frac{1}{2}, y=\frac{5}{2}$

따라서 점 $\left(-\frac{1}{2}, \frac{5}{2}\right)$를 지나고 y축에 수직인 직선의

방정식은 $y=\frac{5}{2}$

02 연립방정식 $\begin{cases} 2x-3y=-1 \\ -x+ay=2 \end{cases}$ 의 해가 없으면

두 직선 $y=\frac{2}{3}x+\frac{1}{3}$, $y=\frac{1}{a}x+\frac{2}{a}$가 평행하므로

$$\frac{1}{a}=\frac{2}{3}, \frac{2}{a}\neq\frac{1}{3} \qquad \therefore a=\frac{3}{2}$$

03 두 그래프의 교점의 좌표가 $(-1, 2)$이므로

$x=-1, y=2$를 $\begin{cases} ax+y=4 \\ x+by=1 \end{cases}$ 에 대입하면

$$-a+2=4, -1+2b=1$$

$$\therefore a=-2, b=1$$

$$\therefore a+b=-2+1=-1$$

04 연립방정식 $\begin{cases} 3x-2y=5 \\ x+y=5 \end{cases}$ 를 풀면 $x=3, y=2$

따라서 해는 1개이다.

05 두 점 $(-3, 4)$, $(3, 1)$을 지나는 직선의 방정식을

$y=mx+n$이라 하면

$$m=\frac{1-4}{3-(-3)}=-\frac{1}{2}$$

또, $y=-\frac{1}{2}x+n$에 $(3, 1)$을 대입하면

$$1=-\frac{3}{2}+n \qquad \therefore n=\frac{5}{2}$$

즉, 직선의 방정식은 $y=-\frac{1}{2}x+\frac{5}{2}$ ...... ㉠

이때 연립방정식 $\begin{cases} ax+y=5 & \cdots\cdots ㉡ \\ x-y=-1 & \cdots\cdots ㉢ \end{cases}$ 의 해가

이 직선 위에 있으므로 ㉠을 ㉢에 대입하면

$$x+\frac{1}{2}x-\frac{5}{2}=-1, \frac{3}{2}x=\frac{3}{2}$$

$$\therefore x=1$$

$x=1$을 ㉠에 대입하면 $y=2$

따라서 $x=1, y=2$를 ㉡에 대입하면

$$a+2=5 \qquad \therefore a=3$$

06 연립방정식 $\begin{cases} x+y-4=0 \\ x-y=0 \end{cases}$ 을 풀면 $x=2, y=2$

따라서 두 직선과 y축으로 둘러싸인 부분의 넓이는

$$\frac{1}{2}\times4\times2=4$$

07 연립방정식의 해가 무수히 많으려면 두 그래프가 일치

해야 하므로 $\begin{cases} y=\frac{1}{4}x-\frac{a}{4} \\ y=-\frac{3}{b}x+\frac{15}{b} \end{cases}$ 에서

$$\frac{1}{4}=-\frac{3}{b} \qquad \therefore b=-12$$

$$-\frac{a}{4}=\frac{15}{b}=\frac{15}{-12}=-\frac{5}{4} \qquad \therefore a=5$$

$$\therefore ab=5\times(-12)=-60$$

08 연립방정식 $\begin{cases} y=-x+3 \\ 5y=2x+8 \end{cases}$ 을 풀면 $x=1, y=2$

따라서 세 직선은 점 $(1, 2)$에서 만나므로

$x=1, y=2$를 $ay=-3x+13$에 대입하면

$$2a=-3\times1+13 \qquad \therefore a=5$$

01 -6 **02** ④   **03** ⑤   **04** ③

05 $y=\dfrac{1}{3}x-6$ **06** $y=-3$ **07** ④

08 ㄷ, ㄹ   **09** 16   **10** -1 **11** $-\dfrac{5}{3}$

12 -8 **13** 8   **14** ①   **15** -1 **16** ④

01 $2x-y=3$에서 $y=2x-3$

$ax+3y=-12$에서 $y=-\dfrac{a}{3}x-4$

두 그래프가 서로 평행하므로 $-\dfrac{a}{3}=2$

$\therefore a=-6$

02 $3x-2y-4=0$에서 $2y=3x-4$

$\therefore y=\dfrac{3}{2}x-2$

03 두 직선이 일치하면 교점이 무수히 많다.

⑤ $-4x+2y+4=0$은 $2x-y-2=0$이므로

두 직선은 일치한다.

04 연립방정식 $\begin{cases} x-3y+1=0 \\ 3x-y-5=0 \end{cases}$ 을 풀면 $x=2$, $y=1$

$x=2$, $y=1$을 $ax-by+8=0$에 대입하면

$2a-b+8=0$ $\therefore \dfrac{a}{4}-\dfrac{b}{8}=-1$

05 $x-3y-5=0$에서 $y=\dfrac{1}{3}x-\dfrac{5}{3}$

즉, $y=\dfrac{1}{3}x+b$에 $(0, -6)$을 대입하면 $b=-6$

따라서 구하는 직선의 방정식은 $y=\dfrac{1}{3}x-6$

07 연립방정식 $\begin{cases} x-2y-8=0 \\ x+y-2=0 \end{cases}$ 을 풀면 $x=4$, $y=-2$

즉, 점 $(4, -2)$를 지나고 x축에 평행한 직선의 방정식은 $y=-2$

08 y축에 평행한 직선은 $x=p$(p는 상수)의 꼴이므로 ㄷ, ㄹ이다.

09 네 방정식의 그래프를 나타내면 오른쪽 그림과 같다.

따라서 구하는 넓이는

$4 \times 4 = 16$

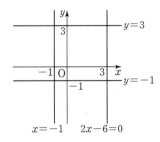

10 주어진 그래프의 기울기는 $-\dfrac{1}{2}$이고, y절편은 -3이므로 $a=-\dfrac{1}{2}$, $b=-3$

$mx-2y-6=0$에서 $y=\dfrac{m}{2}x-3$

즉, $\dfrac{m}{2}=-\dfrac{1}{2}$이므로 $m=-1$

11 $ax-3y+2=0$에 $x=-2$, $y=4$를 대입하면

$-2a-12+2=0$ $\therefore a=-5$

$-5x-3y+2=0$에서 $y=-\dfrac{5}{3}x+\dfrac{2}{3}$

따라서 이 그래프의 기울기는 $-\dfrac{5}{3}$이다.

12 그래프의 교점의 x좌표, y좌표는 각각 1, 2이므로 연립방정식의 해는 $x=1$, $y=2$이다.

$ax+3y=-1$에 $x=1$, $y=2$를 대입하면 $a=-7$

$3x-by=5$에 $x=1$, $y=2$를 대입하면 $b=-1$

$\therefore a+b=-8$

13 $\begin{cases} ax-3y=1 \\ 4x-by=2 \end{cases}$ 에서 $\begin{cases} y=\dfrac{a}{3}x-\dfrac{1}{3} \\ y=\dfrac{4}{b}x-\dfrac{2}{b} \end{cases}(b\neq 0)$

연립방정식의 해가 무수히 많으려면 두 직선이 일치해야 하므로

$\dfrac{a}{3}=\dfrac{4}{b}$, $-\dfrac{1}{3}=-\dfrac{2}{b}$ $\therefore a=2$, $b=6$

$\therefore a+b=8$

14 연립방정식 $\begin{cases} 2x+3y=1 \\ 3x-4y=10 \end{cases}$ 을 풀면 $x=2$, $y=-1$

즉, 점 $(2, -1)$을 지나고 y축에 평행한 직선의 방정식은 $x=2$

15 기울기가 $-\dfrac{3}{4}$이고 y절편이 2인 일차함수의 식은

$y=-\dfrac{3}{4}x+2$, 즉 $3x+4y-8=0$

이 식이 $ax-by-8=0$과 같으므로 $a=3$, $b=-4$

$\therefore a+b=-1$

16 연립방정식 $\begin{cases} 2x+3y=6 \\ ax-6y=-12 \end{cases}$ 의 해가 무수히 많으므로

$\dfrac{2}{a}=\dfrac{3}{-6}=\dfrac{6}{-12}$ $\therefore a=-4$

$y=ax+b$의 그래프가 점 $(0, 3)$을 지나므로 $b=3$

$\therefore a+b=-1$

01 -1 **02** ④   **03** ⑤   **04** 제4사분면

05 ②   **06** ④   **07** -8 **08** ①

09 $-\dfrac{3}{2}\leq a\leq -\dfrac{1}{5}$ **10** ①   **11** ②

12 ③   **13** ③   **14** ③   **15** 4

16 ㄱ, ㄴ, ㄷ

01 $2x-4y-3=0$에서 $y=\dfrac{1}{2}x-\dfrac{3}{4}$

즉, $a=\dfrac{1}{2}$, $b=\dfrac{3}{2}$, $c=-\dfrac{3}{4}$이므로

$\dfrac{ab}{c}=\dfrac{1}{2}\times\dfrac{3}{2}\div\left(-\dfrac{3}{4}\right)=-1$

02 $3x-2y+1=0$에서 $y=\dfrac{3}{2}x+\dfrac{1}{2}$

④ x의 값이 증가할 때, y의 값도 증가한다.

03 그래프가 y축에 수직인 방정식은 $y=p$ (p는 상수)의 꼴이므로 답은 ⑤이다.

04 두 점을 지나는 직선이 x축에 평행하므로
$2a-10=-3a+5$, $5a=15$ ∴ $a=3$
일차방정식 $2x-3y+6=0$의 그래프의 x절편은 -3,
y절편은 2이므로 그래프는 오른쪽
그림과 같다.
따라서 그래프가 지나지 않는 사분
면은 제4사분면이다.

05 $ax+by+c=0$에서 $y=-\dfrac{a}{b}x-\dfrac{c}{b}$

(기울기)>0이므로 $-\dfrac{a}{b}>0$ ∴ $\dfrac{a}{b}<0$

(y절편)>0이므로 $-\dfrac{c}{b}>0$ ∴ $\dfrac{c}{b}<0$

즉, a와 c의 부호는 서로 같다.
$bx-ay+c=0$에서 $y=\dfrac{b}{a}x+\dfrac{c}{a}$

∴ (기울기)$=\dfrac{b}{a}<0$, (y절편)$=\dfrac{c}{a}>0$

따라서 $bx-ay+c=0$의 그래프로 알맞은 것은 ②이다.

06 $2x+2=0$에서 $x=-1$
④ 제2, 3사분면을 지난다.
⑤ 직선 $x=2$도 x축에 수직이므로
두 직선 $x=-1$, $x=2$는 만나
지 않는다.

07 $2x-(a+5)y+1=0$의 그래프가 점 $(2, -5)$를 지나
므로
$4+5(a+5)+1=0$
$5a=-30$ ∴ $a=-6$
즉, $2x+y+1=0$의 그래프가 점 $(b, 1)$을 지나므로
$2b+2=0$ ∴ $b=-1$
∴ $a+2b=-6+2\times(-1)=-8$

08 $\begin{cases}3x-y+2=0 \\ ax+2y-4=0\end{cases}$ 의 해가 무수히 많을 때, 두 식은 일
치하므로
$\dfrac{3}{a}=-\dfrac{1}{2}=\dfrac{2}{-4}$ ∴ $a=-6$

09 (i) 직선 $y=ax+1$이
점 $B(-5, 2)$를 지
날 때,
$2=-5a+1$
∴ $a=-\dfrac{1}{5}$

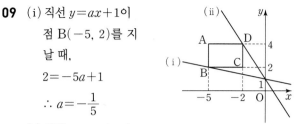

(ii) 직선 $y=ax+1$이
점 $D(-2, 4)$를 지날 때,
$4=-2a+1$
∴ $a=-\dfrac{3}{2}$

(i), (ii)에서 $-\dfrac{3}{2}\leq a\leq-\dfrac{1}{5}$

10 연립방정식 $\begin{cases}x+y=-5 \\ 3x-11y=13\end{cases}$ 을 풀면
$x=-3$, $y=-2$
즉, 직선 $2x+ay=8$이 점 $(-3, -2)$를 지나므로
$2\times(-3)+a\times(-2)=8$, $-2a=14$
∴ $a=-7$

11 $3x-2y=5$에 $x=2a-1$, $y=a$를 대입하면
$3(2a-1)-2a=5$, $4a=8$
∴ $a=2$

12 연립방정식 $\begin{cases}ax-y=1 \\ 2x+y=4\end{cases}$ 의 해의 y의 값이 $y=2$이므로
$y=2$를 $2x+y=4$에 대입하면
$2x+2=4$ ∴ $x=1$
또한, $x=1$, $y=2$를 $ax-y=1$에 대입하면
$a-2=1$ ∴ $a=3$

13 $3x-3=0$에서 $x=1$
오른쪽 그림에서 세 직선의 교점을
각각 A, B, C라 하면
$A(-2, 2)$, $B(1, -4)$, $C(1, 2)$
따라서 $\triangle ABC$의 넓이는
$\dfrac{1}{2}\times3\times6=9$

14 두 직선의 교점의 좌표가 $(2, -2)$이므로
두 일차방정식에 $x=2$, $y=-2$를 대입하면
$a\times2-(-2)+b=0$에서
$2a+b=-2$ ······ ㉠
$b\times2-(-2)-a=0$에서
$a-2b=2$ ······ ㉡
㉠, ㉡을 연립하여 풀면 $a=-\dfrac{2}{5}$, $b=-\dfrac{6}{5}$

∴ $ab=\dfrac{12}{25}$

15 $4x-2y+10=0$에서 $y=2x+5$
∴ $a=2$

$x+2y-4=0$에서 $y=-\dfrac{1}{2}x+2$

$\therefore b=2$

$\therefore ab=2\times2=4$

16 ㄹ. 연립방정식의 해는 $(2,\ 0)$이고, 이 점을 지나고 x축에 수직인 직선의 방정식은 $x=2$이다.

중단원 테스트 [서술형]	152-153쪽

01 2   **02** $y=4$ **03** 2   **04** $a\ne\dfrac{9}{2},\ b=\dfrac{2}{3}$

05 $y=\dfrac{1}{2}x-5$ **06** 2   **07** -3 **08** 3

01 점 $(-2,\ 4)$를 지나고 $x=-3$과 평행하므로

$x=-2$ ...... ❶

$x=-2$, 즉 $x+2=0$에서 $-2x-4=0$

따라서 $a=-2,\ b=0$이므로 ...... ❷

$b-a=0-(-2)=2$ ...... ❸

채점 기준	배점
❶ 직선의 방정식 구하기	40 %
❷ $a,\ b$의 값 각각 구하기	40 %
❸ $b-a$의 값 구하기	20 %

02 $\dfrac{a}{3}=\dfrac{-2}{1}=\dfrac{-8}{b}$이어야 하므로

$a=-6,\ b=4$ ...... ❶

점 $(-6,\ 4)$를 지나고 x축에 평행한 직선의 방정식은

$y=4$ ...... ❷

채점 기준	배점
❶ $a,\ b$의 값 각각 구하기	50 %
❷ 직선의 방정식 구하기	50 %

03 세 직선이 한 점에서 만나므로

$\begin{cases}x+y-1=0\\3x-y-7=0\end{cases}$ 을 연립하여 풀면 $x=2,\ y=-1$

두 직선 $x+y-1=0,\ 3x-y-7=0$의 교점의 좌표는 $(2,\ -1)$이고, ... ❶

직선 $x-ay-4=0$이 점 $(2,\ -1)$을 지나므로

$2+a-4=0$ $\therefore a=2$ ...... ❷

채점 기준	배점
❶ 두 직선의 교점의 좌표 구하기	50 %
❷ a의 값 구하기	50 %

04 두 일차방정식을 각각 y에 대하여 풀면

$y=-\dfrac{1}{3}x+\dfrac{a}{3},\ y=-\dfrac{b}{2}x+\dfrac{3}{2}$

두 그래프의 교점이 없으려면 두 그래프의 기울기는 같고, y절편은 달라야 한다. ...... ❶

$-\dfrac{1}{3}=-\dfrac{b}{2}$에서 $b=\dfrac{2}{3}$

$\dfrac{a}{3}\ne\dfrac{3}{2}$에서 $a\ne\dfrac{9}{2}$ ...... ❷

채점 기준	배점
❶ 두 그래프의 교점이 없을 조건 찾기	50 %
❷ $a,\ b$의 조건 각각 구하기	50 %

05 $\begin{cases}2x-y-5=0 \quad\cdots\cdots\ \text{㉠}\\3x+y+5=0 \quad\cdots\cdots\ \text{㉡}\end{cases}$

㉠+㉡을 하면 $5x=0$ $\therefore x=0$

$x=0$을 ㉠에 대입하면

$2\times0-y-5=0$ $\therefore y=-5$

즉, 두 일차방정식의 그래프의 교점은 $(0,\ -5)$이다. ...... ❶

$x-2y=0$을 y에 대하여 풀면 $y=\dfrac{1}{2}x$이고,

이 그래프의 기울기는 $\dfrac{1}{2}$이다.

구하는 직선의 방정식은 직선 $x-2y=0$과 평행하므로 기울기가 $\dfrac{1}{2}$로 같다. ...... ❷

따라서 기울기가 $\dfrac{1}{2}$이고, 점 $(0,\ -5)$를 지나는 직선의 방정식은 $y=\dfrac{1}{2}x-5$이다. ...... ❸

채점 기준	배점
❶ 두 일차방정식의 그래프의 교점 구하기	30 %
❷ 직선의 기울기 구하기	30 %
❸ 직선의 방정식 구하기	40 %

06 두 직선의 교점의 좌표가 $(-1,\ 4)$이므로 ㉠, ㉡에 $x=-1,\ y=4$를 각각 대입하면

$\begin{cases}-a+4=3\\-b+4a=2\end{cases}$ 에서 $a=1,\ b=2$ ...... ❶

$\therefore ab=1\times2=2$ ...... ❷

채점 기준	배점
❶ $a,\ b$의 값 각각 구하기	60 %
❷ ab의 값 구하기	40 %

07 $\begin{cases}x+2y=6\\2x-3y=-2\end{cases}$ 를 연립하여 풀면 $x=2,\ y=2$

따라서 두 직선 $x+2y=6,\ 2x-3y=-2$의 교점의 좌표는 $(2,\ 2)$이다. ...... ❶

세 직선이 한 점에서 만나므로 직선 $ax-2ay=6$이 점 $(2,\ 2)$를 지나야 한다.

$ax-2ay=6$에 $x=2,\ y=2$를 대입하면

$2a-4a=6$ $\therefore a=-3$ ...... ❷

채점 기준	배점
❶ 두 직선 $x+2y=6, 2x-3y=-2$의 교점 구하기	50 %
❷ a의 값 구하기	50 %

08 직선 AC가 두 점 $(4, 0)$, $(0, 4)$를 지나므로 직선 AC의 방정식은

$y=-x+4$ ······ ❶

$\begin{cases} y=2x-2 \\ y=-x+4 \end{cases}$ 의 해는 $x=2$, $y=2$이므로

$A(2, 2)$ ······ ❷

$y=2x-2$에 $y=0$을 대입하면 $x=1$이므로 $B(1, 0)$

$\therefore \overline{BC}=3$

$\therefore \triangle ABC=\frac{1}{2}\times 3 \times 2=3$ ······ ❸

채점 기준	배점
❶ 직선 AC의 방정식 구하기	30 %
❷ 점 A의 좌표 구하기	30 %
❸ 삼각형 ABC의 넓이 구하기	40 %

대단원 테스트
154-163쪽

01 ①	**02** ⑤	**03** 5분 후		**04** ③
05 ①	**06** −1	**07** ①	**08** ③	**09** ⑤
10 ②	**11** ④	**12** ①	**13** $-\frac{5}{3}$	**14** $\frac{2}{27}$
15 ①	**16** ②	**17** ④	**18** ③	
19 $a>0, b>0$		**20** ④	**21** $y=x+10$	
22 $y=600-37.5x$			**23** −1	**24** ④
25 ①	**26** ③	**27** ①	**28** ①	**29** ④
30 30 ℃	**31** ②	**32** −6	**33** ①	**34** ④
35 $\frac{25}{3}$	**36** ①	**37** ④	**38** ②	**39** ⑤
40 −2	**41** 6	**42** ⑤	**43** ⑤	**44** 5
45 ⑤	**46** ②	**47** $(4, 4)$		
48 300 km		**49** −36	**50** ⑤	**51** ③
52 $-4 \leq a \leq -\frac{1}{3}$		**53** ④	**54** ②	**55** ③
56 ④	**57** 4	**58** ③	**59** ②	**60** ②
61 ④	**62** 3	**63** ④	**64** ③	**65** ④
66 ③	**67** −3	**68** 42	**69** ①	**70** ①
71 ①	**72** ①	**73** ③	**74** ①	**75** ⑤
76 2	**77** ④	**78** 1	**79** ①	**80** ④

01 ① 나이가 같아도 사람의 키는 다를 수 있다. 즉, x의 값이 하나 정해질 때 y의 값이 단 하나로 정해지지 않으므로 y는 x의 함수가 아니다.

② 자연수 x의 값이 하나 정해지면 그에 따라 y의 값은 0, 1, 2, 3, 4 중 단 하나로 정해지므로 y는 x의 함수이다.

③ x와 y 사이의 관계식이 $y=1000x$이므로 y는 x의 함수이다.

④ x와 y 사이의 관계식이 $y=\frac{40}{x}$이므로 y는 x의 함수이다.

⑤ x와 y 사이의 관계식이 $y=2x$이므로 y는 x의 함수이다.

02 $y=2x+a$의 그래프의 x절편이 -3이므로

$0=2\times(-3)+a$ $\therefore a=6$

따라서 $y=2x+6$의 그래프의 y절편은 6이다.

03 지수가 자전거를 타고 1분에 180 m씩 움직이므로 학교에서 출발하여 x분 동안 움직인 거리는 $180x$ m이다.

따라서 x와 y 사이의 관계식은 $y=1500-180x$

$y=600$을 $y=1500-180x$에 대입하면

$600=1500-180x$, $180x=900$

$\therefore x=5$

따라서 지수가 집에서 600 m 떨어진 지점을 통과하는 시각은 출발한 지 5분 후이다.

04 $f(2)=6$이므로 $2a-4=6$, $2a=10$

$\therefore a=5$

05 $y=6x+9$에 $y=0$을 대입하면

$0=6x+9$, $6x=-9$ $\therefore x=-\frac{3}{2}$

즉, x절편 $a=-\frac{3}{2}$

$x=0$을 대입하면 $y=9$이므로 y절편 $b=9$

$\therefore a-b=-\frac{3}{2}-9=-\frac{21}{2}$

06 일차함수 $y=-3x+2$의 그래프와 서로 평행하므로

$a=-3$

일차함수 $y=-\frac{3}{2}x+1$의 그래프의 x절편을 구하기 위해 $y=0$을 대입하면

$0=-\frac{3}{2}x+1$에서 $x=\frac{2}{3}$

즉, x절편은 $\frac{2}{3}$이다.

일차함수 $y=-3x+b$의 그래프가 점 $\left(\frac{2}{3}, 0\right)$을 지나므로

$0=-3\times\frac{2}{3}+b$ $\therefore b=2$

$\therefore a+b=(-3)+2=-1$

07 연립방정식의 해가 무수히 많으려면 두 일차방정식의 그래프가 일치해야 한다.

두 일차방정식을 각각 y에 대하여 풀면

$$\begin{cases} y=\dfrac{1}{a}x-\dfrac{1}{a} \\ y=-\dfrac{1}{3}x+\dfrac{b}{6} \end{cases}$$

기울기가 같아야 하므로

$\dfrac{1}{a}=-\dfrac{1}{3}$에서 $a=-3$

y절편이 같아야 하므로

$-\dfrac{1}{a}=\dfrac{b}{6}$에서 $\dfrac{1}{3}=\dfrac{b}{6}$　∴ $b=2$

∴ $ab=(-3)\times2=-6$

08 $y=-3(x-6)$에서

(기울기)$=a=-3$, (y절편)$=b=18$, (x절편)$=c=6$

∴ $ac+b=0$

09 주어진 식이 일차함수가 되려면 $a-1\ne0$, $b\ne0$이어야 한다.

∴ $a\ne1$, $b\ne0$

10 $\dfrac{(y\text{의 값의 증가량})}{4}=-\dfrac{3}{2}$이므로

(y의 값의 증가량)$=-6$

11 일차방정식 $2x+ay-1=0$의 그래프가 점 $(-1, 3)$을 지나므로

$x=-1$, $y=3$을 대입하면

$2\times(-1)+3a-1=0$

$3a=3$　∴ $a=1$

일차방정식 $2x+y-1=0$의 그래프가 점 $(b, 2)$를 지나므로

$x=b$, $y=2$를 대입하면

$2b+2-1=0$, $2b=-1$　∴ $b=-\dfrac{1}{2}$

∴ $a+b=1+\left(-\dfrac{1}{2}\right)=\dfrac{1}{2}$

12 $f(x)=x-6$에 대하여

$f(a-1)=a-1-6=a-7$

$f(a+1)=a+1-6=a-5$

즉, $(a-7)+(a-5)=-8$에서

$2a-12=-8$, $2a=4$

∴ $a=2$

13 $y=\dfrac{2}{5}x+a$의 그래프를 y축의 방향으로 3만큼 평행이동하면

$y=\dfrac{2}{5}x+a+3$

이 그래프의 x절편이 $2a$이므로

$0=\dfrac{2}{5}\times2a+a+3$　∴ $a=-\dfrac{5}{3}$

14 주어진 직선은 두 점 $(3, 0)$, $(0, 1)$을 지나므로

$a=\dfrac{1-0}{0-3}=-\dfrac{1}{3}$

$y=-\dfrac{1}{3}x+b$의 x절편이 $-\dfrac{2}{3}$이므로

$0=\left(-\dfrac{1}{3}\right)\times\left(-\dfrac{2}{3}\right)+b$　∴ $b=-\dfrac{2}{9}$

∴ $ab=\left(-\dfrac{1}{3}\right)\times\left(-\dfrac{2}{9}\right)=\dfrac{2}{27}$

15 $\dfrac{2}{4}=\dfrac{1}{2}=\dfrac{-1}{a}$이어야 하므로 $a=-2$

$\dfrac{2}{b}=\dfrac{-1}{-2}\ne\dfrac{3}{2}$이어야 하므로 $b=4$

∴ $a+b=2$

16 x의 값이 2만큼 증가할 때, y의 값은 4만큼 증가하는 직선의 방정식은

$y=2x+b$

이 그래프가 점 $(1, -1)$을 지나므로

$b=-3$

따라서 구하는 직선의 방정식은

$y=2x-3$, 즉 $2x-y-3=0$

17 ① $y=2\pi x$이므로 y는 x의 일차함수이다.

② $y=2500x+500\times5$, 즉 $y=2500x+2500$이므로 y는 x의 일차함수이다.

③ $x+y+90=180$, 즉 $y=90-x$이므로 y는 x의 일차함수이다.

④ $xy=320$, 즉 $y=\dfrac{320}{x}$이므로 y는 x의 일차함수가 아니다.

⑤ $y=5000x$이므로 y는 x의 일차함수이다.

18 (기울기)$=\dfrac{a-6}{3-1}=\dfrac{a-6}{2}=-3$

∴ $a=0$

19 $ax+5y+b=0$을 y에 대하여 풀면

$5y=-ax-b$, 즉 $y=-\dfrac{a}{5}x-\dfrac{b}{5}$

이 일차함수 $y=-\dfrac{a}{5}x-\dfrac{b}{5}$의 그래프의 기울기는

$-\dfrac{a}{5}$이고, y절편은 $-\dfrac{b}{5}$이다.

주어진 그림에서 기울기와 y절편이 모두 음수이므로

$-\dfrac{a}{5}<0$, $-\dfrac{b}{5}<0$

∴ $a>0$, $b>0$

20 $f(x)=ax$, $g(x)=\dfrac{b}{x}$에서

$f(-2)\times g(4)=(-2a)\times\dfrac{b}{4}=-\dfrac{ab}{2}$

즉, $-\dfrac{ab}{2}=20$이므로 $ab=-40$

21 기울기는 $\dfrac{3-(-3)}{4-(-2)}=1$이고 y절편이 7인 일차함수의

식은 $y=x+7$

이 일차함수의 그래프를 y축의 방향으로 3만큼 평행이

동하면

$y=x+7+3$, 즉 $y=x+10$

22 점 P가 변 AB를 점 B를 출발하여 점 A까지 매초

2.5 cm의 속력으로 움직이므로 x초 후에 $\overline{PB}$의 길이

는 $2.5x$ cm이다.

따라서 x초 후에 $\overline{AP}$의 길이는 $(40-2.5x)$ cm이므

로 삼각형 APC의 넓이 y cm²는

$y=\dfrac{1}{2}\times30\times(40-2.5x)=600-37.5x$

23 연립방정식의 해는 두 그래프의 교점의 좌표와 같으

므로

$x=-2$를 $2x-y+6=0$에 대입하면

$2\times(-2)-y+6=0$ $\therefore y=2$

$x=-2$, $y=2$를 $ax+y=4$에 대입하면

$-2a+2=4$ $\therefore a=-1$

24 ① y절편은 3이다.

② x절편은 5이다.

③ $(5, 3)$을 대입할 때 식이 성립하지 않는다.

⑤ $(10, -1)$을 대입할 때 식이 성립하지 않는다.

25 일차함수 $y=3x$의 그래프를 y축의 방향으로 -3만큼

평행이동하면 $y=3x-3$

이 그래프가 점 $(-2, k)$를 지나므로

$x=-2$, $y=k$를 $y=3x-3$에 대입하면

$k=3\times(-2)-3=-9$

26 $y=-\dfrac{5}{3}x+2$의 그래프의 x절편은 $\dfrac{6}{5}$, y절편은 2이므

로 $m=2$, $n=\dfrac{6}{5}$

$\therefore mn=2\times\dfrac{6}{5}=\dfrac{12}{5}$

27 $5x-2y+4=0$을 y에 대하여 풀면

$2y=5x+4$에서 $y=\dfrac{5}{2}x+2$

이 그래프와 평행한 직선은 기울기가 $\dfrac{5}{2}$이므로

직선의 방정식을 $y=\dfrac{5}{2}x+b$로 놓는다.

이 직선이 점 $(4, -1)$을 지나므로

$-1=\dfrac{5}{2}\times4+b$ $\therefore b=-11$

따라서 구하는 직선의 방정식은 $y=\dfrac{5}{2}x-11$이다.

① $x=-4$일 때, $y=\dfrac{5}{2}\times(-4)-11=-21$이므로

점 $(-4, -21)$은 직선 $y=\dfrac{5}{2}x-11$ 위의 점이다.

28 일차함수 $y=2ax+5$의 그래프를 y축의 방향으로 -1

만큼 평행이동한 그래프의 식은 $y=2ax+4$이다.

이 식에 $x=-2$, $y=8$을 대입하면

$-4a+4=8$ $\therefore a=-1$

29 일차함수 $y=ax+b$의 그래프는 기울기가 $-\dfrac{5}{4}$인 직선

과 평행하므로 $a=-\dfrac{5}{4}$이고,

y절편이 $-\dfrac{7}{4}$이므로 $b=-\dfrac{7}{4}$

$\therefore a+b=\left(-\dfrac{5}{4}\right)+\left(-\dfrac{7}{4}\right)=-3$

30 기온이 x ℃일 때의 소리의 속력을 초속 y m라고 하면

$y=331+0.5x$

$y=346$이면 $346=331+0.5x$

$\therefore x=30$

31 ② x절편은 $-\dfrac{b}{a}$이다.

32 그래프에서 y절편 $a=-2$이다.

따라서 $y=-\dfrac{1}{3}x-2$에 $y=0$을 대입하여 x절편을 구

하면 $x=-6$

33 $y=-2x+4$에 $y=0$을 대입하면

$0=-2x+4$에서 $x=2$

즉, x절편은 $a=2$

$x=0$을 대입하면 $y=4$이므로 y절편은 $b=4$

$\therefore a-b=2-4=-2$

34 $y=3x+b$가 점 $(1, 4)$를 지나므로

$4=3\times1+b$ $\therefore b=1$

따라서 $y=3x+1$이므로 y절편은 1이다.

35 $x+2=0$, $x+y-4=0$을 연립하여 풀면

$x=-2$, $y=6$

$x+2=0$, $x-2y+4=0$을 연립하여 풀면

$x=-2$, $y=1$

$x+y-4=0$, $x-2y+4=0$을 연립하여 풀면

$x=\dfrac{4}{3}$, $y=\dfrac{8}{3}$

따라서 오른쪽 그림에서

구하는 삼각형의 넓이는

$\dfrac{1}{2}\times5\times\dfrac{10}{3}=\dfrac{25}{3}$

36 일차함수 $y=ax+1$의 그래프를 y축의 방향으로 -4

만큼 평행이동하면

$y=ax+1+(-4)$, 즉 $y=ax-3$

이 그래프가 일차함수 $y=-3x+b$의 그래프와 일치하

므로 $a=-3$, $b=-3$

∴ $a+b=(-3)+(-3)=-6$

37 일차함수 $y=-3x+1$의 그래프와 평행한 그래프의 식을 $y=-3x+b$로 놓으면

이 그래프가 점 $(-5, 3)$을 지나므로

$3=-3\times(-5)+b$ ∴ $b=-12$

따라서 직선 $y=-3x-12$ 위의 점이 아닌 것은

④ $\left(\dfrac{1}{3}, -15\right)$이다.

38 $2x-3y-7=0$을 y에 대하여 풀면

$y=\dfrac{2}{3}x-\dfrac{7}{3}$

② $y=\dfrac{2}{3}x-\dfrac{7}{3}$과 $y=-\dfrac{2}{3}x$의 그래프는 기울기가 같지 않으므로 평행하지 않다.

39 직선 $6x-3y-9=0$과 평행한 직선의 방정식은

$y=2x+b$

$(-1, -1)$을 대입하면 $b=1$

따라서 구하는 직선의 방정식은 $y=2x+1$

40 두 직선 $2x-y=-3$, $y+ax=-1$의 교점이 존재하지 않을 경우 기울기는 같고, y절편은 다르다.

∴ $a=-2$

41 일차함수 $y=\dfrac{3}{4}x-3$에 $y=0$을 대입하면

$0=\dfrac{3}{4}x-3$에서 $x=4$

즉, x절편은 4이다.

$x=0$을 대입하면 $y=-3$이므로 y절편은 -3이다.

따라서 일차함수 $y=\dfrac{3}{4}x-3$의 그래프는 오른쪽 그림과 같으므로

$\triangle OAB=\dfrac{1}{2}\times4\times3=6$

42 (기울기)$=\dfrac{k+4-k}{k-(k-2)}=\dfrac{4}{2}=2$

43 연립방정식 $\begin{cases} 2x-3y=9 \\ x+y=2 \end{cases}$를 각각 y에 대하여 풀면

$\begin{cases} y=\dfrac{2}{3}x-3 \\ y=-x+2 \end{cases}$

주어진 그래프에서 두 일차함수 $y=\dfrac{2}{3}x-3$,

$y=-x+2$의 그래프의 교점의 좌표가 $(3, -1)$이므로 구하는 연립방정식의 해는 $x=3$, $y=-1$이다.

따라서 $a=3$, $b=-1$이므로

$a-b=3-(-1)=4$

44 $y=2x$의 그래프를 y축의 방향으로 3만큼 평행이동하면 $y=2x+3$이므로 $a=2$, $b=3$

∴ $a+b=5$

45 두 점 $(1, -2)$, $(5, 2)$를 지나는 일차함수의 그래프의 기울기는 $\dfrac{2-(-2)}{5-1}=1$이므로

일차함수의 식을 $y=x+b$라고 하면

점 $(5, 2)$를 지나므로 $2=5+b$에서 $b=-3$

∴ $y=x-3$

즉, 그래프의 기울기는 1이고 x절편은 3, y절편은 -3이다.

또, 제1, 3, 4사분면을 지나는 오른쪽 위로 향하는 직선이다.

46 점 $(-4, 2)$를 지나고 x축에 평행한 직선의 방정식은

$y=2$

점 $(-2, 3)$을 지나고 y축에 평행한 직선의 방정식은

$x=-2$

따라서 두 직선 $y=2$와 $x=-2$의 교점의 좌표는

$(-2, 2)$이므로 $p=-2$, $q=2$

∴ $p-q=-2-2=-4$

47 $(1, 10)$을 $y=-2x+a$에 대입하면

$10=-2+a$ ∴ $a=12$

따라서 직선의 방정식은 $y=-2x+12$이므로 이 직선 위에서 x좌표와 y좌표가 같은 값을 갖는 점의 좌표는

연립방정식 $\begin{cases} y=-2x+12 \\ y=x \end{cases}$의 해와 같다.

즉, $(4, 4)$이다.

48 $\dfrac{1}{20}$ L로 1 km를 달릴 수 있으므로 x km를 달리는 데 사용되는 휘발유의 양은 $\dfrac{1}{20}x$ L이다.

∴ $y=50-\dfrac{1}{20}x$

즉, $35=50-\dfrac{1}{20}x$에서 $\dfrac{1}{20}x=15$

∴ $x=300$ (km)

49 일차함수 $y=\dfrac{1}{4}x+5$의 그래프를 y축의 방향으로 -2만큼 평행이동하면 $y=\dfrac{1}{4}x+3$이다.

$y=\dfrac{1}{4}x+3$에 $y=0$을 대입하면

$0=\dfrac{1}{4}x+3$에서 $x=-12$

즉, x절편은 -12이다.

$x=0$을 대입하면 $y=3$이므로 y절편은 3이다.

따라서 x절편과 y절편의 곱은 -36이다.

50 x절편이 -3이고 y절편이 7인 일차함수의 식은

$y=\dfrac{7}{3}x+7$

⑤ $x=6$, $y=20$을 대입하면

$20\neq\dfrac{7}{3}\times6+7=21$ (거짓)

51 두 일차방정식 $x+2y=1$, $3x-y=-11$을 연립하여

풀면 $x=-3$, $y=2$

따라서 점 $(-3,\,2)$를 지나고 x축에 평행한 직선의 방정식은 $y=2$

52 $y=ax+1$의 그래프가 점 $A(-3,\,2)$를 지날 때,

$2=-3a+1$ $\therefore a=-\dfrac{1}{3}$

$y=ax+1$의 그래프가 점 $B(-1,\,5)$를 지날 때,

$5=-a+1$ $\therefore a=-4$

$\therefore -4\leq a\leq-\dfrac{1}{3}$

53 $(기울기)=\dfrac{9-3}{4-1}=\dfrac{a-9}{-1-4}$이므로

$2=\dfrac{a-9}{-5}$, $a-9=-10$ $\therefore a=-1$

세 점을 지나는 직선의 기울기는 2이고 점 $(1,\,3)$을 지나므로

$y=2x+k$에서 $3=2+k$ $\therefore k=1$

즉, 이 직선의 방정식은 $y=2x+1$

이때 $y=2x$의 그래프를 y축의 방향으로 1만큼 평행이 동한 그래프가 $y=2x+1$이므로

$b=2$, $c=1$

$\therefore a+b+c=-1+2+1=2$

54 $ax-3y+6=0$을 y에 대하여 풀면

$3y=ax+6$에서 $y=\dfrac{a}{3}x+2$

$y=\dfrac{a}{3}x+2$의 그래프를 y축의 방향으로 -2만큼 평행

이동하면

$y=\dfrac{a}{3}x+2+(-2)$ $\therefore y=\dfrac{a}{3}x$

$y=\dfrac{a}{3}x$의 그래프와 $y=3x+b$의 그래프가 일치하므로

$\dfrac{a}{3}=3$, $b=0$ $\therefore a=9$, $b=0$

$\therefore a-b=9-0=9$

55 $(1,\,-3)$을 $y=ax-2$, $2x-3y-b=0$에 각각 대입하여 정리하면 $a=-1$, $b=11$

$\therefore a+b=(-1)+11=10$

56 두 직선 $ax-2y=6$, $3x-y=b$의 교점이 무수히 많을 때 두 직선은 일치하므로 $a=6$, $b=3$

$\therefore a-b=3$

57 $(기울기)=\dfrac{2-k}{-6-1}=\dfrac{2-k}{-7}$

이때 기울기가 $\dfrac{2}{7}$이므로 $\dfrac{2-k}{-7}=\dfrac{2}{7}$

$2-k=-2$ $\therefore k=4$

58 주어진 그래프는 두 점 $(4,\,0)$, $(0,\,-3)$을 지나므로

$(기울기)=\dfrac{-3-0}{0-4}=\dfrac{3}{4}$

서로 평행한 직선은 기울기가 같으므로 주어진 그래프와 서로 평행한 직선의 기울기는 $\dfrac{3}{4}$이어야 한다.

따라서 주어진 그래프와 서로 평행한 것은 ③이다.

59 두 일차방정식을 각각 y에 대하여 풀면

$y=\dfrac{3}{2}x-\dfrac{1}{2}$, $y=-\dfrac{9}{a}x+\dfrac{4}{a}$

이 연립방정식의 해가 없으려면 두 일차방정식의 그래프가 평행해야 하므로 기울기가 같고 y절편이 달라야 한다.

$\dfrac{3}{2}=-\dfrac{9}{a}$에서 $\dfrac{3}{2}a=-9$ $\therefore a=-6$

60 $y=-2x+6$에 $y=0$을 대입하면

$0=-2x+6$ $\therefore x=3$

따라서 $A(3,\,0)$, $B(0,\,6)$이다.

$\therefore \triangle OAB=\dfrac{1}{2}\times3\times6=9$

61 x절편이 -3이므로 이 그래프는 점 $(-3,\,0)$을 지난다.

즉, 그래프가 두 점 $(-3,\,0)$, $(-2,\,3)$을 지나므로

$(기울기)=\dfrac{3-0}{-2-(-3)}=3$

따라서 구하는 일차함수의 식을 $y=3x+b$로 놓고

$x=-2$, $y=3$을 $y=3x+b$에 대입하면

$3=3\times(-2)+b$ $\therefore b=9$

따라서 구하는 일차함수의 식은 $y=3x+9$이다.

$x=k$, $y=12$를 $y=3x+9$에 대입하면

$12=3k+9$, $3k=3$ $\therefore k=1$

62 두 그래프의 교점의 좌표는 $(2,\,-1)$이므로

$x=2$, $y=-1$을 $x-2ay=4$에 대입하면

$2+2a=4$, $2a=2$ $\therefore a=1$

$x=2$, $y=-1$을 $bx+y=3$에 대입하면

$2b-1=3$, $2b=4$ $\therefore b=2$

$\therefore a+b=1+2=3$

63 $y=-2x-5$의 그래프를 평행이동한 그래프의 식을

$y=-2x+b$라 하면, $y=-2x+b$의 그래프가

점 $(2,\,4)$를 지나므로

$4=-2\times2+b$ $\therefore b=8$

따라서 $y=-2x+8$은 $y=-2x-5$의 그래프를 y축의 방향으로 13만큼 평행이동한 그래프이다.

64 두 직선 $-x+y=3$, $3x-4y=-6$의 교점의 좌표를 구하면 $(-6, -3)$
$x=-6$, $y=-3$을 $ax+2y=-9$에 대입하면
$-6a-6=-9$ ∴ $a=\dfrac{1}{2}$

65 ② $y=0$을 대입하면 $0=-\dfrac{3}{2}x+6$에서 $x=4$
즉, x절편은 4이다.
③ $x=2$를 대입하면 $y=-\dfrac{3}{2}\times 2+6=3$이므로
점 $(2, 3)$을 지난다.
④ 이 일차함수의 그래프는 기울기 $-\dfrac{3}{2}$이 음수이고, y
절편 6이 양수이므로 제1, 2, 4사분면을 지난다.
따라서 옳지 않은 것은 ④이다.

66 주어진 그래프는 두 점 $\left(-3, \dfrac{9}{4}\right)$, $(0, -3)$을 지나므로
(기울기)$=\dfrac{-3-\dfrac{9}{4}}{0-(-3)}=-\dfrac{7}{4}$이고
y절편은 -3이다.
따라서 $f(x)=-\dfrac{7}{4}x-3$이므로
$f(8)=-\dfrac{7}{4}\times 8-3=-17$

67 $ax-2=-y-8$에서 $y=-ax-6$
연립방정식의 해가 무수히 많으면 $-a=3$
∴ $a=-3$

68 $y=-x+6$에
$y=0$을 대입하면 $x=6$
$y=\dfrac{3}{4}x+6$에
$y=0$을 대입하면 $x=-8$
따라서 구하는 도형의 넓이는
$\dfrac{1}{2}\times 14\times 6=42$

69 일차방정식 $ax+3y+b=0$의 그래프와
$-5x+y=2$의 그래프가 서로 평행하면 기울기가 같다.
즉, $y=-\dfrac{a}{3}x-\dfrac{b}{3}$, $y=5x+2$에서
$-\dfrac{a}{3}=5$ ∴ $a=-15$
또, x절편이 -2이므로
$0=-10-\dfrac{b}{3}$, $b=-30$
∴ $a-b=15$

70 일차방정식 $2x-3y+a=0$의 그래프와 x축에서 만나는
직선은 $y=0$을 대입하면 $x=-\dfrac{a}{2}$
또, y축에 평행한 직선의 방정식이 $x=a+3$과 같으므로

$-\dfrac{a}{2}=a+3$ ∴ $a=-2$

71 $y=mx+1$의 그래프를 y축의 방향으로 -3만큼 평행
이동하면 $y=mx-2$
이 그래프가 $y=5x+n$의 그래프와 일치하므로
$m=5$, $n=-2$
∴ $n-m=-2-5=-7$

72 $A\left(2a+4, \dfrac{a}{3}\right)$의 x좌표, y좌표를 $y=3x+5$에 대입하면
$\dfrac{a}{3}=3\times(2a+4)+5$ ∴ $a=-3$
따라서 점 A의 좌표는 $(-2, -1)$이다.

73 기울기 a의 값이 가장 큰 것은 오른쪽 위로 향하는 그
래프 중 y축에 가장 가까운 ㉢이다.
b의 값이 가장 작은 것은 y절편 $-b$의 값이 가장 큰 것
이므로 ㉠이다.

74 ① x절편은 4이다.

75 $P(-1, -8)$, $Q(3, 4)$를 지나는 직선의 방정식을
$y=mx+n$이라 할 때,
$m=\dfrac{4-(-8)}{3-(-1)}=3$
이때 $y=3x+n$에 점 $Q(3, 4)$를 대입하면
$4=9+n$ ∴ $n=-5$
따라서 직선의 방정식은 $y=3x-5$
연립방정식 $\begin{cases} -2x+ay=-1 & \cdots\cdots ㉠ \\ x-y=1 & \cdots\cdots ㉡ \end{cases}$의 해가 직선
$y=3x-5$ $\cdots\cdots$ ㉢ 위에 있으므로 ㉢을 ㉡에 대입하면
$x-3x+5=1$ ∴ $x=2$
$x=2$를 ㉢에 대입하면 $y=1$
따라서 $x=2$, $y=1$을 ㉠에 대입하면
$-4+a=-1$ ∴ $a=3$

76 일차함수 $y=-x+b$의 그래프를 y축의 방향으로 2만
큼 평행이동하면
$y=-x+b+2$
$y=0$을 대입하면 $0=-x+b+2$ ∴ $x=b+2$
$x=0$을 대입하면 $y=b+2$
즉, x절편은 $b+2$, y절편은 $b+2$이고 x절편과 y절편
의 합이 8이므로
$(b+2)+(b+2)=8$
$2b+4=8$ ∴ $b=2$

77 두 점 $(-1, 1)$, $(2, -8)$을 지나는 일차함수의 그래
프의 기울기는
(기울기)$=\dfrac{-8-1}{2-(-1)}=-3$
즉, 구하는 일차함수의 식을 $y=-3x+b$로 놓으면
이 그래프가 점 $(-1, 1)$을 지나므로

$1=(-3)\times(-1)+b \qquad \therefore b=-2$

따라서 $f(x)=-3x-2$이므로

$f(1)=(-3)\times1-2=-5$

78 두 그래프의 교점의 x좌표가 -2이므로

$x=-2$를 $2x-y=-5$에 대입하면

$2\times(-2)-y=-5 \qquad \therefore y=1$

$x=-2,\ y=1$을 $x+3y=a$에 대입하면

$-2+3\times1=a \qquad \therefore a=1$

79 기울기가 -3이므로 x의 값이 2에서 5까지 3만큼 증가할 때, y의 값의 증가량은 -9이다.

80 두 점 A, B를 지나는 직선과 두 점 A, C를 지나는 직선의 기울기가 일치하므로

$\dfrac{2-(-2)}{3-a}=\dfrac{2-(-6)}{3-1},\ \dfrac{4}{3-a}=4$

$\therefore a=2$

대단원 테스트 [고난도]			164-167쪽
01 -9	**02** -1	**03** $(-2,-2)$	**04** -1
05 10	**06** $\dfrac{1}{6}$	**07** 7	**08** $-2<a<1$
09 $y=-\dfrac{1}{3}x+10$	**10** 2	**11** $\dfrac{9}{2}$	**12** 18
13 2초 후	**14** ⑤	**15** 2	**16** 0
17 1	**18** ②	**19** $-\dfrac{3}{4}$	**20** 2	**21** 1
22 -14		**23** 4	**24** $\dfrac{5}{3}$

01 $f(x)=ax+b$에 대하여

$f(-2)=-2a+b=5$

$f(2)=2a+b=-3$

두 식을 연립하여 풀면 $a=-2,\ b=1$

따라서 $f(x)=-2x+1$이므로

$f(6)=-11,\ f(1)=-1$

$\therefore f(6)-2f(1)=(-11)-2\times(-1)=-9$

02 일차함수 $y=4x-3$의 그래프를 y축의 방향으로 1만큼 평행이동하면

$y=4x-3+1$, 즉 $y=4x-2$

이 그래프가 두 점 $(a,0),\ (0,b)$를 지나므로 각각 대입하면

$0=4a-2,\ 4a=2 \qquad \therefore a=\dfrac{1}{2}$

$b=4\times0-2 \qquad \therefore b=-2$

$\therefore ab=\dfrac{1}{2}\times(-2)=-1$

03 $y=4x+1$에 $x=-a,\ y=a$를 대입하면

$a=-4a+1 \qquad \therefore a=\dfrac{1}{5}$

$y=4x+1$의 그래프를 y축의 방향으로 $\dfrac{1}{a}$, 즉 5만큼 평행이동하면

$y=4x+1+5$, 즉 $y=4x+6$

$y=4x+6$의 그래프 위의 점 중에서 x좌표와 y좌표가 같은 점의 좌표를 (b,b)라 하면

$b=4b+6 \qquad \therefore b=-2$

따라서 구하는 점의 좌표는 $(-2,-2)$이다.

04 주어진 직선이 두 점 $(2,0),\ (0,3)$을 지나므로

$(기울기)=\dfrac{3}{-2}=-\dfrac{3}{2}$

y절편이 3이므로 직선의 방정식은 $y=-\dfrac{3}{2}x+3$

또, 점 $(2a,5-a)$를 지나므로

$5-a=\left(-\dfrac{3}{2}\right)\times2a+3$

$\therefore a=-1$

05 $y=-5x+3$의 그래프가 점 $(3,a)$를 지나므로

$a=-5\times3+3=-12$

$y=-5x+3$과 $y=mx+b-24$가 일치하므로

$m=-5,\ b=27$

$\therefore a+b+m=-12+27-5=10$

06 $y=ax-2$의 그래프의 y절편은 -2, x절편은 $\dfrac{2}{a}(a>0)$이다.

이 그래프와 x축, y축으로 둘러싸인 도형의 넓이가 12이므로

$\dfrac{1}{2}\times\dfrac{2}{a}\times2=12,\ \dfrac{2}{a}=12$

$\therefore a=\dfrac{1}{6}$

07 $a=\dfrac{2-8}{1-(-1)}=\dfrac{(k-3)-2}{k-1}$에서

$a=-3=\dfrac{k-5}{k-1}$

$k-5=-3k+3,\ 4k=8$

$\therefore k=2$

따라서 $y=-3x+b$의 그래프가 점 $(1,2)$를 지나므로

$2=-3+b \qquad \therefore b=5$

$\therefore b+k=5+2=7$

08 $\begin{cases} ax-y=2 \\ 2x+y=4 \end{cases}$ 를 연립하여 풀면

$x=\dfrac{6}{a+2},\ y=\dfrac{4a-4}{a+2}$

즉, 교점 $\left(\dfrac{6}{a+2},\ \dfrac{4a-4}{a+2}\right)$가 제4사분면 위에 있으려면

$\dfrac{6}{a+2}>0$에서 $a+2>0$ $\quad\therefore\ a>-2$

$\dfrac{4a-4}{a+2}<0$에서 $4a-4<0$ $\quad\therefore\ a<1$

$\therefore\ -2<a<1$

09 점 D에서 y축에 내린 수선의 발을 F라 하면

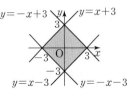

$\triangle\text{ADB}=\triangle\text{DAF}$

$\triangle\text{ADB}+\triangle\text{DCE}$

$=$(사다리꼴 AOCD의 넓이)

이므로

$\triangle\text{DCE}=$(사각형 OCDF의 넓이)

$\dfrac{1}{2}\times\overline{\text{CE}}\times\overline{\text{CD}}=10\times\overline{\text{CD}}$ $\quad\therefore\ \overline{\text{CE}}=20$

따라서 직선 AE는 두 점 A$(0, 10)$, E$(30, 0)$을 지나므로 직선 AE가 나타내는 일차함수의 식은

$y=-\dfrac{1}{3}x+10$

10 (기울기)$=\dfrac{-3-5}{-2-2}=2$이므로 일차함수의 식을

$y=2x+b$라고 하면

점 $(2, 5)$를 지나므로 $5=2\times2+b$ $\quad\therefore\ b=1$

$\therefore\ y=2x+1$

이 직선을 y축의 방향으로 -4만큼 평행이동하면

$y=2x+1-4$ $\quad\therefore\ y=2x-3$

따라서 이 직선이 점 $(m, 1)$을 지나므로

$1=2m-3$ $\quad\therefore\ m=2$

11 주어진 그래프의 y절편이 6이고 색칠한 삼각형의 넓이가 24이므로 x절편은 -8이다.

즉, 일차함수 $y=ax+b$는

$y=\dfrac{3}{4}x+6$

따라서 $a=\dfrac{3}{4}$, $b=6$이므로

$ab=\dfrac{3}{4}\times6=\dfrac{9}{2}$

12 네 일차함수의 그래프는 오른쪽 그림과 같다.

따라서 구하는 넓이는

$\left(\dfrac{1}{2}\times3\times3\right)\times4=18$

13 x초 후의 $\overline{\text{PC}}$의 길이는 $(12-2x)$ cm이므로 x초 후의 $\triangle\text{APC}$의 넓이를 y cm^{2}라 하면

$y=\dfrac{1}{2}\times(12-2x)\times12=72-12x$

$y=48$일 때, $48=72-12x$

$\therefore\ x=2$

따라서 $\triangle\text{APC}$의 넓이가 48 cm^{2}가 되는 것은 2초 후이다.

14 ① 일차함수 $y=ax+b+1$의 그래프는 오른쪽 아래로 향하므로 $a<0$

② (y절편)<0이므로 $b+1<0$

③ x절편은 $0=ax+b+1$에서 $x=-\dfrac{b+1}{a}$이고

(x절편)<0이므로 $-\dfrac{b+1}{a}<0$

④ 함수 $f(x)=ax+b+1$이라고 하면

$f(1)<0$이므로 $a+b+1<0$

⑤ $a<0$, $b+1<0$이므로 $a(b+1)>0$

15 세 직선은 오른쪽 그림과 같다.

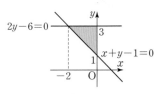

따라서 구하는 넓이는

$\dfrac{1}{2}\times2\times2=2$

16 네 직선 $x=-a$, $x=7a$, $y=5$, $y=3$으로 둘러싸인 도형은 a의 값의 부호에 따라 다음 그림과 같다.

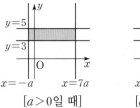 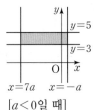

[$a>0$일 때]   [$a<0$일 때]

이때 색칠한 부분의 넓이가 16이므로

$|7a-(-a)|\times2=16$, $|7a+a|=8$

$\therefore\ a=\pm1$

따라서 모든 상수 a의 값의 합은 0이다.

17 $ax-y+b=0$에서 $y=ax+b$

$x-2y-4=0$에서 $y=\dfrac{1}{2}x-2$

두 직선이 평행하므로 $a=\dfrac{1}{2}$

이때 A$(-2b, 0)$, B$(4, 0)$이고 $\overline{\text{AB}}=8$이므로

$-2b=-4$ 또는 $-2b=12$

$\therefore\ b=2$ 또는 $b=-6$

따라서 $ab=1$ 또는 $ab=-3$이므로 ab의 최댓값은 1이다.

18 $ax+by+c=0$에서 $y=-\dfrac{a}{b}x-\dfrac{c}{b}$

(기울기)$=-\dfrac{a}{b}>0$이므로 $\dfrac{a}{b}<0$

(y절편)$=-\dfrac{c}{b}<0$이므로 $\dfrac{c}{b}>0$

$ax-by+c=0$에서 $y=\dfrac{a}{b}x+\dfrac{c}{b}$

즉, (기울기)$=\dfrac{a}{b}<0$, (y절편)$=\dfrac{c}{b}>0$이므로

구하는 그래프는 ②이다.

19 $\dfrac{a}{1}=\dfrac{-1}{4}$이어야 하므로 $a=-\dfrac{1}{4}$

$y=\dfrac{3}{2}x+3$에서 y절편이 3이므로 $b=3$

$\therefore ab=\left(-\dfrac{1}{4}\right)\times 3=-\dfrac{3}{4}$

20 $x+y=3$, $x-2y=-3$을 연립하여 풀면

$x=1$, $y=2$

즉, 두 그래프의 교점은 $(1, 2)$이다.

$x+y=3$, $y=0$의 그래프의 교점은 $(3, 0)$이고,

$x-2y=-3$, $y=0$의 그래프의 교점은 $(-3, 0)$이다.

따라서 세 일차방정식의 그래프로 둘러싸인 도형은 오른쪽 그림과 같은 삼각형이다.

직선 $y=ax$는 원점을 지나는 직선이므로 주어진 삼각

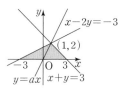

형의 넓이를 이등분하려면 점 $(1, 2)$를 지나야 한다.

즉, $2=a\times 1$에서 $a=2$

21 두 부분으로 나누어진 사각형은 사다리꼴이고 두 사다리꼴의 높이가 서로 같으므로 윗변의 길이와 아랫변의 길이의 합이 서로 같으면 두 사각형의 넓이는 서로 같다.

따라서 선분 AB와 직선 $y=mx+1$이 만나는 점의 좌표는 $(4, 5)$이다.

즉, $5=4m+1$에서 $m=1$

22 직선 l의 기울기는 -2, y절편은 2이므로 직선 l의 방정식은

$y=-2x+2$

직선 m의 기울기는 2, y절편은 6이므로 직선 m의 방정식은

$y=2x+6$

연립방정식 $\begin{cases}2x+y-2=0\\2x-y+6=0\end{cases}$ 의 해는 $x=-1$, $y=4$이므로 두 직선의 교점은 $A(-1, 4)$

직선 $ax-2y=6$이 점 $A(-1, 4)$를 지나므로

$-a-8=6$ $\therefore a=-14$

23 $3x-2y-2=0$에서 $y=\dfrac{3}{2}x-1$

$ax+4y+b=0$에서 $y=-\dfrac{a}{4}x-\dfrac{b}{4}$

연립방정식의 해가 없으려면 두 그래프가 평행해야 하므로

$\dfrac{3}{2}=-\dfrac{a}{4}$, $-1\neq-\dfrac{b}{4}$

$\therefore a=-6$, $b\neq 4$

즉, $-6x+4y+b=0$의 그래프가 점 $(3, 2)$를 지나므로

$-18+8+b=0$ $\therefore b=10$

$\therefore a+b=4$

24 세 직선에 의해서 삼각형이 만들어지지 않으려면

(i) $mx-y+m-3=0$이 $x-3y+1=0$과 기울기가 같아야 한다.

즉, $y=mx+m-3$과 $y=\dfrac{1}{3}x+\dfrac{1}{3}$의 기울기가 같으므로 $m=\dfrac{1}{3}$

(ii) $mx-y+m-3=0$이 $2x-y+7=0$과 기울기가 같아야 한다.

즉, $y=mx+m-3$과 $y=2x+7$의 기울기가 같으므로 $m=2$

(iii) $mx-y+m-3=0$이 $x-3y+1=0$과 $2x-y+7=0$의 교점을 지나야 한다.

두 직선 $x-3y+1=0$, $2x-y+7=0$의 교점의 좌표는 $(-4, -1)$이므로

$x=-4$, $y=-1$을 $mx-y+m-3=0$에 대입하면

$m=-\dfrac{2}{3}$

따라서 구하는 모든 상수 m의 값의 합은

$\dfrac{1}{3}+2+\left(-\dfrac{2}{3}\right)=\dfrac{5}{3}$

학업성취도 테스트 [1회]　　　　　**168-171쪽**

01 ⑤	**02** ②	**03** ①	**04** ③	**05** ④
06 ④	**07** ②	**08** ③	**09** ⑤	**10** ⑤
11 ①	**12** ④	**13** ②	**14** ②	**15** ①
16 ②	**17** ②	**18** ②	**19** $5x^2-2x-1$	
20 $4\leq a<6$		**21** -1	**22** $8a^5b^2$	
23 $a>0$, $b>0$		**24** 9		

01 ① $0.636363\cdots=0.\dot{6}\dot{3}$

② $2.042042042\cdots=2.\dot{0}4\dot{2}$

③ $3.6363363\cdots=3.6\dot{3}6\dot{3}$

④ $1.113131313\cdots=1.1\dot{1}\dot{3}$

02 $(-6a^2+15ab)\div 3a+(7b^2-14ab)\div(-7b)$

$=-2a+5b-b+2a=4b$

03 $2x-2[x^2+4-x-\{3x-(x^2-A)+x^2\}]$

$=2x-2\{x^2+4-x-(3x+A)\}$

$=2x-2(x^2-4x+4-A)$

$=-2x^2+10x-8+2A$

이 식과 $-2x^2+4x+6$이 일치하므로

$10x-8+2A=4x+6$

$2A=-6x+14$

$\therefore A=-3x+7$

04 $2x+y+7=3x-4y=4x+4y+6$에서

$\begin{cases} 2x+y+7=3x-4y \\ 3x-4y=4x+4y+6 \end{cases}$

간단히 하면 $\begin{cases} x-5y=7 \\ x+8y=-6 \end{cases}$

위의 연립방정식을 풀면 $x=2$, $y=-1$

따라서 $a=2$, $b=-1$이므로 $a-b=3$

05 ④ $\begin{cases} x+2y=5 \\ 2x+3y=8 \end{cases}$ 에 $x=1$, $y=2$를 대입하면 연립방정

식을 만족한다.

06 $3^{x+2}+3^{x+1}+3^x=351$에서

$9\times3^x+3\times3^x+3^x=13\times3^3$

$13\times3^x=13\times3^3$ $\therefore x=3$

07 A는 $0.2\dot{3}\dot{6}=\dfrac{234}{990}=\dfrac{13}{55}$에서 분자 13은 바르게 보았고,

B는 $1.2\dot{5}=\dfrac{113}{90}$에서 분모 90은 바르게 보았다.

따라서 처음 분수는 $\dfrac{13}{90}$이고, 이 분수를 소수로 나타내

면 $0.1\dot{4}$이다.

08 $\begin{cases} 2x+y=7 \\ ax-3y=3 \end{cases}$ 의 해를 $x=p$, $y=q$라 하면

$\begin{cases} 2p+q=7 & \cdots\cdots \text{㉠} \\ ap-3q=3 & \cdots\cdots \text{㉡} \end{cases}$

이때 $p+q=5$ $\cdots\cdots$ ㉢이므로

㉠, ㉢을 풀면 $p=2$, $q=3$

$p=2$, $q=3$을 ㉡에 대입하면

$2a-9=3$ $\therefore a=6$

09 ① $x<1$

② $2x\le3$에서 $x\le\dfrac{3}{2}$

③ $x-3>-1$에서 $x>2$

④ $3x-2<3$에서 $x<\dfrac{5}{3}$

⑤ $3x-1\ge5$에서 $x\ge2$

따라서 $x=2$일 때, 참인 부등식은 ⑤이다.

10 $2(x^2-3x+4)-3(x^2+x-5)$

$=2x^2-6x+8-3x^2-3x+15$

$=-x^2-9x+23$

$=ax^2+bx+c$

즉, $a=-1$, $b=-9$, $c=23$이므로

$a+b+c=13$

11 $A=8^5=2^{15}$, $B=2^{18}$, $C=5^9$일 때, A, B, C의 지수인

15, 18, 9의 최대공약수는 3이다.

즉, $A=(2^5)^3$, $B=(2^6)^3$, $C=(5^3)^3$이고,

A, B, C의 밑이 각각 32, 64, 125이다.

$\therefore A<B<C$

12 일차함수는 $y=ax+b$(단, $a\ne0$)인 꼴로 나타내어진다.

13 $0.2(5x-3)\le0.3(3x+2)$에서

$10x-6\le9x+6$

$\therefore x\le12$

따라서 구하는 자연수 x의 개수는 12이다.

14 어떤 정수를 x라 하면 $x<0$이고

$\dfrac{x+8}{3}\le3x+8$에서 $x+8\le9x+24$

$-16\le8x$ $\therefore x\ge-2$

따라서 구하는 음의 정수의 합은

$(-1)+(-2)=-3$

15 $y=ax+b$의 그래프에서 $a>0$, $b>0$이므로

$y=-bx-\dfrac{1}{a}$에서 $-b<0$, $-\dfrac{1}{a}<0$

따라서 그래프는 제1사분면을 지나지 않는다.

16 $3x-2y-6=0$에서 $y=\dfrac{3}{2}x-3$

즉, 직선의 방정식을 $y=\dfrac{3}{2}x+b$라 하면

점 $(-4, 3)$을 지나므로

$3=-6+b$ $\therefore b=9$

따라서 구하는 직선의 방정식은 $y=\dfrac{3}{2}x+9$

17 지면으로부터의 높이를 x m, 그 곳의 기온을 y ℃라

하면

$y=-0.006x+24$

$x=1500$일 때의 y의 값을 구하면

$y=-0.006\times1500+24=15(℃)$

18 닭과 소의 수를 각각 x마리, y마리라 하면

$\begin{cases} 2x+4y=1080 \\ \dfrac{3}{4}x=y-30 \end{cases}$ $\therefore x=192$, $y=174$

따라서 처음 소의 수는 174마리이다.

19 $3x^2-2-[5x^2-3x-\{x^2-2x+(6x^2-3x+1)\}]$

$=3x^2-2-\{5x^2-3x-(7x^2-5x+1)\}$

$=3x^2-2-(-2x^2+2x-1)$

$=5x^2-2x-1$

20 $5x-(a+2)\le3x$에서 $2x\le a+2$

$\therefore x\le\dfrac{a+2}{2}$

이 부등식을 만족하는 자연

수가 3개이므로

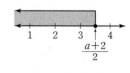

$3\le\dfrac{a+2}{2}<4$, $6\le a+2<8$

$\therefore 4\le a<6$

21 $ax-3y+b=0$의 그래프가 점 $(2, -1)$을 지나므로

$2a+3+b=0$ ∴ $b=-2a-3$

$ax-3y+b=0$, 즉 $ax-3y-2a-3=0$에서

$$y=\frac{a}{3}x-\frac{2a+3}{3}$$

이 일차방정식의
그래프가 제1사분
면을 지나지 않으
려면 오른쪽 그림
과 같아야 하므로

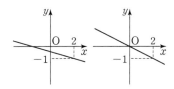

$$\frac{a}{3}<0, \ -\frac{2a+3}{3}\leq 0 \qquad ∴ -\frac{3}{2}\leq a<0$$

따라서 구하는 정수 a의 값은 -1이다.

22 직사각형의 넓이는 $\frac{4}{3}a^3b^2\times 2a^3b^2=\frac{8}{3}a^6b^4$

이때 직사각형의 넓이와 삼각형의 넓이가 서로 같으
므로

$$\frac{1}{2}\times\frac{2}{3}ab^2\times h=\frac{8}{3}a^6b^4$$

$$∴ h=\frac{8}{3}a^6b^4\times\frac{3}{ab^2}=8a^5b^2$$

23 일차함수 $y=-ax+b$의 그래프는 오른쪽 아래로 향하
고 y절편은 양수이다.

$∴ a>0, \ b>0$

24 $\begin{cases} 0.4x+0.3y=3 \\ \dfrac{x}{3}+\dfrac{y-8}{6}=1 \end{cases}$ 에서 $\begin{cases} 4x+3y=30 \\ 2x+y=14 \end{cases}$

위의 연립방정식을 풀면 $x=6, \ y=2$

$x=6, \ y=2$가 $2x-ay+6=0$의 해이므로

$12-2a+6=0$ ∴ $a=9$

학업성취도 테스트 [2회]　172-175쪽

01 ④	**02** ①, ③	**03** ③	**04** ①	**05** ③
06 ④	**07** ③	**08** ④, ⑤		**09** ⑤
10 ③	**11** ③	**12** ⑤	**13** ④	**14** ③
15 ①	**16** ⑤	**17** ⑤	**18** ④	

19 $x\leq -\dfrac{17}{4}$　　**20** $x=3, \ y=-1$

21 $1.8\dot{7}$　**22** 6　　**23** $y=-\dfrac{1}{15}x+50$, 30 L

24 2

---

01 $\dfrac{x}{2^3\times 3\times 5\times 11}$가 유한소수로 나타내어질 때, x는 33
의 배수이어야 한다.

또, x가 3과 7의 공배수이면 x는 21의 배수이다.

따라서 33과 21의 최소공배수는 231이다.

02 ① 순환소수는 유리수이다.

③ 순환하지 않는 무한소수는 유리수가 아니므로 분수
로 나타낼 수 없다.

03 $(-3x^2)^3\div\square\times\dfrac{1}{(-3xy)^2}=6x$에서

$$\square=(-27x^6)\times\frac{1}{9x^2y^2}\times\frac{1}{6x}=-\frac{x^3}{2y^2}$$

04 $4x(x-y)-3y(x+3y)=4x^2-4xy-3xy-9y^2$

$\qquad\qquad\qquad\qquad\qquad\quad =4x^2-7xy-9y^2$

05 $\begin{cases} x+4y=7 & \cdots\cdots ㉠ \\ y=ax+1 & \cdots\cdots ㉡ \end{cases}$

㉡을 ㉠에 대입하면

$x+4(ax+1)=7, \ (1+4a)x-3=0$

연립방정식의 해가 없으므로

$1+4a=0$ ∴ $a=-\dfrac{1}{4}$

06 $\left(\dfrac{1}{2}\right)^{2k}\times 8^{3k+2}=\dfrac{1}{(2^k)^2}\times 8^{3k}\times 8^2$

$$=\frac{1}{(2^k)^2}\times(2^k)^9\times 64$$

$$=(2^k)^7\times 64$$

$$=64x^7$$

07 ① $(x^2)^5=x^{10}$　　② $x^5\times x^5=x^{10}$

③ $x^2\div x^{12}=\dfrac{1}{x^{10}}$　　④ $(x^3)^3\times x=x^{10}$

⑤ $x^{14}\div(x^2)^2=x^{10}$

08 x에 대한 일차부등식은 $ax+b>0, \ ax+b<0,$

$ax+b\geq 0, \ ax+b\leq 0$ (단, $a\neq 0$)인 꼴로 나타낸다.

09 $f(x)=3A-2\{B-(2A+C)\}$

$\qquad =3A-2(-2A+B-C)$

$\qquad =7A-2B+2C$

$A=3x+1, \ B=-2x-1, \ C=7x+4$를 위 식에 대입
하면

$f(x)=7(3x+1)-2(-2x-1)+2(7x+4)$

$\qquad =21x+7+4x+2+14x+8$

$\qquad =39x+17$

$∴ f(-2)=39\times(-2)+17=-61$

10 어떤 식을 A라 하면

$x^2-2x+3+A=4x^2+3x-7$

$∴ A=4x^2+3x-7-x^2+2x-3$

$\qquad =3x^2+5x-10$

따라서 바르게 계산하면

$x^2-2x+3-(3x^2+5x-10)=-2x^2-7x+13$

11 ③ $6x\geq 10$

12 $-6 \leq x \leq 3$의 각 변에 $-\dfrac{2}{3}$를 곱하면

$4 \geq -\dfrac{2}{3}x \geq -2$, 즉 $-2 \leq -\dfrac{2}{3}x \leq 4$

각 변에 -3을 더하면 $-5 \leq -\dfrac{2}{3}x - 3 \leq 1$

따라서 $a = 1$, $b = -5$이므로

$a - b = 1 - (-5) = 6$

13 $-2 \leq x < 3$의 각 변에 -3을 곱하면

$-9 < -3x \leq 6$

각 변에 1을 더하면 $-8 < 1 - 3x \leq 7$

14 $y = -3x$의 그래프를 y축의 방향으로 -5만큼 평행이동한 일차함수의 식은

$y = -3x - 5$

15 기울기가 2이고, y절편이 -6인 일차함수의 식은

$y = 2x - 6$

이 그래프가 점 $(2a, a+3)$을 지나므로

$a + 3 = 4a - 6$ ∴ $a = 3$

16 $3x - 5(x-1) > -4x + 13$에서

$3x - 5x + 5 > -4x + 13$

$2x > 8$ ∴ $x > 4$ …… ㉠

$ax - 3(x+3) > 3$에서

$ax - 3x - 9 > 3$

$(a-3)x > 12$ …… ㉡

이때 ㉠, ㉡의 해가 같으므로

$a - 3 > 0$이고 $x > \dfrac{12}{a-3}$

즉, $4 = \dfrac{12}{a-3}$에서 $a - 3 = 3$

∴ $a = 6$

17 두 일차방정식 $x + 2y = 6$, $2x + 3y = 4$를 연립하여 풀면

$x = -10$, $y = 8$

즉, 직선 $y = -\dfrac{6}{5}x - a$가 점 $(-10, 8)$을 지나므로

$8 = -\dfrac{6}{5} \times (-10) - a$ ∴ $a = 4$

18 전체 물의 양을 1이라 하고, 두 호스 A, B로 1분 동안 넣는 물의 양을 각각 x, y라 하면

$\begin{cases} 10x + 15y = 1 \\ 12x + 12y = 1 \end{cases}$ ∴ $x = \dfrac{1}{20}$, $y = \dfrac{1}{30}$

따라서 B호스로 1분 동안 넣는 물의 양이 $\dfrac{1}{30}$이므로 B호스로만 물을 가득 채우는데 30분이 걸린다.

19 $\dfrac{x-1}{3} - \dfrac{3+2x}{2} \geq 1$에서 $2x - 2 - 9 - 6x \geq 6$

$-4x \geq 17$ ∴ $x \leq -\dfrac{17}{4}$

20 $\begin{cases} 0.1y = 0.3x - 1 \\ \dfrac{1}{2}x + \dfrac{2}{3}y = \dfrac{5}{6} \end{cases}$ 에서 $\begin{cases} y = 3x - 10 & \cdots\cdots ㉠ \\ 3x + 4y = 5 & \cdots\cdots ㉡ \end{cases}$

㉠을 ㉡에 대입하면 $3x + 4(3x - 10) = 5$

$15x = 45$ ∴ $x = 3$

$x = 3$을 ㉠에 대입하면 $y = -1$

21 $x + 1.\dot{5} = 3.4\dot{3}$에서 $x + \dfrac{14}{9} = \dfrac{309}{90}$

∴ $x = \dfrac{309}{90} - \dfrac{140}{90} = \dfrac{169}{90} = 1.8\dot{7}$

22 $8x + 16 < 4x + 32$에서 $4x < 16$

∴ $x < 4$

따라서 구하는 모든 자연수 x는 1, 2, 3이므로

이 수들의 합은 6이다.

23 휘발유 1 L로 15 km를 달릴 수 있을 때, 1 km를 달리는데 휘발유 $\dfrac{1}{15}$ L가 필요하다.

50 L의 휘발유가 들어 있는 승용차가 x km를 주행한 후 남아 있는 휘발유의 양을 y L라 하면

x, y의 관계식은 $y = -\dfrac{1}{15}x + 50$

$x = 300$일 때, $y = -\dfrac{1}{15} \times 300 + 50 = 30$

따라서 300 km를 주행한 후 남아 있는 휘발유의 양은 30 L이다.

24 $y = ax + b$의 그래프와 $y = -3x + 2$의 그래프가 평행하면 기울기는 같으므로 $a = -3$

$y = -\dfrac{3}{5}x + 6$의 그래프와 y축에서 만나면 y절편이 같으므로 $b = 6$

따라서 $y = -3x + 6$이므로 $y = 0$일 때, x절편은 2이다.

풍산자
테스트북
중학수학 2-1

고등 풍산자와 함께하면
개념부터 ~ 고난도 문제까지!
어떤 시험 문제도 익숙해집니다!

고등 풍산자 1등급 로드맵

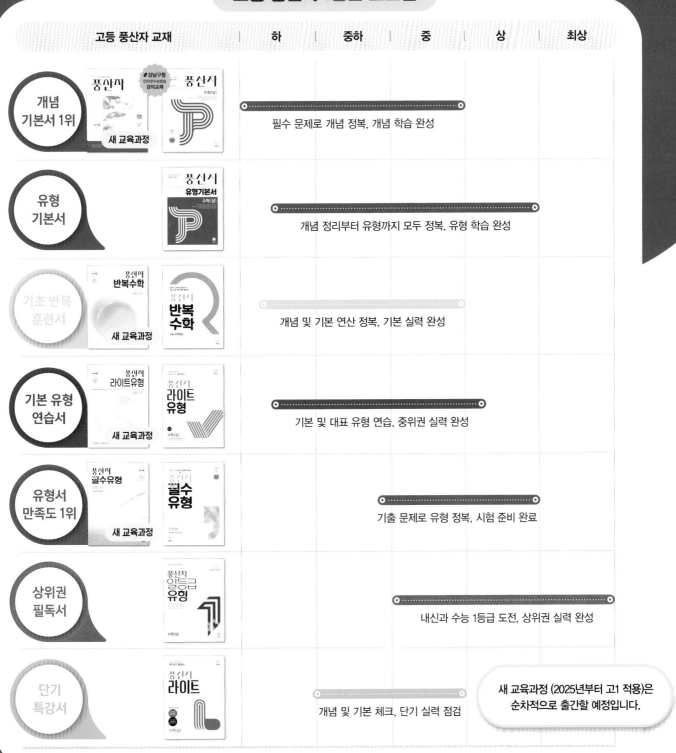

고등 풍산자 교재	하	중하	중	상	최상
개념 기본서 1위	필수 문제로 개념 정복, 개념 학습 완성				
유형 기본서	개념 정리부터 유형까지 모두 정복, 유형 학습 완성				
기초 반복 훈련서	개념 및 기본 연산 정복, 기본 실력 완성				
기본 유형 연습서	기본 및 대표 유형 연습, 중위권 실력 완성				
유형서 만족도 1위			기출 문제로 유형 정복, 시험 준비 완료		
상위권 필독서			내신과 수능 1등급 도전, 상위권 실력 완성		
단기 특강서	개념 및 기본 체크, 단기 실력 점검				

새 교육과정 (2025년부터 고1 적용)은 순차적으로 출간할 예정입니다.

지학사

풍산자 장학생 선발

총 장학금 1,200만 원

지학사에서는 학생 여러분의 꿈을 응원하기 위해
2007년부터 매년 풍산자 장학생을 선발하고 있습니다.
풍산자로 공부한 학생이라면 누.구.나 도전해 보세요.

*연간 장학생 40명 기준

✦ 선발 대상

풍산자 수학 시리즈로 공부한 전국의 중·고등학생 중 성적 향상 및 우수자

조금만 노력하면 누구나 지원 가능!	수학 성적이 잘 나왔다면?
성적 향상 장학생(10명)	**성적 우수 장학생(10명)**
중학 ǀ 수학 점수가 10점 이상 향상된 학생	**중학** ǀ 수학 점수가 90점 이상인 학생
고등 ǀ 수학 내신 성적이 한 등급 이상 향상된 학생	**고등** ǀ 수학 내신 성적이 2등급 이상인 학생

✦ 혜택

장학금 30만 원 및 장학 증서
*장학금 및 장학 증서는 각 학교로 전달합니다.

신청자 전원 '풍산자 시리즈'
교재 중 1권 제공

✦ 모집 일정

매년 2월, 7월(총 2회)
*공식 홈페이지 및 SNS를 통해 소식을 받으실 수 있습니다.

풍산자 서포터즈

풍산자 시리즈로 공부하고 싶은 학생들 모두 주목!
매년 2월과 7월에 서포터즈를 모집합니다.
리뷰 작성 및 SNS 홍보 활동을 통해 공부 실력 향상은 물론,
문화 상품권과 미션 선물을 받을 수 있어요!
자세한 내용은 풍산자 홈페이지
(www.pungsanja.com)을 통해
확인해 주세요.

장학 수기)

"풍산자와 기적의 상승곡선 5 ➡ 1등급!" _이○원(해송고)
"수학 A로 가는 모험의 필수 아이템!" _김○은(지도중)
"수학 66점에서 100점으로 향상하다!" _구○경(한영중)

장학 수기
더 보러 가기